职业技能培训教材

# 电子技术应用技能

黄培鑫　主编
顾力平　审稿

中国劳动社会保障出版社

**图书在版编目(CIP)数据**

电子技术应用技能/黄培鑫主编. —北京：中国劳动社会保障出版社，2006
职业技能培训教材
ISBN 7-5045-5101-5

Ⅰ. 电… Ⅱ. 黄… Ⅲ. 电子技术-技术培训-教材 Ⅳ. TN

中国版本图书馆 CIP 数据核字(2006)第 047258 号

**中国劳动社会保障出版社出版发行**
(北京市惠新东街 1 号 邮政编码：100029)
出 版 人：张梦欣
*
北京市朝阳展望印刷厂印刷装订 新华书店经销
787 毫米×1092 毫米 16 开本 14.25 印张 356 千字
2006 年 6 月第 1 版 2012 年 8 月第 4 次印刷
**定价：24.00 元**

**读者服务部电话：010-64929211 64921644 84643933**
**发行部电话：010-64961894**
**出版社网址：http：//www.class.com.cn**

# 前　言

《中华人民共和国劳动法》规定："从事技术工种的劳动者，上岗前必须经过培训。"国家对相应的职业制定《国家职业标准》，实行职业技能培训。

职业技能培训是提高劳动者知识与技能水平、增强劳动者就业能力的有效措施。社会主义市场经济条件下，劳动者竞争上岗、以贡献定报酬，这种新型的劳动、分配制度，正成为千千万万劳动者努力提高职业技能的动力。

实施职业技能培训，教材建设是重要的一环。为适应职业技能培训的迫切需要，推动职业培训教学改革，提高培训质量，我们同劳动和社会保障部有关司局，组织有关专家、技术人员和职业培训教学人员编写了职业技能培训系列教材。

职业技能培训教材贯彻"求知重能"的原则，在保证知识连贯性的基础上，着眼于技能操作，力求内容浓缩、精练，突出教材的针对性、典型性、实用性。

职业技能培训教材供各级培训机构的学员参加培训、考核使用，亦可作为就业培训、再就业培训、企业培训、劳动预备制培训用书，对于各类职业技术学校师生、相关行业技术人员也有较高的参考价值。

百年大计，质量第一。编写职业技能培训教材是一项艰巨的探索性工作，不足之处在所难免，恳切欢迎各使用单位和读者提出宝贵意见和建议。

**劳动和社会保障部教材办公室**

# 简　介

本书是职业技能培训电子专业技能训练指导教材。本书分为 6 个课题，分别是：稳压、充电两用电源的制作技能、OTL 功放电路的制作技能、数字电路水塔自动供水控制器的制作技能、单片机多功能控制器的制作技能、单片机水塔自动供水控制器的制作技能、单片机其他控制电路的制作技能。其中，前 2 个课题属于初级技能训练内容，后 4 个课题属于中级技能训练内容。

本书中每个课题以一个电子产品的形式出现，并将诸多电子技术应用的技能训练内容融于产品化的教学课题之中，从而丰富了教学内容，增强了技能训练，贴近了课堂教学与企业生产之间的联系，提高了学生的学习兴趣和学习积极性，并对教学与生产的结合进行了探索实践。本书突出了单片机技术内容的教学，将单片机技术及应用技术贯穿在大部分课题之中，使本书更具有现实指导意义。

本书突出应用性和实用性，将技能训练与专业知识相结合，训练方法贴近实际，技能要求规范标准，教学的可操作性强，技能素质的养成与企业需求结合较好。

本书可作为职业技能培训电子专业的实训教材使用，还可作为职业技术学校、大中专院校电子专业技能训练教材。

本书由黄培鑫、陈歆、黄志峰编写，黄培鑫主编，顾力平审稿。

# 目　录

# 课题1　稳压、充电两用电源的制作技能

## 教学内容

稳压、充电两用电源的制作技能

## 教学目的

(1) 掌握两用电源的工作原理

(2) 掌握两用电源的元器件筛选方法

(3) 掌握两用电源的安装技能

(4) 掌握两用电源的调试技能

(5) 掌握两用电源的检测修理技能

(6) 学会印制电路板的简单设计方法

在生活中，人们常会看到或用到各种类型的电源，这些电源可分成两大类：一类为交流电源，另一类为直流电源。

交流电源用途广泛，它利用专用的电力电线，将电能从发电厂输送到各厂矿企业、机关学校，是工农生产、国防建设和人们生活中不可缺少的电力电源。直流电源是一种固体电源，具有便于携带的特点，通常用于汽车的起动、便携式家用电气设备和通信设备中。直流电源给人们的工作、学习、生活、娱乐等带来了极大的便利。

可以通过一些电子元件实现交流电源和直流电源之间的转换。如将交流电源输出的交流电经过电子元件进行整流稳压后就能变成直流电，这种电源也叫直流稳压电源。也可将直流电源输出的直流电经过一个电子电路后变成交流电，这种电源称为逆变电源。也可将交流电源输出的交流电经过一个电子电路后对固体的直流电源进行充电，使直流电源的电能得以恢复而再次投入使用，具有这种性能的电源叫充电电源（直流电源充电器）。

在下面的实习训练中，将介绍如何制作一台具有稳压、充电两种功能的直流电源，以下简称“两用电源”。通过对两用电源知识的学习以及对实际电路的安装和调试，读者就能自己组装一台具有实用价值的电子产品了。

## 1.1　两用电源的性能特点和技术指标

### 1.1.1　两用电源的性能特点

稳压、充电两用电源的外形如图1—1所示。

(1) 两用电源的所有元器件都安装在一只ABS塑料盒内，并采用一根具有双绝缘性能的带插头的双芯电源线与交流电源连接；两用电源的输出端，采用一只单声道耳机插座以及

两只香蕉插头与外部相连接，使用比较方便。

(2) 两用电源上装有电流表和电压表，能直观地了解直流输出电压值和负载的电流值。

(3) 两用电源设置了“稳压”与“充电”，“125 mA”与“6 mA”的转换开关各一只，使操作极为方便。

(4) 两用电源装有工作指示灯和充电指示灯，一旦进入正常的工作状态或充电工作状态，指示灯就会分别发光显示。两个指示灯分别隐藏在两只表头内，发光时能照亮表头的指示值，便于观察读数。

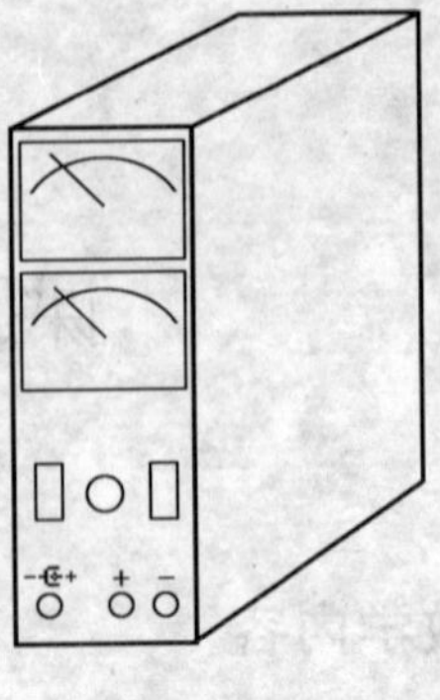

图 1—1　稳压、充电两用电源外形图

(5) 两用电源输出的直流电压可以实现连续可调，其调节范围为 3～12 V。两用电源能使输出电压稳定在一定数值范围内，还设计了输出短路保护电路。

(6) 两用电源能同时对 1～10 节的充电电池进行恒流充电，还能利用“6 mA”一挡给普通的碱性电池进行充电，使之再使用 3～5 次。

### 1.1.2　两用电源的技术指标

(1) 交流输入电压：220 V (1±10%)。

(2) 直流输出电压：3～12 V（连续可调）。

(3) 电压调整率：≤0.5%（500 mA 电流时）。

(4) 直流输出电流：≥500 mA（15 V·A 电源变压器可达 1 000 mA）。

(5) 直流电压纹波：≤50 mV（500 mA 输出时）。

(6) 充电电流：125 mA 或 6 mA。

(7) 两用电源绝缘性能：≥500 V。

(8) 两用电源体积：55 mm×120 mm×150 mm（宽×高×长）。

(9) 两用电源质量：约 600 g。

## 1.2　两用电源的工作原理

两用电源由交流输入、桥式整流、滤波、稳压调整单元、充电单元、显示单元和二次滤波 7 个部分组成。稳定、充电两用电源电路图如图 1—2 所示。

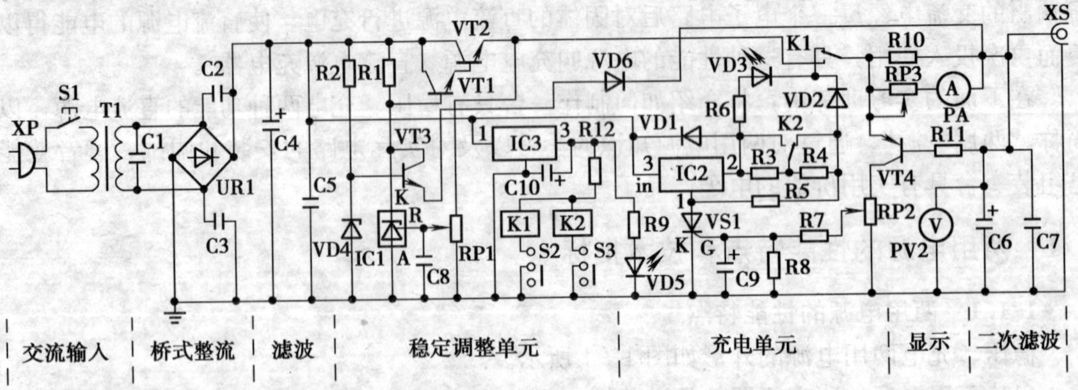


图 1—2　稳压、充电两用电源电路图

### 1.2.1　交流输入电路工作原理

两用电源的交流输入部分是由一只电源变压器 T1 和一根电源插头 XP 连接组成。T1 是一只电源变压器，它由铁心、线圈、线圈骨架等组成。电源变压器有两个绕组：一次绕组是接入交流电源中的绕组，二次绕组是变压器的输出绕组，它们分别绕在同一个铁心上。且一、二次绕组及铁心三者之间有着良好的绝缘性能。电源变压器的铁心是由许多厚度小于 0.35 mm 的硅钢片叠加而成的，而且每片之间相互绝缘。采用多片叠加形式的电源变压器的铁心的目的是为了割断涡流，减少铁心的涡流损耗和发热量，提高变压器的工作效率。

电源变压器通常都用作降压之用，所以一次绕组的圈数要比二次绕组的圈数多很多，一次绕组的直流电阻值要比二次绕组的直流电阻值大很多。在使用中，一、二次绕组不能接错，否则会造成电源变压器损坏。

(1) 电源变压器的作用。将 220 V 交流电进行降压，变成 15 V 的低压交流电；将高压回路与低压回路进行隔离，提高电源变压器使用的安全性。

(2) 工作原理。当把电源插头 XP 插入接有 220 V 交流电源的插座中时，电源变压器 T1 的一次绕组中就有电流通过。根据电磁感应定律可知，当变压器线圈中有电流通过时，在一次绕组的周围就会产生电磁感应场，简称电磁场。由于二次绕组与一次绕组绕在同一个铁心上，当一次绕组周围产生电磁场时，二次绕组会感应到相同的电磁场，这种电磁场在二次回路中就能形成与一次回路中完全相同特征的交流电。由于二次绕组的圈数是一次绕组圈数的 $1/n$，所以二次绕组感应到的交流电压值只有一次绕组电压值的 $1/n$，从而达到降压的目的，同时也起到一、二次绕组间的隔离作用。

### 1.2.2　桥式整流电路工作原理

桥式整流部分由一只整流硅堆 UR1（其中组合了 4 只半导体二极管）和 3 只固定电容器组成。分解后的电路如图 1—3 所示。

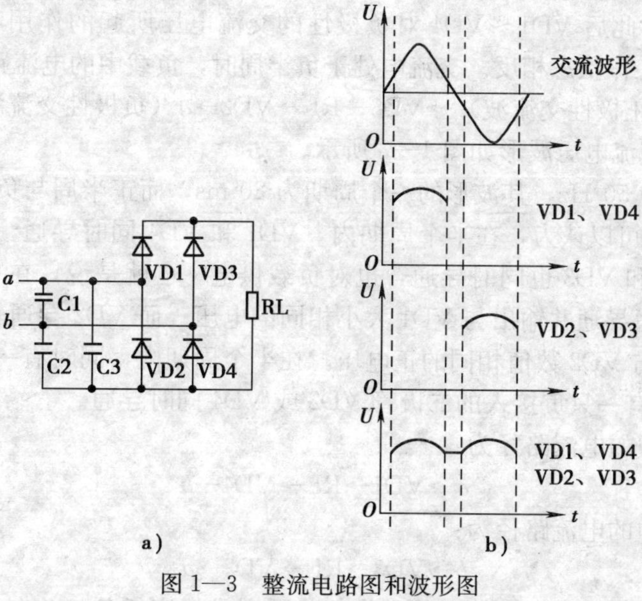


图 1—3　整流电路图和波形图

a）整流电路　b）波形图

#### 1.2.2.1　桥式整流电路的作用

桥式整流电路的作用是将电源变压器二次绕组中输出的交流电变成直流电，并对存在于二次交流电中的干扰脉冲进行滤除，以减少其对后级电路的影响，提高两用电源的性能。

二极管是一个具有单向导电特性的半导体器件。当在二极管两端加上正向直流电压时，在该电路的回路中就会产生正向电流，而在二极管的两端加上反向直流电压时，该电路中不会产生反向回路电流，而只有极小的反向漏电电流。如果在二极管的两端加上交流电压，在该电路的回路中也会形成直流电流，这是因为晶体二极管对交流电有整流作用。

1.2.2.2 桥式整流电路的工作原理

在两用电源电路中，UR1 是 1 只整流硅堆。它的内部组合了 4 只二极管，其作用相当于图 1—3 中的 VD1～VD4。VD1～VD4 分别对电源变压器 T1 二次绕组中的交流电的正半周和负半周进行整流。当交流电的正半周到来时，电源变压器 T1 的二次绕组两端电压呈上正下负状态。正极性的交流电压同时加在 VD1、VD2 两只二极管上，由于二极管 VD2 的交流侧极性（VD2 负极）与交流电压不是同一极性，所以 VD2 视正极性交流电压为反向电压而呈现截止状态；而 VD1 的交流侧极性（VD1 正极）与交流电压极性相同，所以 VD1 导通。于是 VD1 在交流电正半周前沿的 0.7 V 至正半周后沿结束前的 0.7 V 区域内一直呈现导通状态而输出电压，为负载供电。与此同时，负极性的交流电压同时加在 VD3、VD4 两只二极管上，由于 VD3 的交流侧极性（VD3 正极）与交流电压不是同一极性，所以 VD3 视负极性交流电压为反向电压而截止；而 VD4 的交流侧极性（VD4 负极）与交流电压的极性相同，于是 VD4 导通，在负极性交流电压前沿的 0.7 V 至负极性交流电压后沿结束前的 0.7 V 区域内一直呈现导通状态而输出电压，为负载供电。在交流正半周时，负载中的电流路径为：

$a$（正极性交流波）→VD1→RL→VD4→$b$（负极性交流波）

整流后的脉动直流电压波形如图 1—3 所示。

交流电的正半周过后接着到来的是交流电的负半周，电源变压器 T1 的二次绕组两端电压呈上负下正状态。此后 VD1～VD4 对负极性的交流电压所起的作用与上面分析 VD1～VD4 在正半周时的工作状态相反。交流电处于负半周时，负载中的电流路径为：

$b$（正极性交流波）→VD3→RL→VD2→$a$（负极性交流波）

整流后的脉动直流电压波形如图 1—3 所示。

交流电的频率为 50 Hz，其波形的一个周期为 20 ms，而正半周与负半周的交替时间只有 10 ms。所以我们可以认为，在半个周期内，VD1 和 VD4 同时导通，对负载供电；而在另半个周期内 VD2 和 VD3 也同时导通，也对负载供电。也就是说，在 VD1 导通输出正向电压的同时，VD4 也导通并输出与 VD1 大小相同的电压；而 VD2 导通输出负电压的同时，VD3 也导通并输出与 VD2 数值相同的正电压。在半个周期内，同时有一只正接入的二极管 VD1 或 VD3，以及有一只负接入的二极管 VD2 或 VD4 同时导通。

正半周时负载中的电流路径为：

$$a \to \mathrm{VD1} \to \mathrm{RL} \to \mathrm{VD4} \to b$$

负半周时负载中的电流路径为：

$$b \to \mathrm{VD3} \to \mathrm{RL} \to \mathrm{VD2} \to a$$

这样在一个周期内 4 只二极管交替工作，共同完成整流任务，并向负载提供直流电流，这种整流电路称为桥式整流电路。桥式整流电路的整流效率为 0.9。

两用电源中桥式整流电路最终输出的电压值为 $U_d=0.9E_2$，即 15 V×0.9＝13.5 V，而流过桥式整流电路 VD1～VD4 中的电流值只有半波整流电路中流过二极管中电流的 1/2。

C1、C2 和 C3 分别并接在二次绕组两端以及二次侧交流输入侧与直流的公共地之间，使交流电中的高频干扰得到抑制，减少了对直流电压的干扰，提高了直流电压的质量。

**1.2.3 滤波电路工作原理**

如图 1—2 所示，C4、C5 组成了两用电源的第一级滤波电路。其作用是滤除桥式整流电路输出的脉动直流电中的交流成分，使直流电的性能得以提高；同时储存直流电能，以提高直流电压的负载能力。

1.2.3.1 C4 滤波原理

经桥式整流电路输出的脉动直流电压还存在着较多的交流成分，这种带有较多交流成分的脉动直流电压，是不能直接作为各种电路的电源使用的，为此必须对其进行滤波。电容器具有隔直通交的性能，可以担任此项任务。

两用电源中的 C4 是一只容量较大的有极性电容器，将它并接在桥式整流电路中后，当脉动直流电中的交流成分（交流波）经过 C4 时，C4 对其表现出具有较小的阻抗特征。于是交流成分通过 C4 流至电源的公共接地端而形成回路，使交流成分被短路，达到滤除交流成分的目的。而直流成分经过 C4 时，C4 对其表现出较大的阻抗，所以对直流成分没有任何影响。

1.2.3.2 C4 的储能原理

当第一个交流周期的交流电经桥式整流电路整流后，输出的直流电压加到 C4 两端，对 C4 进行充电，于是 C4 两端充得大约 18 V 的直流电压，对负载供电；紧接着第二个周期的交流电也被整流成直流电，对 C4 再次充电，并继续对负载提供电流。由于有 C4 的存在，延长了整流电路对负载提供电流的时间，所以在 C4 第一次充得的电能还没有全部损失时，第二次的充电值又与第一次的充电值进行叠加，使 C4 两端的电压增高，从而增强了负载能力。于是桥式整流电路加滤波电路的工作效率为 $1.4E_2$（负载开路时），即 15 V×1.4＝21 V（满载时取值 1.0，轻载时取 1.2，空载时取 1.4）。

1.2.3.3 C5 的作用

C5 的作用是滤除直流电中的高频干扰。高频干扰信号一般干扰幅度较强，但出现的时间周期比较短。当出现高频干扰时，由于 C4 的容量很大，会造成延时现象而不能及时地去除高频干扰。由于 C5 的容量比 C4 小很多，可以在很短的时间内，将高频干扰信号进行短路。所以，C5 对高频干扰有很好的滤除效果。

**1.2.4 稳压调整电路工作原理**

稳压调整电路由 IC1、R1、R2、R9、VT1、VT2、VT3、VD4、VD5、C8、C10，电位器 RP1、继电器 K1、IC3 和一只 2×2 的船形开关 S2 组成。稳压单元电路图如图 1—4 所示。

1.2.4.1 稳压调整电路的作用

对经过滤波后的直流电压进行电压调整，使两用电源的输出电压值在 3～12 V 之间连续可调；同时使输出电压不会因负载电流的变化而变化，因而始终能保持稳定不变；还能用发光显示的形式，通过 VD5 向用户表示“整流滤波电路工作正常”。

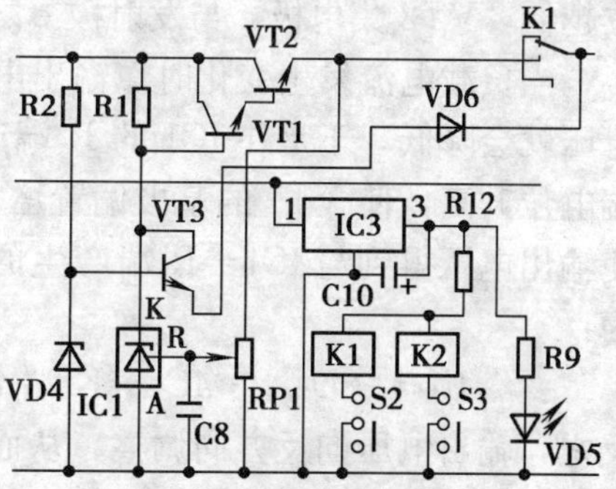


图 1—4 稳压单元电路图

1.2.4.2 稳压调整电路工作原理

稳压调整电路是一个改进的串联型稳压电源电路。电压调整单元的核心是一块三端可调集成稳压器 IC1。它有三个电极引脚，自左向右编号为 R、A、K。“R”是访问极，“A”是阳极，“K”是阴极（见“两用电源元器件表”）。通过调节 IC1 的 R 端电位，能使 IC1 的稳压范围达到 2.5～36 V。

稳压调整单元的工作过程简述如下：当 S2 拨向上侧“稳压”时，两用电源工作在稳压电源状态。电压调整稳压电路的输入端是 VT2 的集电极，电压调整单元的输出端是 VT2 的发射极。VT1 是调整管 VT2 的推动级，VT1 的基极接有调节网络，调节网络由 IC1 和 RP1、C8 组成。VT1 以及 VT2 受控于 IC1 的阴极 K（3 脚）的电压变化。当调节微调电位器 RP1 产生调节变化量，或是来自输出端的变化量同时输入至 IC1 的访问极 R（1 脚）时，经 IC1 的作用，在 IC1 的阴极 K 端就会产生一个变化的直流电压。这个直流电压控制着 VT1 的推动能力，从而也改变着 VT2 的放大量的大小，使稳压电源的输出电压可调。

IC1 是稳压调整电路的核心元件。IC1 的作用相当于一个可调的稳压电路。IC1 内部由取样电路、比较电路、调整电路、基准电压和保护电路等几部分组成（见图 1—5）。

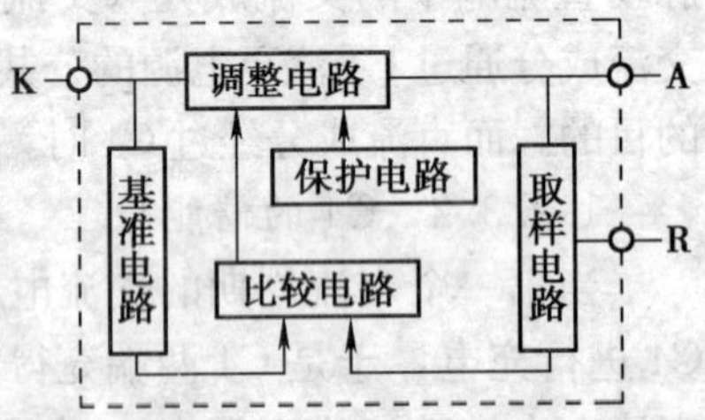

图 1—5 IC1 内部结构

IC1 不仅具有相当于稳压二极管的作用，还具有一定的驱动能力，可以驱动外围电路进行工作。当集成稳压器 IC1 工作时，控制端 R 取自稳压电源输出端的电压变化信号，与内部的基准电压相比较，产生一个变化量。这一变化量调整着 IC1 调整电路的工作状态，使阴极 K 端的电压不断发生变化，这种变化，相当于许多只稳压二极管在轮流发挥着作用。

当 R 端电压升高时，由于 IC1 内部的作用，使 K 端电压降低；反之，当 R 端电压降低时，由于 IC1 内部的作用，使 K 端电压升高。所以，调整 R 端的电压值就能达到调整 K 端电压值的目的。

VT1、VT2 组成复合式电压调整电路。VT1 是 VT2 的推动管，以提高电压调整电路的调整效果。当调节 RP1 时，IC1 的 R 端电压随之变化，IC1 的 K 端电压也同步发生变化，从而改变着 VT1 的基极电位，也改变着 VT1 对 VT2 推动力的大小，从而使 VT2 集电极 c 与发射极 e 之间的内阻产生变化，最终使直流电源的输出电压得到调整。IC1 的 R 端电位越高，则 VT2 集电极 c 与发射极 e 之间的内阻越大，输出电压就越低；反之，IC1 的 R 端电位越低，VT2 集电极 c 与发射极 e 之间的内阻越小，输出电压就越高。

当负载电流发生变化时，输出电压也会相应发生变化。当负载电流增大时，电源输出端电压就会降低，于是在 IC1 的 R 端产生一个反向电压变化量。经过 IC1 的作用，IC1 的 K 端电位升高，使 VT1 的基极偏置增大，VT1 对 VT2 的推动电流也增大，VT2 的内阻减小，使输出电压得到与 IC1－R 端产生的反向电压变化量相等的正向调整。以上过程可以表示为：

$$I_{RL}\uparrow \rightarrow U_R\downarrow \rightarrow \text{IC1－K 端}\uparrow \rightarrow \text{VT1－b}\uparrow \rightarrow \text{VT2－b}\uparrow \rightarrow U\text{（输出电压）}\uparrow$$

反之，输出电压向反方向调整，从而使电源的输出电压不因负载电流的变化而变化，始终稳定在预先调节的直流输出电压值上。

输出电压的稳定过程，就是 VT2 的内阻不断地随负载电流的变化而反向作用的过程。

电阻 R1 为 VT1 提供基极偏置，同时还为 IC1 提供工作电流。

电阻 R9 是 VD5 的限流电阻，为 VD5 提供合适的工作电流。R9 与 VD5 共同组成工作指示电路。当桥式整流电路工作正常时，经过 IC3 的稳压后输出 12 V 直流电压，12 V 电压经电阻 R9 向发光二极管 VD5 供电，VD5 获得合适的工作电压和工作电流而发光。

电容 C8 可以减少电压调整电位器 RP1 调节时的调节噪声，即当电位器出现轻微接触不良时，也能不影响 RP1 的正常调节作用。从而提高电压的调整效果，使输出电压变化平滑。

电阻 R2、稳压二极管 VD4 与 VT3 组成了输出短路保护电路。电阻 R2 的作用是使 VD4 得到一个稳定的工作电流，使 VD4 的稳压效果更好，从而也为 VT3 的基极提供稳定的基极偏置。稳压电源正常工作时，VT3 的发射极的（电源输出端）电压值比基极的电压值高，VT3 截止不工作；当电源输出端短路时，VT3 的发射极为 0 电位，而基极电压始终稳定在 2.2 V，于是 VT3 导通，集电极与发射极之间的内阻迅速减小，将 VT1 的基极电位拉低，使 VT1 的基极电位接近 0 V，于是 VT1、VT2 截止，中断了对输出端的电压输出，从而达到保护稳压电源和元器件的目的。当短路现象消除之后，保护作用也自动撤销。

输出短路保护电路的设计，使两用电源的使用更加可靠和实用，性能也进一步得到提高。

### 1.2.5 充电电路工作原理

充电电路由 IC2 及外围元器件中的电阻 R3～R8、R10、R11、VT4、VD1～VD3、VS1、C9、船形开关 S2、S3 等元器件组成（见图 1—6）。

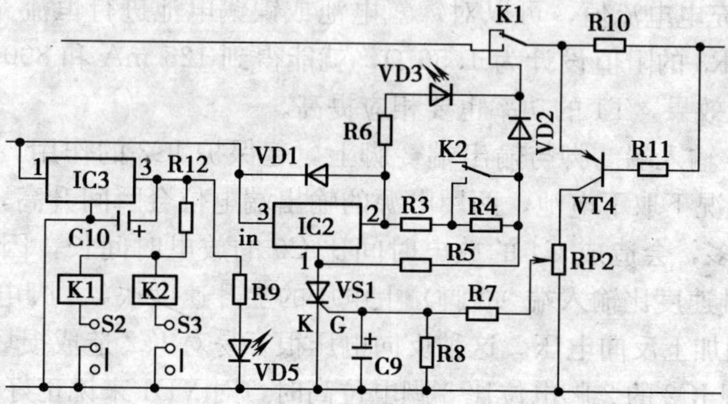


图 1—6　充电电路

#### 1.2.5.1　充电电路的作用

两用电源的充电电路能同时对 1～10 节直流电源（充电电池）进行恒流充电。恒流充电的方式，符合充电电池的充电形式，能保证电池的使用性能，延长电池的使用寿命。在大电流充电（用 0.8 A 电流对电池进行恒流充电）时，当电池电压达到规定电压的情况下，能及时地对电池停止充电，实现对电池的过充电保护，避免了电池的损伤或损坏。

#### 1.2.5.2　充电电路工作原理

当 S2 拨向“充电”侧时，电路进入充电状态。在充电电路中，有一个核心元件，那就是 IC2。IC2 是一块三端可调的正输出稳压集成块，其型号是 LM317。在一般情况下，IC2 加上几个元件，就能组成一个正输出的可调稳压电源。因 IC2 的独特性能，故将其作为充电电路中的一个核心元件使用。

在 IC2 内部有一个 1.25 V 的基准稳压源，这个基准稳压源不受外围电压变化的影响，且基准电压始终保持不变。当输出端电压变化的时候，IC2 能将变化量与基准电压进行比较，使输出端输出的电压得到调整而保持稳定。在 IC2 内部进行调整的过程中，IC2 的 2 脚电位始终比 1 脚电位高出 1.25 V（基准电压值），利用 IC2 内部基准电压不变和恒定的特性，就能设计出一款充电电源，实现对直流电源（电池）的恒流充电。

在充电状态时，如电池的数量发生变化，通过反馈电阻 R5 的反馈作用，IC2 的控制端 1 脚电压也发生变化，从而使输出端 2 脚的电压也发生变化（见图 1—6）。在控制端、输出端电压发生变化的过程中，输出端电压始终比控制端电压高出 1.25 V，这个 1.25 V 是 IC2 内部基准电压所为。也就是说，IC2 内部的基准电压，不会随充电电池的数量变化而变化，是一个恒定值。将这个电压值作为恒流充电电流值的依据，就能达到恒流充电的目的。用公式表示为：

$$I_{充}=1.25\ V/R$$

式中，$R$ 是回路中的限流电阻值，在图 1—6 中是指 R3、R4 两电阻电阻值之和。

在充电电路中，如果回路电阻 R3、R4 的阻值之和为 10 Ω，则充电回路的电流值为 125 mA；如果回路电阻 R3、R4 的阻值之和为 200 Ω，则充电回路电流值约为 6 mA。在电路中设计了 R3、R4 两只电阻，并通过 K2 继电器触点进行切换，目的是为了设定两个充电电流值，以满足不同电池的不同充电电流要求。如把 R4 短接，充电回路中只有 R3 起作用，此时回路电阻阻值为 10 Ω，则充电电流为 125 mA；如果 R4 不短接，R3、R4 同时起作用，则回路电阻阻值为 210 Ω，充电电流约为 6 mA。6 mA 的充电电流，可以对普通碱性电池进行充电；125 mA 的充电电流值，可以对镍氢电池或镍镉电池进行恒流充电。如果把 R4 的阻值设计为 8.4 Ω，R3 的阻值设计为 1.56 Ω，就能得到 125 mA 和 800 mA 两个充电电流值，但要达到此设计效果，T1 的功率也要相应提高。

VD1 并接在 IC2 输入端 3 脚与输出端 2 脚上，起保护 IC2 的作用。充电结束后，如在未关断两用电源的情况下取下电池，两用电源的输出端电位会瞬间升高，这是由于 C4 的容量比 C6 的容量大很多，会造成 C4 的放电时间比 C6 的放电时间长，因而使 IC2 的输出端（2 脚）上电压的上升速度比输入端（3 脚）上电压的上升速度快，2 脚电压瞬间比 3 脚电压高，从而使 IC2 瞬间加上反向电压。这种反向电压很容易对 IC2 造成损坏。由于电路中设计了 VD1，当瞬间出现 IC2 的 2 脚电位比 3 脚电位高时，对 VD1 来说正好是获得了正向电压，于是 VD1 导通，将 IC2 的输出、输入两端的反向电压进行短路，避免了 IC2 受反向电压冲击而可能造成的损坏。在两用电源正常工作时，VD1 处于反向截止状态，对电路不会产生任何影响。

发光二极管 VD3 和电阻 R6 组成充电指示电路。充电时，在 R3 或 R4 上存在电压降，这个电压降再加上 VD2 上的电压降，这两个电压降之和正好满足了 VD3 的工作电压，于是 VD3 发光。R6 是 VD3 的限流电阻，以便 VD3 获得合适的工作电流，避免 VD3 因工作电流太大而损坏，同时也保证了充电电路的正常工作。

VS1、VT4、R7、R8、R10、C9、RP2 以及 R11 组成限压保护电路。限压保护电路的信号电压取样由 VT4 负责，VT4 的发射极 e 和基极 b 接在分流电阻 R10 的两端。当电路处在大电流充电状态时，分流电阻 R10 两端就会产生电压降，这一电压降的电压极性为左正右负，正好满足了 VT4（b 极比 e 极低时）的导通条件，于是 VT4 导通。VT4 导通后其发射极与集电极之间的内阻变得很小，于是发射极上的高电位通过集电极 c 得以输出。VT4

集电极上输出的电压施加到限压设定调节微调电位器 RP2（见图 1—6）上端，通过调节 RP2，使 VS1 得到触发控制电压开始工作。调节 RP2 中心端的电压值（设定限压停充的电压值），实际上就是设定当电池电量充满时，施加到 VS1 的控制极 G 上能满足 VS1 导通的电压值。VS1 一旦工作，VS1 的阳极 A 与阴极 K 之间的内阻就变得很小，将 IC2 的控制端 1 脚电位大幅度降低，使 IC2－1 脚电位接近 0 V，此后 IC2－2 脚输出只有 1.25 V，经过 R4，将在 R4 上产生 1.25 V 的压降，再送至 VD2 "＋"极端的电压几乎为 0 V。于是 IC2 停止继续向输出端输出电压，也就停止了对电池继续充电。当电池停止充电后，电压会逐渐降低到额定值。电池的额定电压值低于限压停充值，但由于 VS1 的自锁特性，VS1 不会因电池的额定电压值低于限压停充值而解锁。C9、R7、R8 的作用是产生延时效果，以消除干扰脉冲，避免 VS1 的误触发现象。

### 1.2.6 显示电路工作原理

显示电路由 R10、RP3、电流表 PA 和电压表 PV 组成（见图 1—2）。

#### 1.2.6.1 显示电路的作用

当两用电源处在稳压输出或充电状态时，PA 和 PV 能及时地显示两用电源输出电压值的高低和输出电流值的大小，以便观察两用电源是否工作在正常的状态下。

#### 1.2.6.2 显示电路工作原理

PV 是一只 91C16 型直流电压表，它并接在电源输出端，能粗略地显示 1～20 V 的电压值。当电压表两端加有直流电压时，电压表的表针就会作相应的偏转而指示电压读数。R10、RP3、PA 组成电流指示回路，其中 PA 是一只 91C16 型的直流电流表。当电流表中有直流电流通过时，电流表的表针就会偏转而指示电流读数。91C16 型直流电流表的满度偏转只需几毫安电流，所以不能将 PA 直接接入电路回路中。为了防止大电流损坏 PA，电路在 RP3 和 PA 的两端并入一只分流电阻 R10。当电路中有电流时，由于分流电阻 R10 的阻值很小，所以大部分电流从 R10 中流过；而 PA 的内阻很大，所以只有很小的电流通过。

每个表头灵敏度是有差异的，为了适应这种差异，加入了微调电位器 RP3。在调换电流表头后、电流表指示出现偏差或是 R10 的阻值有偏差而出现电流值指示不准时，只要调整一下 RP3 即能达到校正的目的。

### 1.2.7 二次滤波电路工作原理

二次滤波电路由 C6、C7 组成。其作用是对输出的稳压电压或是充电时的直流电压进行再次滤波，以滤除电压中极少的交流成分，并消除电源中的高频干扰，从而提高两用电源的性能指标。

## 1.3 两用电源的安装技能

两用电源的安装是依据两用电源的电路图以及装配图的装配要求，将元器件装配、焊接在印制电路板上，并对其进行单板调试和总调的。最后将印制电路板和外部器件总装在塑料盒中，从而组成一个完整的电子产品。

两用电源的安装包括元器件的装配和整机的总装两部分。

无论是制作一个简单的电路还是制作一个复杂的电路，最终都需要把元器件连接起来，这都要借助于印制电路板来完成。同样，为了能将两用电源组装起来，首先要将电路图中的元器件安装在一块印制电路板上，从而形成一个完整的电路结构。

### 1.3.1 印制电路板简介

要完成对元器件的装配，首先要有相配套的印制电路板。

印制电路板是一种能固定元器件，并使元器件按照电路图的要求互相连接而形成电路的一种特制的电路板。印制电路板一般都采用机器制造，机器制造的印制电路板一致性好，打孔准确，适合大批量生产。

印制电路板的制作过程：

(1) 先根据电路原理图及整机的安装特点设计印制电路板图。

(2) 将印制电路板图拍成黑白胶片。

(3) 把敷铜板的铜箔面进行去污处理，再在铜箔面上涂一层感光材料。

(4) 用电路板图的黑白胶片对铜箔面进行曝光。曝光后，有线条的地方由于发生了化学变化，感光胶牢牢地粘在铜箔面上，没有线条的地方因没有被曝光，感光胶不会粘在铜箔面上。

(5) 用稀硫酸或三氯化铁对敷铜板进行腐蚀。没有被曝光的地方，感光胶脱落暴露出铜箔而被腐蚀，最后铜箔面上只留下印制线路。

(6) 对电路板进行清洗、打孔、涂助焊剂和阻焊剂。

(7) 打印标注、标记。

印制电路板可根据电路的复杂程度而制成单面印制电路板、双面印制电路板或多层电路板。单面印制电路板只有一层印制线路，双面印制电路板其正反两面均有印制线路。

要制作印制电路板，首先要设计印制电路板图。印制电路板图通常采用专用的 PCB 板（印制电路板图）的设计软件，在计算机上进行设计。采用计算机设计 PCB 板，具有设计速度快、线路规范、尺寸标准、便于修改、便于保存、质量高和一致性好的优点，便于配合制造的电路板机器进行印制电路板的大批量生产。采用计算机设计 PCB 板时，其设计的线路线条最细可达 0.125 mm，这是手工设计时无法达到的。

印制电路板图和印制电路板都能进行手工设计和制作，非专业人士也能设计出质量较好的产品。

### 1.3.2 手工设计印制电路板图

手工设计印制电路板图有以下 7 个步骤：确定电路板尺寸、设定元器件的安放位置、设定焊盘、元器件间连线、画印制线路、校对和修改、定稿。

(1) 确定电路板尺寸。根据整机的体积大小以及功能需要确定印制电路板的尺寸。

(2) 设定元器件的安放位置。根据整机剩余空间的大小以及整机功能、元器件的体积、散热等因素确定元器件的安放位置和元器件的安放姿态（立式安放或卧式安放）。

(3) 设定焊盘。根据元器件的引脚粗细确定焊盘的大小。

(4) 元器件间连线。根据电路原理图在各个元器件之间进行连线。在连线中应遵循“单线不交叉原则”。连线与连线之间不能交叉，否则就会造成线路间的短路而出现电路运行错误。

(5) 画印制线路。绘制单线条时应注意粗、细有别。接地区域应有较大面积，大电流的元器件之间应采用较粗的线条，小电流的元器件之间应采用较细的线条，并应同时兼顾印制线路的美观。

(6) 校对和修改。将已设计好的印制线路对照原理图，检查有无错误，并对错误和不合理的地方进行修改。

（7）定稿。把校对多遍无误的印制电路板图，用黑墨水描画成黑稿，以待照相之用。

手工设计印制电路板图的练习示意图如图 1—7 至图 1—10 所示。

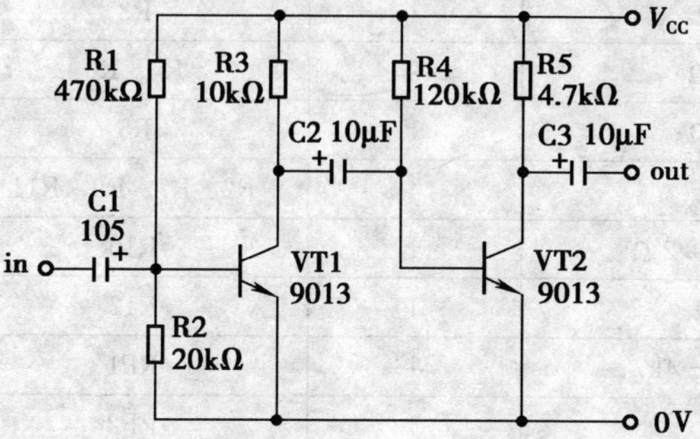


图 1—7　两级放大电路图

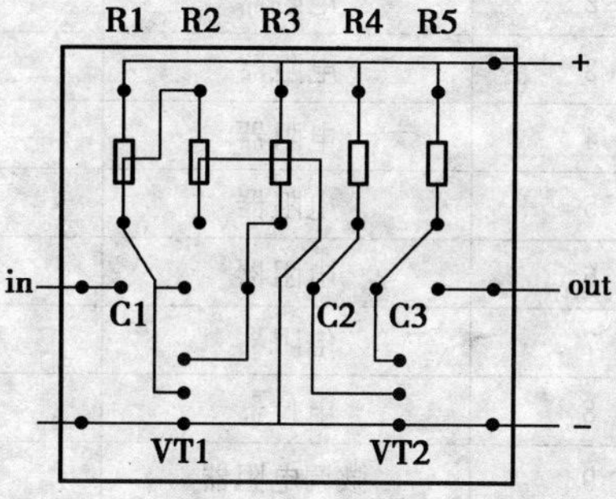


图 1—8　两级放大电路的仿印制电路图

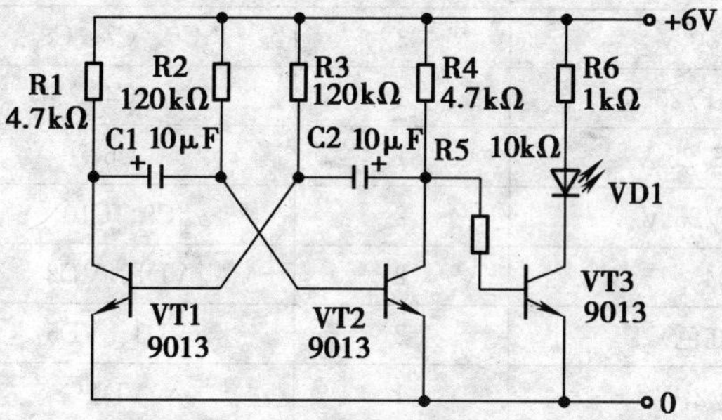


图 1—9　LED 闪光电路图

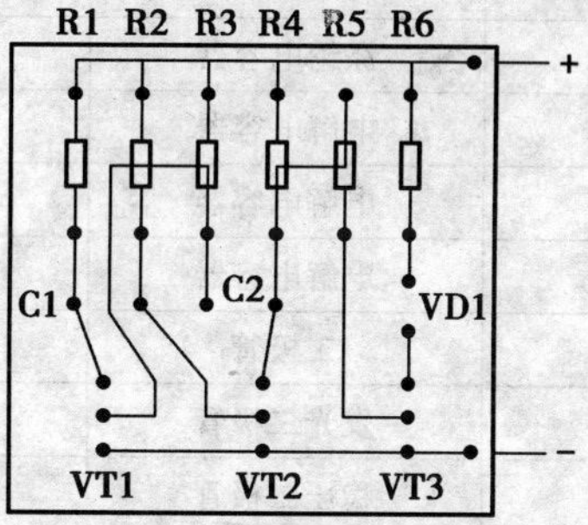


图 1—10　LED 闪光电路仿印制电路图

### 1.3.3　手工制作印制电路板

手工制作印制电路板的步骤为：

（1）根据印制电路板图的尺寸大小，裁切敷铜板（生产印制电路板时用的一种半成品专用板）。

（2）对敷铜板的铜箔面进行去污处理。去污的方法通常是采用去污粉，对敷铜板的铜箔面进行擦洗。

（3）通过复写纸将印制电路板图复印到敷铜板上。

（4）用专用描绘漆或油漆对敷铜板上的线路进行描绘。

（5）待敷铜板上的漆阴干后，用尖头针对每个焊盘进行划点。并注意修正在描漆时使元器件特殊间距的焊盘焊点出现的偏差。

（6）用稀硫酸或三氯化铁对敷铜板进行腐蚀。

（7）对电路板进行清洗、打孔、涂助焊剂。最后，一块自制的印制电路板就制成了。

如果采用快速制板方法，20 min 就能制出一块高质量（与机器生产相仿）的印制电路板（需要专业设备）。

### 1.3.4　稳压、充电两用电源元器件的装配技能

#### 1.3.4.1　装配步骤

（1）采购稳压、充电两用电源的元器件。所有元器件明细表见表 1—1 和表 1—2。

表 1—1　　稳压、充电两用电源元器件明细表（一）

| 序号 | 名称 | 规格型号 | 数量 | 元器件代号 |
|---|---|---|---|---|
| 1 | 电阻器 | RT—1k5 | 2 | R1、R8 |
| 2 | 电阻器 | RT—10 Ω | 1 | R3 |
| 3 | 电阻器 | RT—100 Ω | 2 | R4、R6 |
| 4 | 电阻器 | RT—200 Ω | 1 | R5 |
| 5 | 电阻器 | RT—5k1 | 4 | R2、R7、R9、R11 |
| 6 | 电阻器 | RT—1/2 W—0.2 Ω | 1 | R10 |
| 7 | 电阻器 | RT—47 Ω | 1 | R12 |
| 8 | 电位器 | WH5—0.5 W—4k7 | 1 | RP1 |
| 9 | 微调电阻器 | 4k7 | 1 | RP2 |
| 10 | 微调电阻器 | 100 Ω | 1 | RP3 |
| 11 | 瓷片电容器 | CC—103/50 V | 3 | C1～C3 |
| 12 | 涤纶电容器 | CL—104/50 V | 3 | C5、C7、C8 |
| 13 | 电解电容器 | CD—3 300 μF/25 V | 1 | C4 |
| 14 | 电解电容器 | CD—470 μF/25 V | 1 | C6 |
| 15 | 电解电容器 | CD—10 μF/25 V | 2 | C9、C10 |
| 16 | 二极管 | 1N4004 | 2 | VD1、VD2 |
| 17 | 发光二极管 | ϕ3—R（红色） | 2 | VD3、VD5 |
| 18 | 稳压二极管 | 2.2 V—1/2 W | 1 | VD4 |
| 19 | 整流桥堆 | KBP201（2 A 100 V） | 1 | UR1 |
| 20 | 三极管 | 9013 | 2 | VT1、VT3 |
| 21 | 三极管 | 2SD916（TIP142D） | 1 | VT2 |
| 22 | 三极管 | 9012 | 1 | VT4 |
| 23 | 单相晶闸管（可控硅） | MCR100—6 | 1 | VS1 |
| 24 | 三端稳压器 | TL431 | 1 | IC1 |
| 25 | 三端可调稳压器 | LM317T | 1 | IC2 |
| 26 | 三端稳压器 | LM7812 | 1 | IC3 |

表 1—2　　稳压、充电两用电源元器件明细表（二）

| 序号 | 名称 | 规格型号 | 数量 | 元器件代号 |
|---|---|---|---|---|
| 1 | 香蕉插头、插座 | ϕ5 mm 红 | 各 1 | XS |
| 2 | 香蕉插头、插座 | ϕ5 mm 黑 | 各 1 | XS |
| 3 | 香蕉插头焊片 | ϕ5 mm | 2 | |
| 4 | 耳机插头、插座 | ϕ3.5 mm | 各 1 | XS |
| 5 | 接插件（细针） | 6 针、7 针 | 各 1 | XS2、XS3 |
| 6 | 接插件（粗针） | 2 针 | 2 | XS1、XS4 |
| 7 | ABS 塑料盒 | 150 mm×120 mm×55 mm | 1 | |

续表

| 序号 | 名称 | 规格型号 | 数量 | 元器件代号 |
|---|---|---|---|---|
| 7 | 带插头电源线 | 1 m | 1 | |
| 8 | 自攻螺钉 | $\phi$2 mm×5 mm | 2 | |
| 9 | 散热片 | 23 mm×35 mm | 1 | |
| 10 | 散热片 | 23 mm×45 mm | 1 | |
| 11 | 旋钮 | 内径 $\phi$5 mm、外径 $\phi$18 mm×25 mm | 1 | |
| 12 | 绝缘套管 | $\phi$3 mm×100 mm | 1 | |
| 13 | 印制电路板 | 80 mm×85 mm（专用） | 1 | |
| 14 | 电流表 | 91C16 | 1 | PA |
| 15 | 电压表 | 91C16 | 1 | PV |
| 16 | 船形开关 | 2×2 | 2 | S2、S3 |
| 17 | 船形开关 | 1×2/220 V/1 A | 1 | S1 |
| 18 | 电源变压器 | 220 V∶15 V　10 W | 1 | T1 |

（2）主要元器件的识别。稳压、充电两用电源中主要元器件的识别如图 1—11 所示。

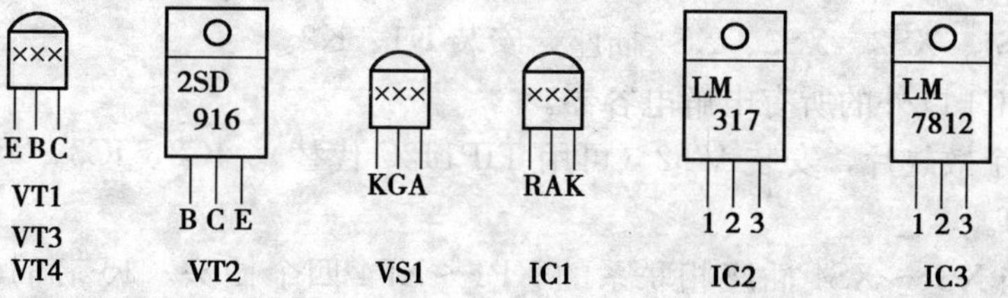


图 1—11　稳压、充电两用电源中主要元器件的识别

（3）测量元器件。将市场上购买来的元器件，用仪器仪表对其逐一进行测量，挑选合格元器件以待安装。

1）可用万用表测量电源变压器的一、二次绕组的直流电阻值，以判断其品质。电源变压器一次绕组的直流电阻值应为 320 Ω 左右；二次绕组的直流电阻值应为 3 Ω 左右。

2）用万用表测量 IC1 在空载时的直流电阻值（见表 1—3）。

**表 1—3**　**TL431 空载直流电阻值一览表**

| 管脚（黑→红） | ③→② | ③→① | ②→① | ①→② | ①→③ | ②→③ |
|---|---|---|---|---|---|---|
| 阻值（kΩ） | ∞ | ∞ | 10 | 30 | 14 | 9 |

3）用万用表测量 IC2 在空载时的直流电阻值（见表 1—4）。

**表 1—4**　**LM317 空载直流电阻值一览表**

| 管脚（黑→红） | ③→② | ③→① | ②→① | ①→② | ①→③ | ②→③ |
|---|---|---|---|---|---|---|
| 阻值（kΩ） | 6.5 | 40 | 1 000 | 33 | 120 | 14 |

注：使用 MF－47 型万用表 $R$×1 kΩ 挡测。

4）发光二极管 VD3、VD5 的测量，用万用表的 $R$×10 kΩ 挡进行。正向测量时，直流电阻值较小，而且发光二极管应有微亮；反向测量时，电阻值应很大。

5）对其他元器件进行测量。

（4）将元器件引脚成形。

1）VD1、VD2 成形为卧式形状，以便进行卧式安装。

2）所有电阻成形成卧式形状，以便进行卧式安装。

3）所有电容器采用立式安装。

1.3.4.2 装配内容

除了电流表 PA，电压表 PV，发光二极管 VD3、VD5，拨动开关 S2、S3，电位器 RP1，电源输出插座 XS，电源插头 XP 连线和电源变压器 T1 以外，其他元器件均安装在一块 80 mm×85 mm 的印制电路板上。两用电源装配图如图 1—12 所示。

（1）装配要求。按照先高后低、先小后大、先元件后器件的安装顺序进行装配焊接。

（2）装配顺序。

1）焊接连接线。

2）焊接电阻、二极管。

3）焊接 C1、C2、C3、C5、C7。

4）焊接 RP2、RP3。

5）焊接 VT1、VT3、VT4、IC1、VS1。

6）安装 XS1、XS2、XS3、XS4 插座，安装 K1、K2。

7）焊接除 C4 以外的所有电解电容器。

8）安装两个散热片，安装 VT2（可用 TIP142C 代替）、IC2、IC3。

9）安装 C4。

10）制作与 XS1～XS4 插座相联系的 XP1～XP4 四个插头。15 芯的带状接线（排线）长度为 180 mm。以上 4 个插头的作用是将印制电路板的相关连接点与面板上的元器件相连，以形成一个完整的电路。

1.3.4.3 焊接要求

焊点光滑无毛刺，焊点大小适中；无连焊、虚焊、漏焊和错焊；元器件引脚要与板面垂直。

1.3.4.4 装配方法

（1）装配卧式元件。将卧式元件插入相应的焊孔中，用装配压板将元器件压住，并用夹子夹紧，使电路板与装配压板成一整体，以保证焊接时元器件不晃动、不偏移、不脱落，确保焊接质量。如果元件较多，应分成几次进行装配，一次装几个元件，焊接后检查无误就可剪脚，以方便下次装配。

（2）装配立式元件。将立式元件插入相应的焊孔中，用装配压板将元器件压住，同时抓住电路板和装配压板翻转 180°，使印制电路板的焊接面朝上，然后进行焊接。如果立式元件较多，也应分成几次装配。

（3）剪引脚。将过长的元器件引脚剪去，以防长脚造成焊点间的短路。剪切后元器件引脚长度与焊点基本同高。

（4）检查焊接质量。

1）无连焊、漏焊、虚焊和错焊。

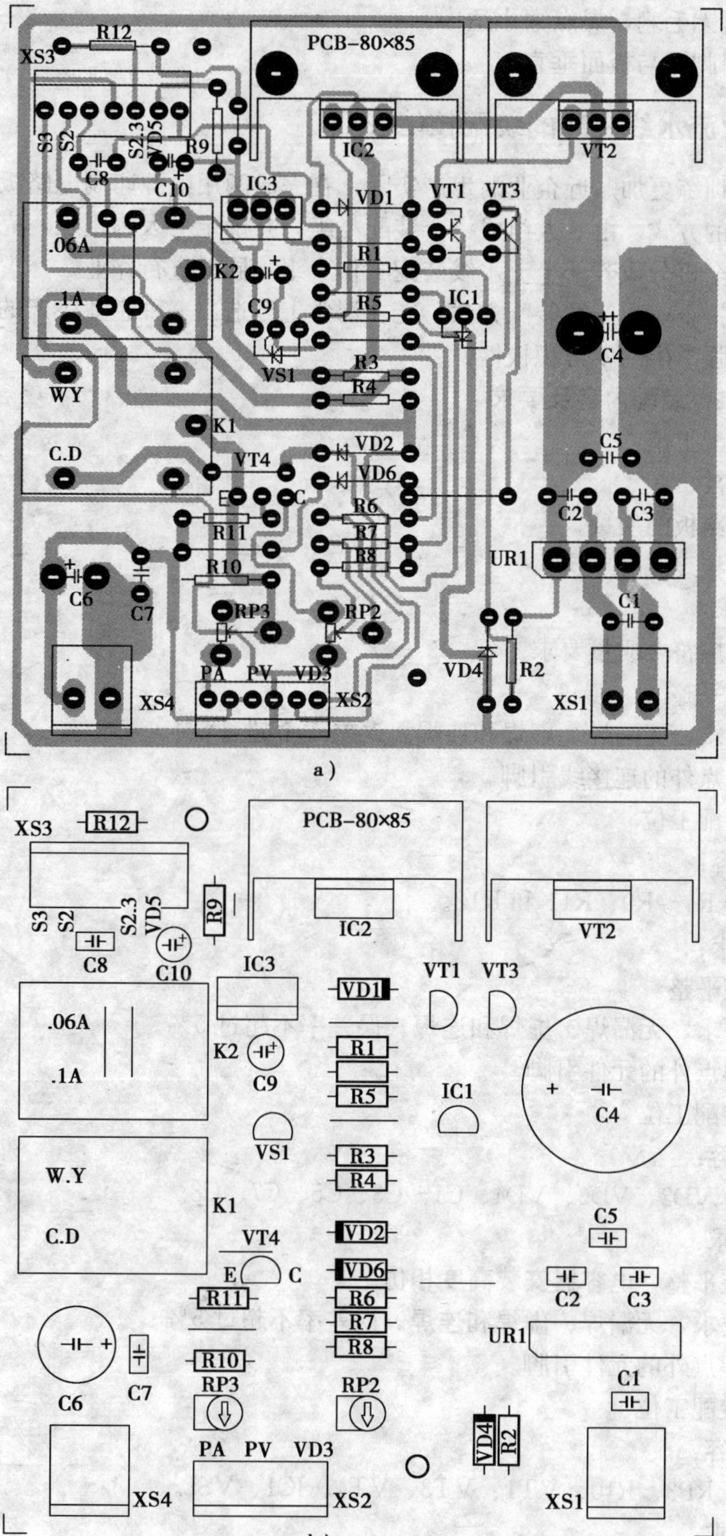


图 1—12　两用电源装配图

a）零件面的印制电路　b）零件面元器件安放位置示意图

2）焊点光滑无毛刺，焊点大小适中。

3）元器件引脚要与板面垂直。

## 1.4 模拟企业流水线生产的装配技能

为了使技能训练更加贴近企业的生产实际，在完成两用电源印制电路板装配的过程中可以采用流水作业的方式。由8人组成一个装配小组，并确定一人为组长，完成8块印制电路板的装配工作。全班分成若干个流水线装配工作小组，同时进行作业。

这是一种模拟企业生产的装配方法，能在课堂上营造出一种企业生产的气氛，提高技能训练的效果，增强学生的学习积极性。

### 1.4.1 各工位装配内容及要求

（1）第1装配工位

1）装配内容：

检验印制电路板的质量。

安装8根连接线。

2）装配要求：

印制电路板应符合质量要求。

连接线安装平整。

焊点符合要求，无漏焊、虚焊和连焊。误差率不超过5%。

剪切露在焊点外的连接线引脚。

（2）第2装配工位

1）装配内容：

安装电阻器R1～R9、R11和R12。

2）装配要求：

电阻器安装平整。

焊点符合要求，无漏焊、虚焊和连焊。误差率不超过5%。

剪切露在焊点外的元件引脚。

（3）第3装配工位

1）装配内容：

安装VD1、VD2、VD6、VD4、C1～C3、C5、C7、C8。

2）装配要求：

二极管安装平整，电容器安装高度相仿。

焊点符合要求，无漏焊、虚焊和连焊。误差率不超过5%。

剪切露在焊点外的元件引脚。

（4）第4装配工位

1）装配内容：

安装RP2、RP3、R10、VT1、VT3、VT4、IC1、VS1。

2）装配要求：

RP2、RP3、R10安装平整，与其余元件安装高度相仿。

焊点符合要求，无漏焊、虚焊和连焊。误差率不超过5%。

剪切露在焊点外的元件引脚。

(5) 第 5 装配工位

1) 装配内容：

安装 XS1～XS4。

2) 装配要求：

接插件安装正、直。

焊点符合要求，无漏焊、虚焊和连焊。误差率不超过 5%。

(6) 第 6 装配工位

1) 装配内容：

安装 C10、C6、C9、IC3、UR1 以及散热片 2 只。

2) 装配要求：

元器件安装正、直。

焊点符合要求，无漏焊、虚焊和连焊。误差率不超过 5%。

剪切露在焊点外的元器件引脚。

(7) 第 7 装配工位

1) 装配内容：

安装 IC2、VT2、C4。

2) 装配要求：

元器件安装正、直。

焊点符合要求，无漏焊、虚焊和连焊。误差率不超过 5%。

剪切露在焊点外的元器件引脚。

(8) 第 8 装配工位

1) 装配内容：

安装 K1、K2。

检查第 1 工位至第 7 工位的装配质量，并进行补焊和质量记录。

2) 装配要求：

元器件安装正、直。

焊点符合要求，无漏焊、虚焊和连焊。误差率不超过 5%

### 1.4.2 装配生产质量评比

对模拟企业流水线生产的装配工作进行总结和评比，以提高学生的质量意识，树立质量是企业生命线的观念。

## 1.5 两用电源的总装技能

稳压、充电两用电源的元器件总装在一只 150 mm×120 mm×55 mm 的卧式 ABS 塑料盒内。为了使用方便、外形美观，将卧式塑料盒立式使用。如两用电源外形图 1—1 和图 1—13 所示。

### 1.5.1 安装内容

电流表 PA，电压表 PV，发光二极管 VD3、VD5，拨动开关 S2、S3，电位器 RP1，电源输出插座 XS、电源插头 XP 连线、电源变压器 T1。

### 1.5.2 安装步骤

（1）如图 1—13 所示，用铅笔在面板上画出各个元器件的安装开孔位置。首先是 S2、S3；然后是 PA、PV；VD3、VD5；RP1、XS 的 3 个零件（包括 1 只耳机插座，红、黑色香蕉插座各一只）。最后是 T1 和 XP 以及这些零部件的连线。可以采用画一个位置就制作一个孔的方法进行操作。

（2）对面板上的各个零部件进行连线。

（3）安放电源变压器。

（4）安装电源插头 XP 连线。

### 1.5.3 安装注意事项

（1）面板的加工制作要小心，以防损坏面板和零部件。

（2）零部件安装之前，要进行认真的测量。

（3）零部件焊接之前，对焊点要进行很好的涂锡（上锡）。

（4）零部件的连线焊接时，焊接时间不能太长（如 S2、S3 等），以免损坏零件。

### 1.5.4 安装方法

（1）安装 S2、S3。在面板上锉出两个 11 mm×6 mm 的小方孔（见图 1—13），用以安装 S2 和 S3。如果小方孔锉得偏大，S2、S3 装入后有些松动，可以用少量的 502 胶水进行加固。

（2）安装 PA、PV。根据表头后部凸出部分的大小，锉一个上圆下方的孔。装入 PA、PV 后，用胶将其与面板相粘连。在装入 PA、PV 之前，要对两个焊片进行涂锡。

（3）安装 VD3、VD5。在 PA、PV 的右下方（见图 1—13）各钻一只直径为 3 mm 的圆孔，分别用以安装 VD5 和 VD3。装入 VD5 和 VD3 后，用少量胶将其与面板粘连。在装入 VD5、VD3 之前，要对它们的引脚进行涂锡，注意涂锡时间不能过长。

（4）安装 RP1。在面板上将要安装 RP1 的位置（见图 1—13）钻 1 个直径为 6 mm 的圆孔。在安装 RP1 之前要对其引脚进行涂锡。

（5）安装 XS。在面板相应位置（见图 1—13 和图 1—14）钻 3 个直径为 6 mm 的圆孔，以便安装 XS（单声道耳机插座 1 只、香蕉插座 2 只）。在安装 XS 前要对它们的引脚和焊片进行涂锡。

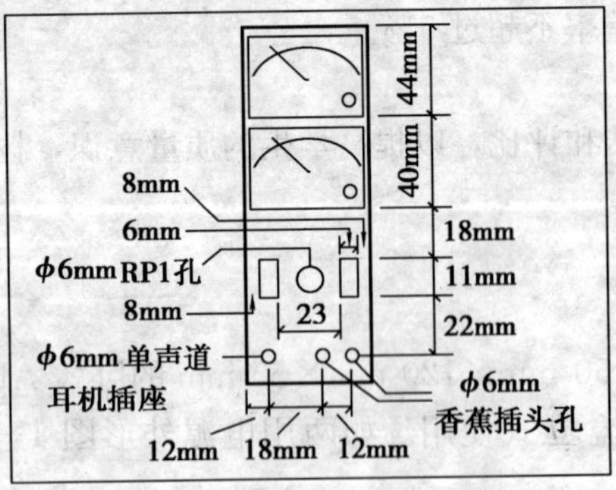


图 1—13　两用电源面板布局示意图

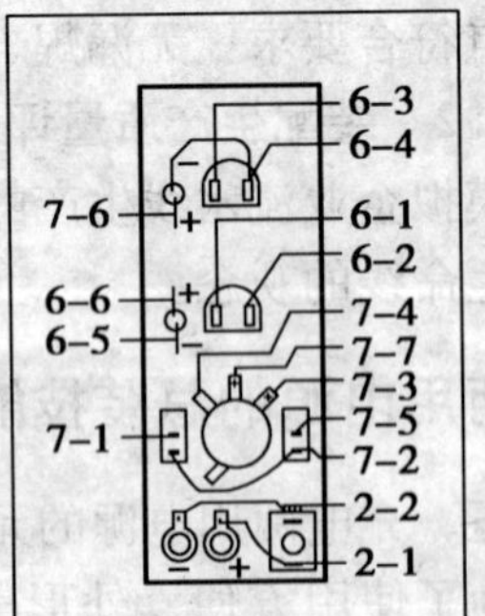


图 1—14　面板接线图

（6）安装 XP。在后板的底边向上 50 mm 处（见图 1—15）钻一直径为 6 mm 的圆孔。将电源插头 XP 连线焊接点处剥头和涂锡，然后将其从外侧穿过孔中，并在后板内侧打一个结，以防 XP 被拉出。电源开关 S1 可以不用，直接把 XP 的两个线头焊在 T1 的一次绕组接点上。

(7) 安装 T1。将 T1 按照图 1—15 进行安装，如果 T1 的外壳影响安装，可将其外壳去掉，最后用胶将其与盒体粘连。

(8) 制作 XS1、XS2、XS3、XS4 插头。将 15 芯的带状接线中分出与 XS1、XS2、XS3、XS4 的插针数相同数的股数，把接线两头剥去 4 mm 的绝缘层，并对芯线进行捻合及涂锡，后将线头只留下 1.5 mm 长度，其余的长度剪去。将做好的接线与 XS1～XS4 的插针一一焊接。焊接时一是速度要快，二是用锡要少，以防焊锡流到插针的孔中而造成插针报废。

(9) 连接面板上各个零部件的焊点。将做好的 XS1～XS4 四个插线，按照两用电源电路图对面板上各个零部件的焊点进行连线。焊点大小要适中，焊点要光滑（见图 1—14）。

(10) 取一根长 500 mm 的双芯绝缘导线，其一头焊接在直径为 3 mm 的耳机插座上，另一头将两线中的一根剪去 50 mm，长的一根线焊上黑色鳄鱼夹，短的一根线焊上红色鳄鱼夹。用万用表测量耳机插座和两只夹子有无短路现象。

(11) 将印制电路板装入塑料盒中，并用螺钉将其与塑料盒固定。

### 1.5.5 面板装饰标贴

一个电子产品如果没有产品标贴是不完整的。图 1—16 就是稳压、充电两用电源的面板标贴示意图。图中的 2 个小方框和 3 个圆分别是图 1—2 中的 S1 和 S2 以及电源输出插座（1 只直径为 3.5 mm 的耳机插座、2 只香蕉插座）。

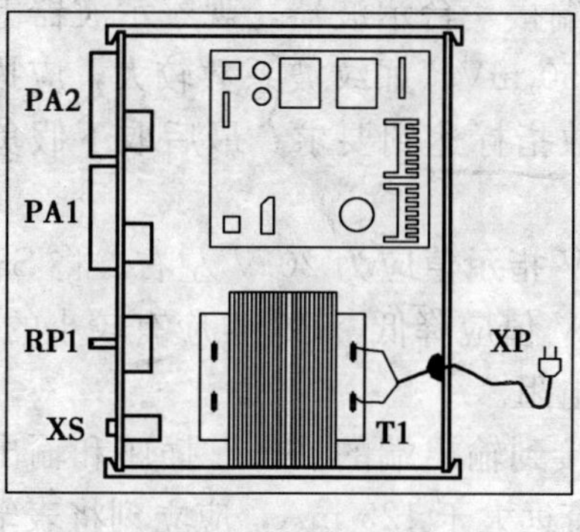

图 1—15　两用电源总装示意图

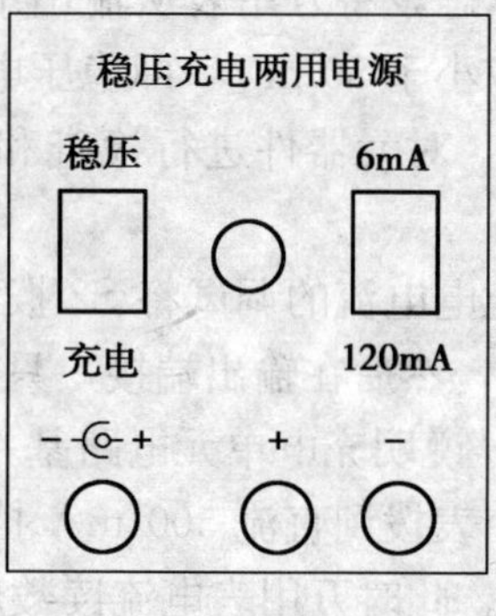

图 1—16　稳压、充电两用电源的面板标贴示意图

## 1.6 两用电源的调试技能

### 1.6.1 整机调试

两用电源安装结束后，不一定就能正常工作。还必须经过严格的调试，才能使两用电源达到设计的技术指标和使用要求。

在装配印制电路板和总装结束后，应先对两用电源进行多遍检查，确认无误后方能进入调试阶段。

(1) 输出电压可调范围的调试。将 S2 拨向“稳压”一侧。电源插头 XP 插入 220 V 的交流电源插座中，此时电源指示灯 VD5（发光二极管）应亮起，电压表 PV 也应有电压读数。如 VD5 或 PV 无反应，应迅速拔下电源插头 XP，检查故障原因，并予以排除。

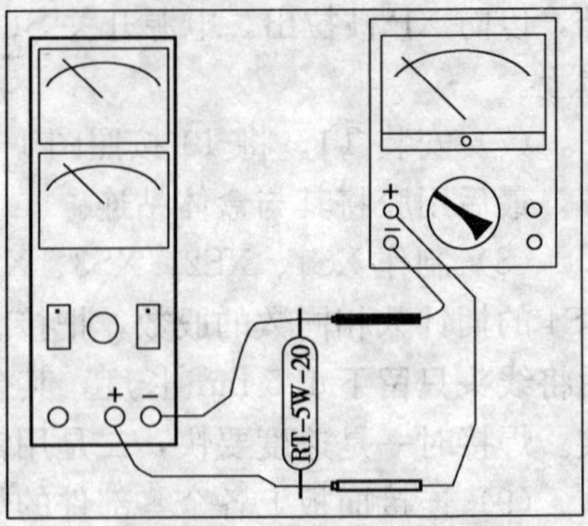


图 1—17　电压调整率接线图

如 VD5 亮起、PV 有读数，说明电路基本正常。然后在输出端接一只万用表，万用表挡位拨到直流 25 V挡。调节电位器 RP1，输出电压应能在 3～12 V 之间变化。

(2) 电压调整率的调整。调节 RP1，使输出电压为 10 V。在输出端接一只“20 Ω、50 W”的电阻作为假负载（见图 1—17）。此时电流表 PA 应有读数，调节微调电位器 RP3，使 PA 指针指到 0.5 A（PA 的 1/2 偏转处）。同时观察万用表的读数，10 V 电压的下跌应不超过 5%，即稳压电源的电压调整率应小于等于 5%。

电压调整率的计算方法如下：

$$\text{电压调整率（\%）}=\frac{\text{空载电压}-\text{有载电压}}{\text{空载电压}}\times 100\%$$

如果电压调整率大于 5%，应拔下电源插头 XP，对该部分的元器件进行检查和测量，直到电压调整率指标达到要求。该两用电源的电压调整率设计指标可达到小于等于 3%的要求。

(3) 纹波系数的调整。在电压调整率达到技术指标后，再进行该项调试。保持第（2）项调试的状态，将万用表从输出端取下。在假负载两端接一台示波器，观察示波器上的波形，幅度应小于 50 mV，即稳压电源的纹波系数小于 50 mV。如纹波系数较大，应拔下电源插头 XP，对元器件进行检查和测量，直到纹波系数指标达到要求。最后取下假负载电阻。

(4) 充电电流的调试将 S2 拨向“充电”一侧，PV 指示值应为 20 V 左右。将 S3 拨向 125 mA 侧，然后在输出端接一只 100 Ω 电阻，此时 PV 值应降低，PA 也应有较小的偏转，VD3 亮起，说明充电单元电路基本正常。去掉 100 Ω 电阻。

将万用表拨到直流 500 mA 挡，红、黑表笔分别接到输出端的“+”插座和输出端的“−”插座。此时万用表电流读数应为 125 mA，如电流远大于 125 mA，应立刻将表笔从电源的输出端取下，检查元器件有无损坏。如万用表读数正常，PV 指示值为 0 V、PA 有较小偏转、VD3 亮起，说明充电单元的 125 mA 充电部分已基本正常。

将 S3 拨向“6 mA”，万用表拨到直流 50 mA 挡，红、黑表笔分别接到输出端的“+”插座和输出端的“−”插座。此时万用表电流读数应为 6 mA，如电流远大于 6 mA，应立刻将表笔从电源的输出端取下并进行检查。如万用表读数正常，PV 指示值为 0 V、VD3 亮起，说明充电单元的 6 mA 充电部分已基本正常。

(5) 限压充电保护的调试。如需使用 800 mA 电流充电，应先将 R3 换成 1.56 Ω，R4 换成 10 Ω。此后，原先的 6 mA 挡变成了 125 mA 挡，125 mA 挡变成了 800 mA 挡。调试时，将 S3 拨向 800 mA 电流位置，用一个电压为 13.2 V 的直流电源，分别接在两用电源的输出端，慢慢调节 RP3，使两用电源中的电压表 PV 指示变为“0”，即表示调试正常。

通过以上对两用电源的调试，两用电源中的元器件已工作了一段时间。用手背触摸变压器以及 VT2 和 IC2 的两个散热片，应没有太高的温升。

拔下电源插头 XP。对以上的调试过程进行回顾和总结，加深对以上内容的理解和记忆。

### 1.6.2 整机老化试验

通过了整机调试，就可进入整机老化试验。

(1) 整机老化试验的目的。两用电源是一个需长时间工作的电子产品。为了防止劣质元器件影响两用电源的正常使用，需要对两用电源进行老化试验，即让两用电源长时间满负荷工作。劣质元器件寿命短、稳定性差、易损坏、在两用电源进行长时间的满负荷运行中，劣质元器件经不起长时间的工作，就会出现故障而损坏。通过这种方法，就能在短时间内检验元器件的质量，及时发现劣质元器件，并对劣质元器件进行更换，以保证两用电源能长时间地稳定工作。

(2) 整机老化试验的方法

1) 按照图 1—17 所示接线。两用电源工作在直流输出状态。其输出电压 10 V、输出电流 500 mA，连续工作 30 min 后，电压调整单元元器件工作正常，大功率器件发热量适中。

2) 按照图 1—17 所示接线。两用电源工作在 125 mA 直流充电状态。连续工作 30 min 后，充电单元元器件工作正常，大功率器件发热量适中。至此，两用电源的老化试验完成。

## 1.7 两用电源的检修技能

两用电源如在使用过程中，或在单板调试、整机调试中出现故障，则需要进行检修。

### 1.7.1 检修方法

(1) 直观检查法。即通过直接观察元器件的外表，看有无明显的损坏痕迹。

(2) 电阻测量法。即采用万用表的电阻挡对电路中各级各点的电阻进行测量，这种方法是在不通电的情况下进行的，所有测量过程比较安全。将测出的各级各点电压值与正常时测得的电阻值进行比较，从而判断出损坏的元器件。

(3) 电压测量法。即测量电路中各级各点的电压值，并与正常时的电压值进行比较，以判断损坏的元件。

(4) 电流测量法。即测量电路中各级的电流值，并与正常时的电流值进行比较，以判断损坏的元件。也可以测量各级的集电极或发射极电阻两端的电压值，再通过计算，得出该级的电流值。

两用电源由稳压和充电两个部分组成，检修时应先根据故障现象判断故障区域，即故障是在稳压部分还是在充电部分，然后再进行仔细的检修。

### 1.7.2 稳压单元电路的检修

稳压单元电路的检修查故流程图如图 1—18 所示。

(1) 无输出电压故障。电源插头 XP 插入 220 V 交流电源，PV 无电压指示；测量输出线正极（红色夹）、负极（黑色夹）间无电压，但输出线完好。这种现象表示稳压单元无输出电压。用电压测量法检测时，万用表的黑表笔接两用电源的“负极”，即输出线的黑色夹子，红表笔接各测量点。

1) 测量 C6 正极处电压值。如有 3 V 以上电压，说明电解电容器 C6 之前的电路基本正常，则故障原因可能是 XS 插座损坏或接触不良。如电压不正常，则进行以下检测。

2) 测量 K1 触点处电压值。如有 3 V 以上电压，则故障原因可能是 R10、RP3、PA 开路损坏或这些元器件接触不良。如电压不正常，则进行以下检测。

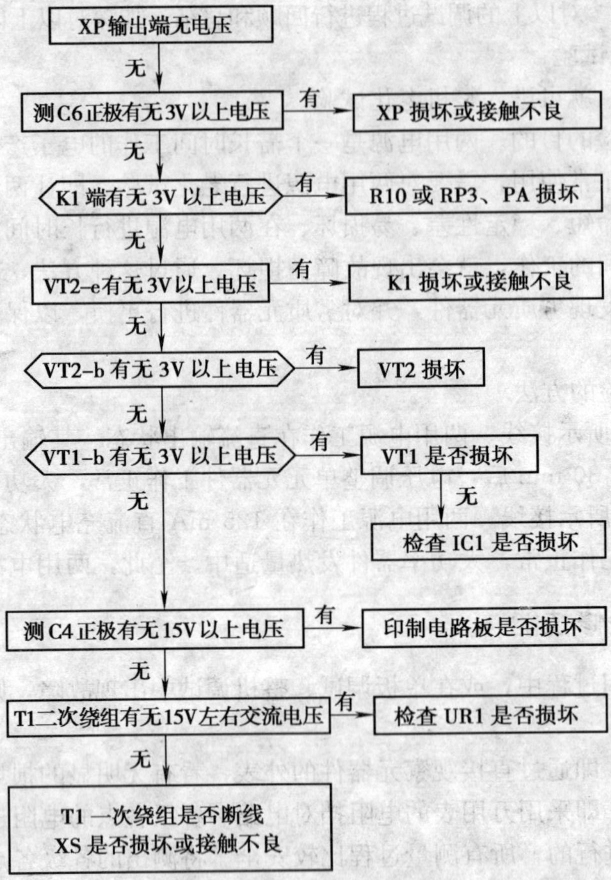


图1—18　稳压单元电路的检修查故流程图

3）测量VT2的发射极e电压值。如有3 V以上电压，则故障可能是继电器K1损坏不吸合或触点接触不良。如电压不正常，则再进行以下检测。

4）测量VT2的基极b电压值。如有3 V以上电压，则故障可能是调整管VT2损坏。如电压不正常，则再进行以下检测。

5）测量VT1的基极b电压值。如有3 V以上电压，说明IC1有电压输出，为正常；如无，则故障原因可能是IC1损坏。再测量VT1的发射极e的电压值。如无，则故障原因是VT1损坏。如以上检测均正常，则对C4端及桥式整流电路进行进一步检测。

6）测量C4正极处的电压值。正常情况下应有15 V以上的电压，否则故障在整流电路。如果整流电路输出端有15 V以上电压而C4正极端没有，则故障可能是整流输出端送至C4处的印制线路损坏。如整流元件正常，则进行以下检测。

7）测量电源变压器T1二次绕组的交流电压值。如有15 V左右的交流电压，则故障可能是印制线路损坏而造成整流元件无交流输入电压；如测量T1二次绕组没有15 V左右的交流电压，则故障可能是T1的一次绕组开路损坏，或是插头XP内部损坏或内部接触不良所致。

(2) 输出电压很高，不可调。该故障表现为输出端电压很高，为18 V左右，而且输出电压不可调节。

1）用万用表电压挡测量 VT2 两端电压，如果电压值为 0 V，则为 VT2 击穿损坏。

2）用万用表电压挡测量 IC1 的 R 端，调节 RP1，电压值应有变化。如果 IC1－R 端无电压，而 RP1 的上接线端（与 VT2 的 e 极相连处）有电压，则可能是 RP1 损坏或是 C8 被击穿；如 RP1 的上接线端无电压，则是 RP1 接触不良或损坏。如调节 RP1 时，IC1－R 端电压有变化，则进行 3）步检查。

3）用万用表电压挡测量 IC1 的 K 端，调节 RP1，IC1－K 端电压应有变化。如果 IC1－K 端无变化而电压很高，则可能是 IC1 损坏。如调节 RP1，IC1－K 端电压有变化，则进行 4）步检查。

4）用万用表电压挡测量 VT1 的发射极 e，调节 RP1，发射极电压应有变化。如果发射极电压无变化而电压很高，则可能是 VT1 的 c、e 极击穿。

### 1.7.3 充电单元电路的检修

充电单元电路的检修查故流程图如图 1—19 所示。

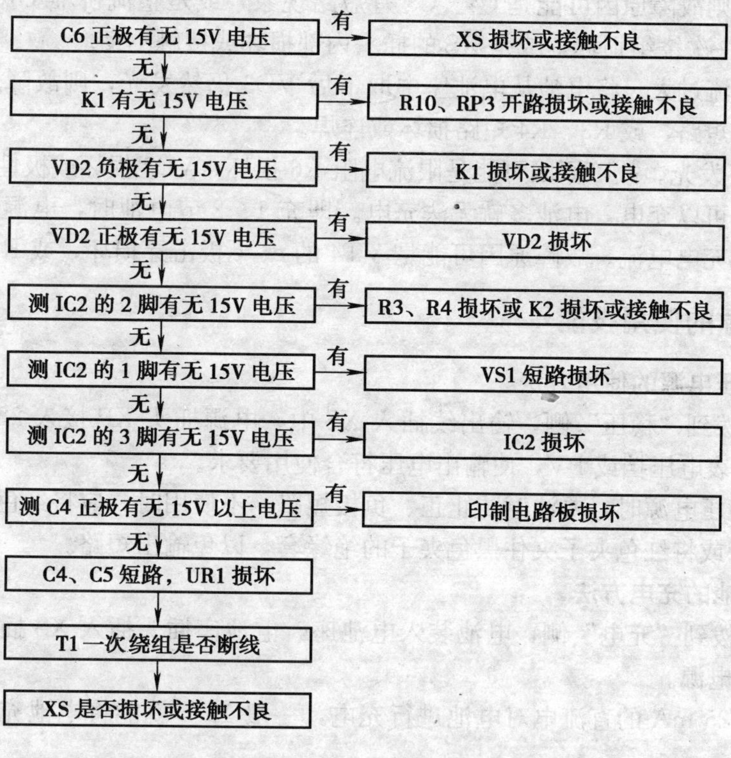


图 1—19 充电单元电路的检修查故流程图

（1）无法充电。将充电电池装入电池座，电池座插头插入 XS 中，电源接入 220 V 交流电。VD3 发光二极管不亮，电压表 PA、PV 均无指示，充电电池无法充电。这种情况应为充电单元电路无输出电压。

1）将 S1 拨向“充电”侧，首先观察电压表 PV 是否有电压读数，如果 PV 无读数，可能是 PV 损坏或连线错误。

2）测量 C6 正极端电压，应有 15 V 以上的电压。如果电压正常，则是 XS 插座损坏或接触不良。如果电压不正常，则可能是 C6 或 C7 有短路现象，则进行以下检测。

3）测量K1端，应有15 V以上的电压。如果电压正常，则可能是R10或RP3和PA开路损坏或接触不良。如电压不正常，则进行以下检测。

4）测量VD2的负极端，应有15 V左右电压。如果电压正常，则可能是K1损坏或接触不良。如果电压不正常，则进行以下检测。

5）测量VD2的正极端，应有15 V左右电压。如果电压正常，则可能是VD2损坏。如电压不正常，则进行以下检测。

6）测量IC2的2脚端，应有15 V左右电压。如果电压正常，则可能R3、R4损坏，或是K2损坏或接触不良。如电压不正常，则进行以下检测。

7）测量IC2的1脚端，应有15 V左右电压。如电压正常，则可能是IC2短路损坏。如电压正常，则测量IC2的3脚端，应有15 V左右电压。如果电压正常，则可能是IC2损坏。如电压不正常，则进行以下检测。

8）测量C4两端电压，应在15 V以上。如果电压正常，则可能是印制电路板损坏。如果电压不正常，则故障原因可能是C4、C5有短路现象，或是整流桥堆UR1损坏；或是电源变压器T1的一次绕组损坏；或是XS的插头内部损坏或接触不良。

（2）充电电流过大。将电池从电池座中取下后VD3仍然发光，则故障原因可能是电池座插头内部接线短路，或R3、R4短路损坏或连焊。

（3）VD3不发光。故障原因可能是限流电阻R6损坏，VD3损坏或极性接反。

（4）电池少可以充电，电池多就无法充电。即充1、2节电池时，电源正常；而充3节以上电池时，无充电电流。故障原因可能是VT4的c、e极击穿损坏，或RP2调整不正确。

## 1.8 两用电源的使用技能

### 1.8.1 稳压电源的使用方法

（1）将S2拨到“稳压”侧，输出线插入XS中，电源插头XP接入220 V电源。调节RP1，观察万用表电压挡或PV，使输出电压符合使用要求。

（2）使用稳压电源时，要注意防止正、负极短路。不使用时，应将红色夹子夹住黑色夹子的绝缘导线，或将红色夹子夹住黑色夹子的绝缘套，以免输出短路。

### 1.8.2 电池的充电方法

（1）将S2拨到“充电”侧，电池装入电池座，电池座插头插入XS插座中，电源插头XP接入220 V电源。

（2）采用125 mA的直流电对电池进行充电，一般15 h就能将电池充满，随后应将电池取下。

（3）使用800 mA电流充电时，应预先调好“限压停充”的电压值，以免造成电池损坏。

## 练 习 题

1. 两用电源有哪些特点？
2. 两用电源有哪些技术指标？
3. 电源变压器是何种结构？

4. 叙述桥式整流电路的工作原理。
5. 图 1—2 所示电路中，C4、C5 的作用有哪些？
6. 叙述两用电源的电压调节电路工作原理。
7. 叙述两用电源的稳压工作原理。
8. 叙述两用电源的充电工作原理。
9. 叙述两用电源的充电指示的工作原理。
10. 叙述两用电源的装配原则及步骤。
11. 整机调试的目的是什么？如何对两用电源进行整机调试？
12. 如何正确使用两用电源？
13. 印制电路板的作用有哪些？
14. 图 1—2 所示电路中，VD1 的作用是什么？
15. 图 1—2 所示电路中，VD2 的作用是什么？
16. 图 1—2 所示电路中，VT1 损坏，两用电源会出现什么故障现象？为什么？
17. 图 1—2 所示电路中，VD4 损坏，两用电源会出现什么故障现象？为什么？
18. 图 1—2 所示电路中，VT3 击穿，会出现什么故障现象？为什么？
19. 图 1—2 所示电路中，VS1 击穿，会出现什么故障现象？为什么？
20. 图 1—2 所示电路中，R1 开路，会出现什么故障现象？为什么？

# 课题2　OTL功放电路的制作技能

## 教学内容

OTL功放电路的制作技能

## 教学目的

(1) 掌握单级低频放大电路工作点的调整

(2) 掌握调试单级低频放大电路失真度等性能的技能

(3) 学会用面包板（试验板）安装单级、多级低频放大电路的技能

(4) 学会制作音频信号源

(5) 掌握OTL功放电路原理

(6) 学会使用多用电路板安装OTL功放电路

(7) 掌握OTL功放电路的安装技能

(8) 掌握OTL功放电路的调试技能

(9) 掌握OTL功放电路的检修技能

OTL低频功率放大电路（简称OTL功放）是众多低频放大电路中的一种，除此以外，还有OCL功放电路、BTL功放电路和D型功放电路（开关型放大电路）。在电路结构上，有集成功放电路和分立元件组成的功放电路两大类。集成功放电路具有制作方便、电路性能一致性好、免调试等优点。而分立元件组成的功放电路，其制作成本低，检修比较方便，能对功放电路进行静态工作点的调试，也便于进行教学和教学演示。

为了更好地学习OTL功放电路的制作技能，首先应从学习单级、多级放大电路的安装、调试与检修入手，然后掌握其工作点的调整、失真度性能的测试和调试，还要学习对元器件的筛选等技能，才能在今后的学习中，更好地理解其工作原理，更好地掌握其制作技能。

## 2.1　OTL功放电路的特点和技术指标

### 2.1.1　OTL功放电路的特点

(1) 本课题中所介绍的OTL功放电路采用多用电路板安装制作，以训练多用电路板的安装技能。

(2) 功放电路体积小巧。该功放电路板的制作面积不超过30 mm×30 mm，从而方便了以后课题内容中的使用，为以后的课题学习创造了更好的条件。

(3) OTL功放电路可以直接替代台式计算机有源音箱中的功放电路使用。

### 2.1.2 OTL 功放电路的技术指标

（1）输入灵敏度：<100 mV。

（2）输出功率：500 mW（6 V 电源、8 Ω 负载）。

最大输出功率：1 000 mW（12 V 电源、8 Ω 负载）。

## 2.2 单级放大电路的工作原理及面包板的安装、调测与检修技能

每个晶体三极管自身都具有一定的放大倍数，这是由生产晶体三极管的材料的成分决定的。如果将晶体三极管与某些元器件按电路原理进行组合，就能制成放大电路，实现对某一电压信号或电流信号进行放大。由于不同放大电路的电路结构不同，其各自的放大能力及放大的（频率宽度）性能有较大差异。

晶体三极管放大电路的电路结构有 3 种。一种是共射放大电路，即输入信号从三极管的基极和发射极输入，经电路放大后，从三极管的集电极和发射极输出，发射极是信号输入及输出的公共端，称为共发射极放大电路，简称共射放大电路。此外，还有共基极放大电路和共集电极放大电路。

共发射极放大电路具有较大的电流、电压和功率放大倍数，这不仅与电路结构有关系，还与晶体三极管自身的放大倍数（$\beta$ 值）有关。即三极管的放大倍数越大，该电路的放大能力就越大，所以在放大电路中应使用放大倍数较大的三极管，但三极管的放大倍数过大，也会引起电路工作不稳定。所以每个放大电路对三极管的放大倍数都有一定的要求，不能盲目使用。

### 2.2.1 单级放大电路的工作原理

图 2—1 所示的单级放大电路是一个共发射极的放大电路，它由 1 只三极管 VT1 和 4 只电阻 R1～R4、4 只电容 C1～C4 组成。因为该电路中只有 1 只三极管作放大用，VT1 的截止频率也比较低、耦合电容 C1、C2 以及旁路电容 C3 的容量都比较大，所以该电路的工作频率范围适合在 20～20 000 Hz 之内，所以称它为单级低频放大电路。

共发射极放大电路具有电流放大特性、电压放大特性和功率放大特性。

所谓电流放大特性，即如果改变图 2—1 中 R1 的阻值，使 VT1 的基极电流 $I_{b1}$ 增大，则集电极电流 $I_{c1}$ 也会增大，但集电极电流增大值则是基极电流增大值的 $\beta$ 倍，即：

$$I_{c1}=I_{b1}\beta$$

这就是共射放大电路的电流放大特性。

如在 VT1 的输入端施加交流信号（音频信号）$U_i$，则在 VT1 的集电极将获得输入信号 $\beta$ 倍的交流信号，即：

$$U_{c1}=U_{b1}\beta$$

这就是共射电路的电压放大特性。

随着放大级数的增多，放大倍数的增大，输出交流信号电压幅度也会增大，在末级的输出端就能得到功率级的交流电压信号，这就是共射电路的功率放大特性。

因为共发射极电路具有较大的电流、电压和功率的放大倍数，所以共发射极电路得到了较为广泛的应用。

共射放大电路输出信号的大小可通过以下公式近似求得：

$$U_o=U_i\beta$$

三极管的直流电流放大系数 $h_{FE}$（$\beta$）值，可以用以下方法测得。

按如图 2—2 所示连接电路，然后在 1、2、3 端分别插入三极管的 e（发射极）、b（基极）和 c（集电极）；接入 $E_C$（6 V 直流电压），调节电位器 RP，改变基极电流 $I_b$，使集电极电流 $I_c$ 为 10 mA，测得当时 $I_b$ 值然后通过以下公式求得：

$$h_{FE}=I_c/I_b$$

如果要测量 PNP 型三极管的放大系数 $h_{FE}$，则只需改变图 2—2 中的电源电压及电流表极性。

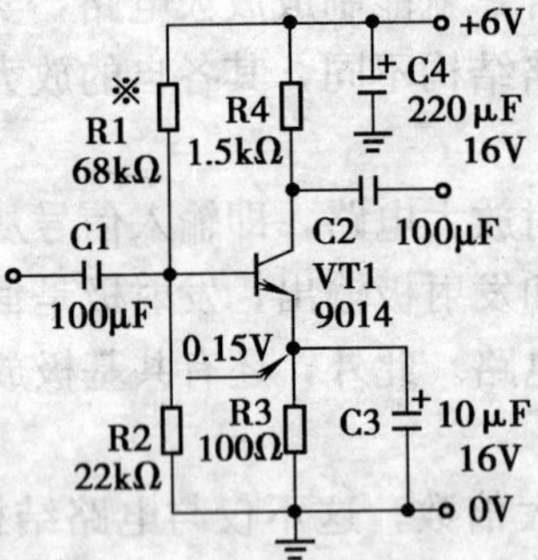


图 2—1　单级低频放大电路

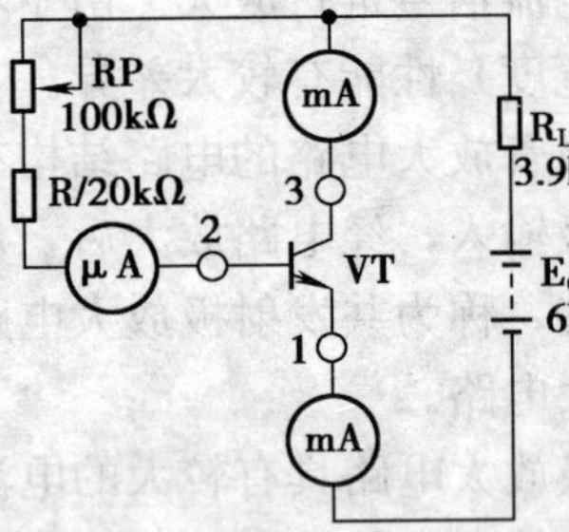


图 2—2　三极管 $h_{FE}$ 测量接线图

有些电子仪表具有测量三极管放大系数的功能，如在 MF47 型万用表内部就有一个类似图 2—2 所示的测试电路，所以 MF47 型万用表能直接测量 PNP 型或 NPN 型小功率三极管的直流电流放大倍数 $h_{FE}$。但由于万用表中的测试电路的电压较低，测试电流较小，所以测试误差比较大。

单极放大电路的工作原理。当在 C1 的输入端（见图 2—1）输入几毫伏或几十毫伏的音频信号电压时，由于 C1 具有隔直通交（隔断直流电压电流、通过交流信号电压）的作用，所以 VT1 的直流工作点（静态电流值）不会被破坏。当交流信号电压施加到 VT1 的基极时，基极得到一个新的信号电压，经 VT1 放大，在 VT1 的集电极上将输出一个放大了 $\beta$ 倍的交流信号电压。由于交流信号电压的加入，使 VT1 的基极电压比原先增大，基极电流、集电极电流都将随之增大。三极管在进行信号电压放大的同时，集电极电流也会随着输入信号电压幅度的变化而变化。

R1、R2 组成 VT1 的基极偏置电路。R1 是基极的上偏置电阻，它的一端与电源相接；R2 是基极的下偏置电阻，它的一端与“地”相接。R1、R2 两只电阻实际上组成的是一个分压电路，其分压点就是基极偏置的输入点。只要改变 R1、R2 的阻值，就能改变 VT1 的基极偏置，即改变 VT1 集电极的静态电流。

R3、C3 组成 VT1 的发射极偏置电路。其中 R3 是电流负反馈电阻，C3 是交流旁路电容。在正常情况下，R3 的负反馈作用不会影响 VT1 的工作，但当环境温度升高时，电路中 $I_c$ 会有增大的趋势；当 $I_c$ 增大时，$I_e \approx I_c$ 也增大，发射极电阻 R3 上的压降也随发射极电流的增大而升高，$U_{be}=I_bR_e$。VT1 基极与发射极间的电压为：

$$U_{be}=U_b-U_e$$

因为 $U_b$ 变化很小，而 $I_c$ 的变化很大（比 $I_b$ 大 $\beta$ 倍）。所以 $U_e$ 的增高比 $U_b$ 高 $\beta$ 倍，而使 $U_{be}$下降，从而使 VT1 基极电流 $I_b$ 得以减少，结果使集电极电流的增加受到限制，这种变化过程可表示为：

环境温度↑→$I_c$↑→$I_e$↑→$U_e$↑→$U_{be}$↓→$I_b$↓→$I_c$↓

由于R3的负反馈作用限制了$I_c$的增加，从而达到稳定VT1工作点的目的。

VT1的发射极串联R3后，在VT1对交流信号进行放大时，有一部分交流信号要被分担在电阻R3上，使加在b、e极间的有用信号大为减少，这会使放大器的放大作用降低。为了克服这一现象，在电阻R3的两端并联了一只电容器C3。由于电容器对交流信号的容抗为：$\chi_e=(1/2)\pi fC$，只要C3的容量足够大，就能使C3对交流信号起旁路作用。这样，输入的交流信号就可以全部加在VT1的b、e极间。

R4是VT1的集电极电阻。VT1在对交流信号放大时，在R4两端会产生变化的电压降(交流信号电压)。图2—1中R4接在集电极与电源正极之间，使VT1获得集电极电流，所以R4的阻值大小会直接影响VT1的放大性能，应根据设计要求确定R4的阻值大小。

C2是输出信号耦合电容，其作用基本与C1相同。

C4是单级放大电路电源的退耦滤波电容。作用是减少电源电路中干扰信号对放大电路的影响。

当无交流信号输入时，放大电路处于静态工作状态。输入回路中只有基极电流$I_b$，因为静态调试时，基极电位高于发射极电位，此时集电极回路电流$I_c$是直流电源$E_c$提供的。其工作点如下：

基极电流 $I_b=(E_c-U_b-U_{be})/R_1$

因为流经R2的电流极小，可以忽略不计，则 $U_b=[R_2/(R_1+R_2)]E_c$

集电极电流 $I_c=\beta I_b+I_{ceo}$（穿透电流）

集电极电压 $U_{ce}=E_c-I_cR_c-I_eR_e$

（$I_cR_c$=集电极负载电阻电压降，$I_eR_e$=发射极电阻电压降）

当有交流信号输入时，放大电路进入动态工作状态。信号电流经过电容器C1，与VT1的静态基极电流相叠加，使VT1的基极电流增大，基极电流的增加量与输入信号的幅度大小有关，当信号电流增大时，集电极电流也同步增大$\beta$倍；当信号电流减小时，集电极电流也同步减小$\beta$倍，使VT1的集电极电流随信号电压的变化而产生变化。经电容器C2的隔直作用，在C2的输出端得到一个与输入的交流信号形状相同，而信号幅度放大$\beta$倍的交流信号电压，实现了放大电路对交流信号电压的放大作用。即：

$$\Delta U_{出}=\Delta U_{入}\beta$$

为了保证放大电路对交流信号的不失真放大，应使动态时的集电极电流不超过其最大允许的集电极电流范围，所以输入的信号幅度不能太大。

### 2.2.2 单级放大电路的安装技能

单级放大电路的安装与调试主要是指在面包板上的安装技能。

#### 2.2.2.1 筛选元器件

(1) 三极管的放大倍数不能选得太高，否则会造成放大电路工作性能不稳定，因为放大电路使用的场合不同，其放大倍数的大小也不同。

(2) 电阻R1～R4最好选用“RJ”表示的金属膜材料的电阻器，以提高放大电路的工作稳定性能。这样，就避免了基极电流因外界温度影响而不稳定。当放大电路的基极电流稳定后，影响电路稳定的就只有三极管本身因受外界温度影响而发生变化一个因数。

(3) C1、C2 最好选用性能较好的 CBB 或 CL 电容器；C3、C4 应选用漏电性能好的电解电容器，这样可以减少外围电路对放大电路工作点的影响。

2.2.2.2　面包板的安装技能

(1) 面包板的性能介绍。面包板是一种不用焊接就可以实现电路连接的接插式电路板。它的表面分布了许多安插元器件的小孔，很像是面包中的空洞，所以被称为面包板。面包板最适合对电路进行实验，所以也叫实验板。

图 2—3 所示为一种常用的面包板示意图。这种面包板的最大尺寸为 47 mm×180 mm。

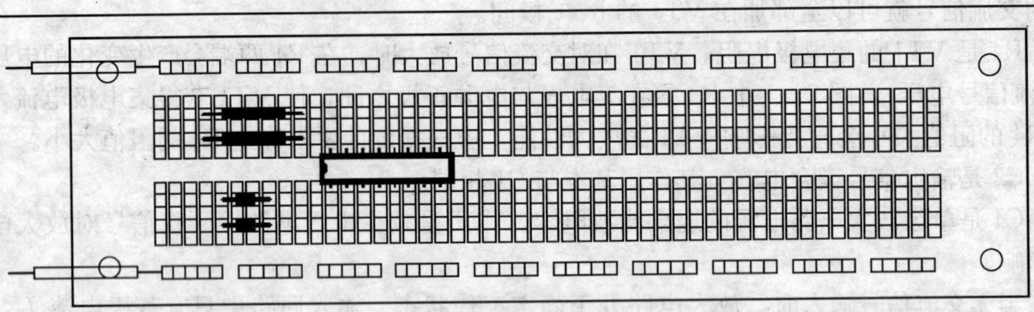

图 2—3　面包板示意图

面包板以中间区域为界分割成上下两半，上下两半的各垂直列与相邻列之间互不相连，而垂直列中 5 个插孔是相连的。上下侧边各有 10 个横向小段，每个小段中横向的 5 个插孔相连，而每 3 个或 4 个横向小段内部又彼此相连。

面包板分割区两侧相邻的各个插孔，主要为安装集成电路而设计，其宽度（上下之间距离）约为 7 mm，左右相邻孔的间距为 2.5 mm，正好是一般集成电路引脚的间距尺寸，所以安插集成电路十分方便。

集成电路出厂时的双列引脚不一定是垂直平行的，所以在安插之前应对集成电路的引脚进行调整，调整时可采用平压法。具体方法为：将集成电路的一侧引脚横向平放在桌面上，此时另一侧引脚横平面朝上。用手平压集成块，使桌面一侧的引脚角度从大约 120°平压变成约等于 90°。然后再换另一面以同样方法进行调整。集成电路在进行插、拔时，最好使用集成电路起拔器，这样可以最大限度地保护集成块。

(2) 安装方法。采用面包板安装技能对单级放大电路进行安装，其安装过程比较简便，不需要焊接，对电路的调试也很方便（见图 2—3）。

1) 将面包板上下侧边横向小段的插孔进行通路测量，将原本互不连的相邻横向小段用短路线连接起来，以形成上下两长横条插孔排。上横条所有插孔作为外接电源的“+”极。下横条作为外接电源的“—”极。电源引入导线的长度以伸出面包板外部 30 mm 左右为宜，导线太长容易相碰而造成短路。“+”极输入导线通常采用红色绝缘导线；“—”极输入导线通常采用黑色绝缘导线，而且输入导线也应较粗一些。

2) 元器件一般采用卧式安装形式。安装时，元器件的引脚不用剪去而直接插入插孔中，以使元器件可以反复使用。

3) 安装元器件时，应充分利用相连孔自身的连接作用，使相关元器件之间形成通路。相距较远的元器件之间的连接，可以用漆包线或用绝缘导线进行。但漆包线两头 8 mm 段，应将绝缘层刮去，或是将绝缘线的绝缘层拨去而露出芯线，并将芯线进行涂锡，以增强芯线的插接强度。

4）用万用表欧姆挡测量被连接线连接的相关元器件之间的导通性能，确保连接线连接良好。

### 2.2.3 单级放大电路的静、动态调试技能

如图 2—1 所示放大电路安装完成后，不一定就能工作在最佳状态，主要是由于晶体管的非线性特性会造成晶体管之间的较大性能差异。图 2—1 中 VT1 的放大倍数应选在 100～160 之间。如果购买的三极管放大倍数偏差较大，那就应对 R1、R2 的阻值进行调整；即使三极管的放大倍数相近，也可能会由于三极管的其他方面性能的差异，而需要对 R1、R2 进行调整。

#### 2.2.3.1 单级放大电路静态工作点的调整

为了能使如图 2—1 所示的放大电路正常地工作，首先要对放大电路的工作点进行调整，即调整 VT1 在未输入交流信号时放大电路的工作状态。通过调整放大管的基极偏置，使 VT1 的基极有一个合适的基极电压和基极电流，从而使集电极得到一个合适的静态工作电流，使放大电路工作在放大区（线性段）内。这样无论是小信号输入还是大信号输入，都能在集电极与地之间得到线性较好的、被放大的输出信号，从而达到最小的失真度和最高的保真度。

共射放大电路的放大区，是放大区、饱和区、截止区 3 个工作区中区域最小的一个，而放大区中的线性段就更窄。所以低频放大电路的静态工作点的调试，是一项精细的工作。

调整 VT1 的静态工作点，即调整 VT1 的基极偏置，是通过调整 R1、R2 的阻值大小来改变 VT1 的基极电流，从而使 VT1 得到一个合适的集电极电流，让 VT1 工作在放大区的线性段。

为了能更好地学习如何调整放大电路的静态工作点，应该首先了解并学会绘制三极管的电流输出特性曲线。

#### 2.2.3.2 绘制三极管的输出特性曲线

电流输出特性曲线是反映三极管工作状态的一种曲线，它能展示三极管在共射放大电路中工作的动态范围，从而选择确定该三极管最合适的基极电流和基极偏置。

如图 2—4 所示是一只三极管的输出特性曲线图。它表示了三极管的基极电流 $I_b$ 在 10 μA、30 μA、50 μA、70 μA、90 μA 时，三极管的输出电流特性。

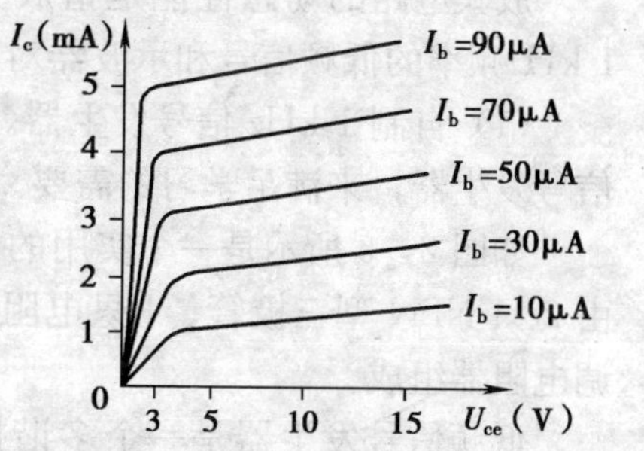

图 2—4 三极管输出特性曲线

这些曲线表示的是在三极管基极电流不变的情况下，随着电源电压不断升高，三极管的输出电流也会随着电压的变化而发生变化。曲线在垂直方向的变化越小，说明三极管线性越好，而变化越大则说明三极管线性越差。

如使用专用仪器（JT2－2 或 JT－3）来测量三极管的输出特性曲线，则可以得到直观的了解并能进行直观的分析。

#### 2.2.3.3 三极管输出特性曲线的测试电路

测试电路的工作电压为 3～15 V，集电极电阻 $R_c$ 取 1 kΩ，基极偏置电阻 $R_b$ 用 1 只

20 kΩ的电阻和1只1 MΩ微调电位器串联来代替。

基极电流取值。取4次基极电流值，第一次基极电流为10 μA，第二次基极电流为20 μA，第三次基极电流为40 μA，第四次基极电流为60 μA。利用公式 $I_b=(E_c-U_{be})/R_b$ 进行计算。硅材料三极管的基极正向压降 $U_{be}$ 为0.6～0.8 V，取中间值0.7 V；锗材料三极管的基极正向压降 $U_{be}$ 为0.2～0.4 V，取中间值0.3 V。

2.2.3.4　绘制三极管的电流输出特性曲线

参照图2—4画一张三极管的输出特性图。

先绘制第一根曲线。取3 V电源电压，调整微调电位器使基极电流为10 μA，再测量集电极电阻两端电压，通过计算得出此时的集电极电流。如 $R_c$ 两端电压为1 V，而三极管的 $\beta$ 值是100，则三极管的集电极电流为1 mA，然后在曲线图上3 V与1 mA的交汇点画一标记。改变电源电压分别为5 V、10 V、15 V，按绘制第一个交汇点相同方法逐一进行，然后又得出3个交汇点。将4个交汇点连成一条平滑曲线，就得到了三极管在10 μA基极电流时的集电极电流输出曲线。

然后再绘制20 μA、40 μA、60 μA的3根曲线。

2.2.3.5　调整单级放大电路的静态工作点

将经过测试，输出特性曲线好的三极管与其他元器件组成如图2—1所示的低频放大电路。

(1) 将C1的输入端用一根导线对地短路，以切断干扰信号对静态调试工作的影响。

(2) 取一只20 kΩ的电阻与一只100 kΩ的电位器（或微调电阻器）串联，临时替代图2—1中的电阻器R1，并将电位器调至阻值最大。

(3) 将所有的元器件安装在面包板上。

(4) 检查安装无错，接上6 V稳压电源。将电位器向阻值偏小的方向慢慢调整，同时测量发射极电阻R3两端电压，调整至0.1 V左右时，集电极电流约为1 mA。

(5) 切断电源。测量临时电阻的空载（不与其他元件相连接时）阻值，然后换上一只相同阻值的电阻。再重复步骤(4)，复测一下集电极电流。

通过以上5个步骤的操作，如图2—1所示放大电路的静态工作点就调试完成了。

2.2.3.6　单级放大电路动态性能的调测技能

放大电路的动态性能是指放大电路在对交流信号进行放大时的工作性能。通常采用1 kHz频率的低频信号和示波器对其进行调试。

(1) 自制1 kHz信号发生器。在没有低频信号发生器的情况下，可以自制一个简单的信号发生器，来满足学习的需要。

如图2—5所示是一个实用的低频信号发生器，它由2只NPN型三极管、4只电阻、4只电容和1只可调电阻器组成。

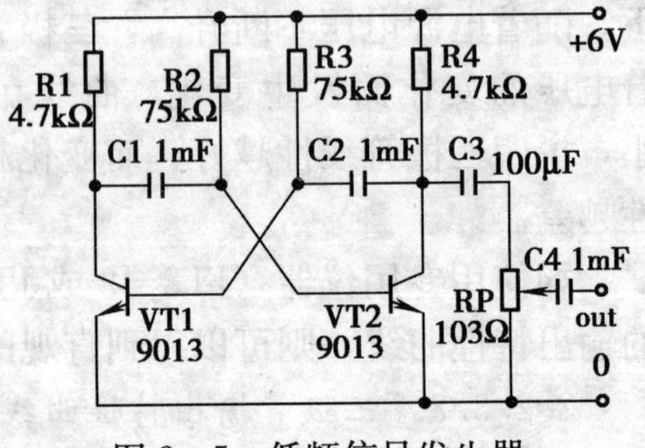

图2—5　低频信号发生器

低频信号发生器是一个多谐振荡电路。从图中可以看出，该电路基本上是由两组完全相同的元器件组合而成，而且元器件的参数包括三极管的 $\beta$ 值也应相同，其目的是使振荡器输出的信号是一个对称的方波信号，即在一个振荡周期内有一个正脉冲和一个负脉冲，而且每个脉冲宽度均为振荡周期的一半，如图 2—6 所示。

其振荡周期 $T=0.7(R_2C_1+R_3C_2)$

多谐振荡器工作原理。（为了便于分析和测量，临时改变 C1、C2、R2、R3 的参数，如图 2—7 所示。此时 C1、C2 为 10 μF/25 V 电解电容器，R3、R4 为 120 kΩ）当多谐振荡器电路接上工作电源时，由于 R2、R3 阻值相同，C1、C2 的容量相同，VT1 和 VT2 的 β 值也相同，所以 VT1 或 VT2 都可能首先导通但又只能有一个导通。如果 VT1 先导通，VT2 就截止。此时，电路产生一个正反馈现象：

$$U_{b1}\uparrow\rightarrow I_{b1}\uparrow\rightarrow I_{c1}\uparrow\rightarrow U_{c1}\text{正极}\downarrow\rightarrow$$
$$U_{b2}\downarrow\rightarrow I_{b2}\downarrow\rightarrow I_{c2}\downarrow\rightarrow U_{c2}\uparrow\rightarrow\text{电容 C2}\rightarrow U_{b1}\uparrow$$

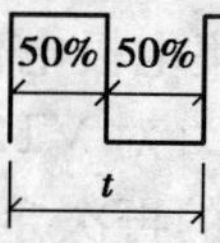


图 2—6　信号发生器输出波形

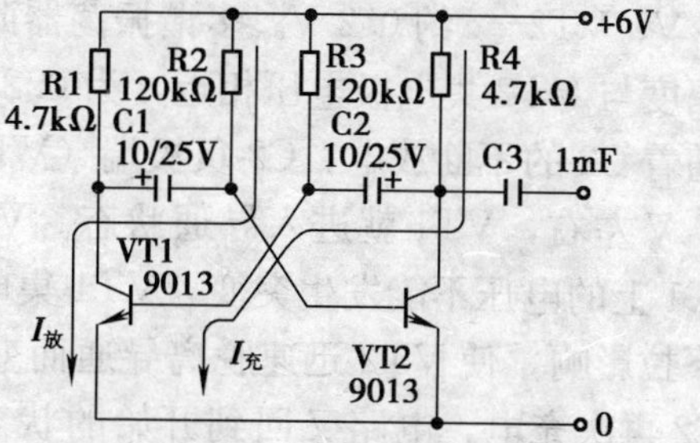


图 2—7　C1、C2 充放电路径

这种正反馈不断地持续下去，使电路得到一个稳定状态。此阶段，由于 VT2 截止，VT2 集电极呈高电位，于是电容 C2 通过 VT1 的 b、e 极开始充电，C2 的充电路径为：

+6 V→R4→C2 正极→C2 负极→VT1－b→VT1－e（地）。

由于 VT1 导通，使 VT1 的集电极与发射极之间的内阻变得很小，满足了 C1 的放电条件，于是 C1 通过 VT1 放电，其放电路径为：

+6 V 电源→R2→C1 负极→C1 正极→VT1－c→VT1－e（见图 1—7）。

如果此时测量各点电压值：VT1－b 约为 0.7 V、VT1－c 约为 0.2 V；VT2－b 先为负电压（这是导致 VT2 截止的其中一个原因），然后逐渐变为 0 V，再变为正电压（反充电）；VT2－c 约为 4 V。输出波形为图 2—6 中的第一个正极性波形，波形幅度与 VT2 集电极电压相近，为 4 V 左右。

由此看出当 VT1 导通时，C2 充电，C1 放电。

随着时间的延长，C1 的负极端（即 VT2 基极）电位由负值变成 0（说明 C1 上的电能已被放完），又由 0 逐渐变高［说明 C1 在由电源→R2→C1 负极→C1 正极→VT1－c→VT1－e（地）回路进行反充电］。当 VT2 的基极电位大于 0.7 V 时，VT2 就由截止变为导通，其集电极电位急速下降，由于 C2 上电压的不能突变性，使 VT1 基极电位被迅速拉低，于是 VT1 迅速截止。VT1 截止后，VT1－c 至 VT1－e 内阻极大，切断了 C1 的反充电回路。VT1 截止后其集电极为高电位，使 C1 的正极变为高电位，而由于 VT2 的导通使 C1 负极变成了低电位，此时 C1 两端电压极性与先前相比产生了 180°的变化。C1 放电的后期即“反充电”时，其极性为左负右正，此时 C1 两端的极性却为左正右负。这就是 VT2 基极瞬间出现负电压的原因。由于 VT2 的导通，使 C1 由放电变成了充电，C1 此时的充电路径为：电源→R1→C1 正极→C1 负极→VT2－b→VT2－e（地）。

VT2 导通后，其集电极与发射极之间的内阻很小，于是 C2 开始放电，C2 的放电路径为：电源→R3→C2 负极→C2 正极→VT2－c→VT2－e（地）。

由于 C2 放电时，C2 正极相当于接在电源的负极，先前充电时 C2 的正极相当于接的是电源的正极；而 C2 的负极接 VT1 的基极没有变，VT1、VT2 的发射极接地（电源负极）也没有变。由于 C2 正极端极性的改变，此时的 VT1 基极电压极性与先前相比有 180°的差别。所以先前 VT1 的基极与地之间是正电位，此时 VT1 的基极与地之间是负电位就可以理解了。这就是 VT1 或 VT2 基极为什么会出现负电压的原因。

先前 VT1 导通、VT2 截止的电路状态，此时变为 VT1 截止、VT2 导通，这种电路状态的变化称为电路的翻转。电路翻转后，电路中的各工作点电位都会发生质的变化，此时测量各点电压：VT1－b 为负电压，然后逐渐变为 0 V，再变为正值；VT1－c 约为 4 V；VT2－b 约 0.7 V、VT2－c 约 0.2 V。多谐振荡器此时的输出波形为图 2—6 中的第二个负极性波形，波形幅度与 VT2 集电极电压相近，为 0.2 V 左右。

随着 C2 的不断放电，C2 负极端（VT1 的基极）电位逐渐升高，一旦 VT1 基极电压达到 0.7 V 左右，VT1 就进入导通状态。VT1 一进入导通状态，其集电极电位就迅速降低。由于 C1 上的电压不能发生突变，VT1 集电极上的下跳变能量通过 C2 对 VT2 的基极产生电位的下拉影响，使 VT2 迅速脱离导通而变成截止状态。随着 VT1 的再次导通，C1 再次放电、C2 再次充电，电路又回到开始的状态。由于 VT1、VT2 不断地交替导通或截止，使 C1、C2 不断放电或充电，从而使电路不断地翻转而形成振荡。

多谐振荡器电路翻转两次为一个振荡周期，一个振荡周期中有一个正波形（VT1 导通 VT2 截止时产生）和一个负波形（VT1 截止 VT2 导通时产生）。多谐振荡器不断地工作，就能输出连续的方形信号波形。

在分析多谐振荡器工作原理时，如果 VT1 或 VT2 的负值不明显，可以增大 C1、C2 的容量，使充、放电过程变慢以便于观察、分析。

为了增加学习乐趣，在图 2—7 电路的基础上，加一只三极管、两只电阻、一只发光二极管，去掉电容器 C3，如图 2—8 所示，这样发光二极管会按照多谐振荡器的振荡频率而闪烁。也可以将图 2—7 或图 2—1 中的 R4 去掉，并将 R4 换成图 2—8b 的形式，同样会收到比较好的效果。

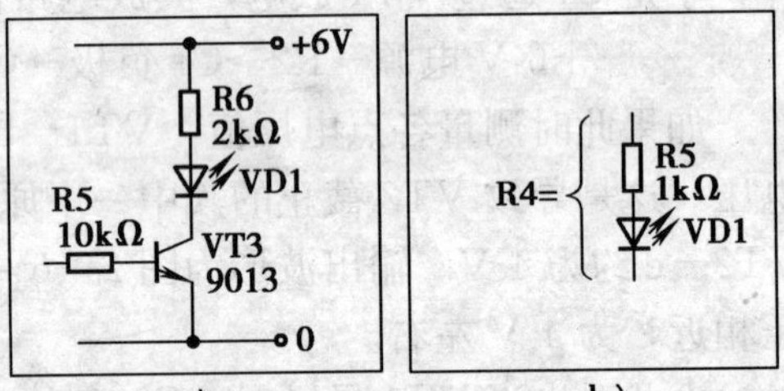

a)　　b)

图 2—8　R4 替代电路

测量信号发生器的各点工作电压值，并填于表 2—1 中。

表 2—1　　信号发生器各点工作电压值一览表

| VD1 状态 | VT1 | | | VT2 | | | VT3 | | | VD1 闪烁频率（时间） |
|---|---|---|---|---|---|---|---|---|---|---|
| | e | b | c | e | b | c | e | b | c | |
| VD1 亮时 | | | | | | | | | | |
| VD1 灭时 | | | | | | | | | | |

将万用表拨到直流电压挡，用黑表笔接地（电路的负电压端），红表笔接各测量点。测量时，为了保证测量点接触良好，要对测量点适当用力，但要注意防止表笔打滑而造成焊盘之间短路，可以预先将表笔金属头锉尖。在能看清楚表盘读数的前提下，应尽量使用高电压

测量挡，以便提高测量精度。

在理解了多谐振荡器的工作原理后，就可以自制 1 kHz 信号发生器。图 2—5 的 VT1、VT2 可用其他型号的 NPN 型三极管代替，但两只管子的 $\beta$ 值需相同或相近。

(2) 单级放大电路动态性能的调测。用低频信号发生器输出频率为 1 kHz、幅度为 30 mV的低频信号，从低频放大电路的 C1 端输入，然后用万用表电压挡测量电阻 R3 两端电压，或用电流挡测量 VT1 集电极回路电流，应在 1.5 mA 左右（无输入信号时，集电极电流为 1 mA）。同时用示波器测量低频放大电路 C2 输出端的信号波形，其波形应无失真、削波现象。

改变输入信号的幅度，使其在 5～50 mV 之间变化，观察输出信号，均无失真和削波现象。如果调试结果不理想，应检查元器件质量是否有问题，或检查调试过程是否有不当之处，或 VT1 基极电流取值是否不妥。

为了增加低频放大电路调试的趣味性，可以用音乐信号代替 1 kHz 信号。这样在音乐信号输入放大电路时，VD1 就会随着音乐信号的节奏闪亮，通过 VD1 既能观察音乐节奏，又能观察放大电路的动态性能。

2.2.3.7 单级放大电路的检修技能

单级放大电路的电路比较简单，所以检修也比较简单。如 VT1 无基极电压，可检查 R1 和 R2，或检查是否有连线短路；如 VT1 集电极电流较大，可检查 R3、C3 是否短路或装错，或检查 R4 是否装错。

## 2.3 多级放大电路工作原理及面包板安装、调测与检修技能

### 2.3.1 多级放大电路工作原理

如图 2—9 所示是一个有两级放大的低放电路。第一低放由 VT1 及 R1、R2、R3、C1、C2 组成。R1 是 VT1 的基极偏置电阻，R1 电压取自集电极电压，是一个具有电压负反馈的基极偏置电路。当环境温度升高而使集电极电流增大时，VT1 的集电极电阻 R4 上的压降就增大，而集电极电压就降低，通过 R1 使基极偏置减小，使 VT1 的工作电流得到稳定。在 VT1 的发射极还接有电流负反馈电阻 R3（原理同前）。所以 VT1 是一级具有电压、电流负反馈的低放电路。

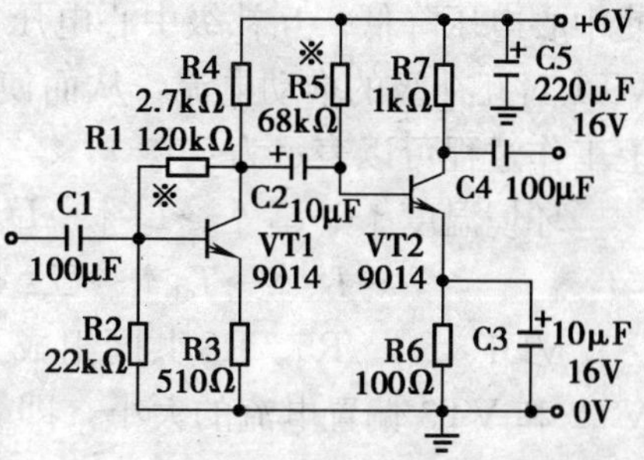

图 2—9 多级低频放大电路

第二低放由 VT2 及 R5、R6、R7、C2、C3、C4 组成。R5 是 VT2 的基极偏置电阻。在发射极回路也接有电流负反馈网络，以稳定该级工作状态。

音频信号从 C1 端输入，由 VT1 等元件组成的第一级放大电路对微弱信号进行放大，然后从 C2 输出，再送到第二级进行放大，经 VT2 放大后，从 C4 输出。两级低放之间采用电容器进行级间耦合，所以 C2 既是第一低放的输出电容，又是第二低放的输入电容。由于 VT1 的集电极电位比 VT2 的基极电位高，所以 C2 的极性为左正右负。

### 2.3.2 多级放大电路的安装、调测与检修技能

如图 2—9 所示电路可以安装在面包板上。第一低放 VT1 集电极电流设在 0.5～1 mA 之间；第二低放 VT2 的集电极电流设在 3 mA 左右，该多级放大电路的级间耦合采用电容

器耦合的方式，所以调试时互相之间不会产生影响，检修也比较方便。

多级放大电路的安装、调测与检修可以参照单级低放电路的安装、调试与检修的方法进行训练。

## 2.4 OTL功放电路的工作原理、安装、调测与检修技能

如图2—10所示是一个典型的OTL功放电路。可以直接使用在随身听的机外音频功放电路中，在工作电压为6 V时，可在8 Ω负载上得到大于0.5 W的输出功率，在工作电压为9 V时，可以得到约1 W的输出功率。

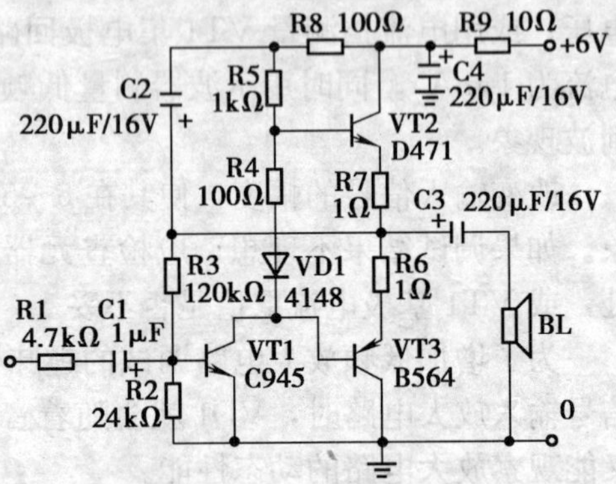

图2—10 OTL功放电路图

### 2.4.1 OTL功放电路工作原理

图2—10所示的OTL功放电路由VT1、VT2、VT3三只三极管和电阻R1～R9、电容C1～C4和二极管VD1组成。

该电路由一级推动（激励）级和一级互补对称式推挽功率放大级组成，前后级间的耦合方式为直接连接方式（直通方式）。VT1、C1、R2、R3和R1组成推动级，是一级甲类放大电路。其中电阻R1为匹配电阻，它能使功放电路与音源之间的阻抗较好匹配。

在R1端输入音频信号，经C1输入到VT1基极，由VT1对输入信号进行放大，以满足互补级信号输入的幅度要求。VT1采用分压式偏置电路，电压取自互补级的中心电压，所以是一个具有电压负反馈作用的偏置电路。当环境温度升高时，互补级电流就会增大，而使中心电压降低；互补级中心电压的降低通过R3使VT1基极电流随之减小，也就减小了VT1对互补级的推动电流，从而使互补级电流得以减小，使OTL电路的性能保持稳定。以上工作过程可以表示为：

环境温度$\uparrow \rightarrow I_{b1}\uparrow \rightarrow I_{c1}\uparrow \rightarrow U_{c1}\downarrow \rightarrow U_{be3}\uparrow$

$\rightarrow I_{b3}\uparrow \rightarrow I_{c3}\uparrow \rightarrow U_{e3}\downarrow$（中心点压）$\rightarrow R_3 \rightarrow I_{b1}\downarrow$。

VD1、R4、R5、R8共同组成了VT1的集电极电阻，其中VD1和R4上的压降决定了VT2和VT3偏置电流的大小，即

$$U_{VD1}+U_{R4}=U_{be2}+U_{be3}$$

因VT2、VT3都是硅管，即两个偏置电压之和为0.7 V+0.7 V=1.4 V。

VT2、VT3和VD1、R4～R8、C3组成互补对称式推挽放大电路。为了便于分析，将图2—10电路简化为图2—11电路。互补对称式推挽放大电路由一只PNP型三极管和一只NPN型三极管组成。从导电特性来看，两只管子正好相反。PNP型三极管对负信号导通，NPN型三极管对正信号导通，它们彼此互为补偿；从电路连接方式来看，上下两只三极管的电路是完全对称的，所以称为互补对称。互补对称放大电路只需一个推动信号，不需要对激励信号的极性进行倒相，所以无需倒相电路。

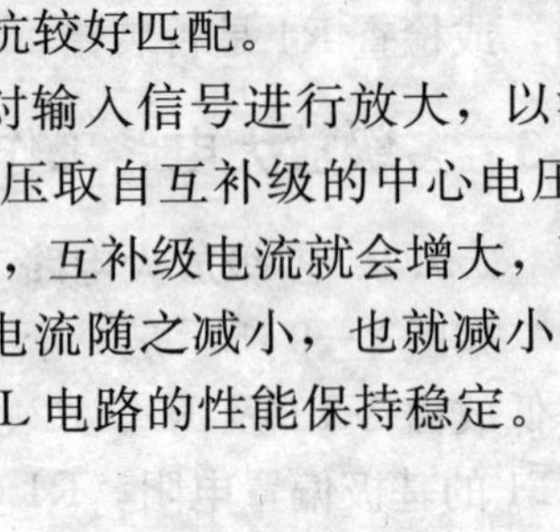

图2—11 互补对称式推挽放大电路

当图2—11中电路为正半周信号（图2—10中VT1为

负半周信号）输入时，NPN 型三极管 VT2 正向偏置导通，集电极电流 $I_{C2}$ 随信号变化流过负载 BL，使负载 BL 上得到相应的正半周信号，PNP 型三极管此时为反向偏置截止，$I_{C3}=0$。反之，当图 2—11 中电路为负半周信号（图 2—10 中 VT1 为正半周）输入时，PNP 型三极管 VT3 正向偏置而导通，集电极电流 $I_{C3}$ 随信号变化而流过负载 BL，使负载 BL 得到相应的负半周信号；NPN 型管此时为反向偏置截止，所以 $I_{C2}=0$。这样，两只管子轮流工作，结果在负载 BL 上得到一个完整的信号。由于这种电路不需要倒相级，VT2、VT3 两管自动完成倒相作用，因此这种电路也称为单端推挽电路。

C2、R8 组成互补对称放大级的自举电路。为了尽量提高输出功率，总是使互补级工作在接近饱和或接近截止的状态，这样互补级电流就会增大，实际上就是发射极电流增大。互补放大电路是共集电极放大电路，其电压放大增益接近 1。当发射极电流增大时基极电流也同时增大，基极电流增大就使 R5 上的压降增大，从而阻碍了基极电流的增大，也牵制了发射极电流的增大。加入自举电路以后，在无信号输入时，C2 通过 R8 获得电源充电为 1/2 电源电压，该电压与互补功放的中心电压一致；有信号输入时，互补级电流增大使基极电流增大，由于 C2 上的电能对 R5 端的补充作用，使 R5 上的压降得到间接的弥补而减小，相当于维持了原先的基极电流，也就相当于增加了输出功率。

在互补级两只三极管的发射极各串有一只电流负反馈电阻 R6 和 R7，用于稳定工作点。

R9、C4 组成简单的电源电路，用于减少 OTL 电路工作时由于大电流造成的电源波动对其他电路的影响，起一个隔离作用。

### 2.4.2 OTL 功放电路在面包板上的安装技能

用面包板安装 OTL 功放电路，具有安装方便、检查方便、调试方便、检修方便等优点。

(1) OTL 功放电路元器件明细表见表 2—2。

**表 2—2　OTL 功放电路元器件明细表**

| 序号 | 名称 | 规格型号 | 数量 | 元器件代号 |
|---|---|---|---|---|
| 1 | 电阻器 | RT—4k7 | 1 | R1 |
| 2 | 电阻器 | RT—24k | 1 | R2 |
| 3 | 电阻器 | RT—120k | 1 | R3 |
| 4 | 电阻器 | RT—100 Ω | 2 | R4、R8 |
| 5 | 电阻器 | RT—1k | 1 | R5 |
| 6 | 电阻器 | RT—1 Ω | 2 | R6、R7 |
| 7 | 电阻器 | RT—10 Ω | 1 | R9 |
| 8 | 电解电容器 | CD—1 μF/16 V | 1 | C1 |
| 9 | 电解电容器 | CD—220 μF/16 V | 3 | C2～C4 |
| 10 | 二极管 | 1N4148 | 1 | VD1 |
| 11 | 三极管 | 2SC945（9014）β60～80 | 1 | VT1 |
| 12 | 三极管 | 2SD471（9013）β100～120 | 1 | VT2 |
| 13 | 三极管 | 2SB564（9012）β100～120 | 1 | VT3 |

（2）元器件的挑选与测量。在 OTL 功放安装之前，首先要挑选元器件，使元器件的参数尽量符合本功放的设计要求，才能收到理想的效果。

VT1 的 $\beta$ 值选择范围为 60～80；VT2、VT3 的 $\beta$ 值没有要求，但它们的 $\beta$ 值必须相同或相近，两管的 $\beta$ 值差距不能大于 $\pm 5\%$。VT1 可以用 9014 或 9013 代替，VT2 可以用 9013 代替，VT3 可以用 9012 代替。

（3）面包板的安装步骤及方法

1）用连接线将面包板上的最上面一排和最下面一排的插孔段进行连通。在使用中，通常把上面一排作为电源的正极连接点使用，并在最左端焊上一根 30 mm 长的粗绝缘导线，作为工作电源的输入线；下面一排作为电源的负极连接点使用，也在左端焊一根 30 mm 长的电源输入线。

2）按照 OTL 功放电路图，设计元器件的插装位置。

3）按照 OTL 功放电路图，插装元器件。由于元器件都是架空的，所以，元器件的引脚比较长，很容易造成元器件引线之间的相碰而造成短路，在操作过程中应注意。

4）用漆包线或绝缘导线作为连接线，将元器件之间还未进行连接的各点进行跳线连接。连接跳线在使用之前，应将连接线的两头（漆包线两头长度为 8 mm 左右）的绝缘漆刮去，或是剥去绝缘层，以确保连接线的导电性能。

5）用万用表欧姆挡测量，以确保连接线连接的相关元器件间的导通性能。

6）根据原理图，反复检查插接质量。

### 2.4.3　OTL 功放电路在面包板上的调试技能

对已安装好的 OTL 功放电路，还要对其进行调试，调试成功后才能投入正常的使用。调试方法如下：

（1）OTL 功放电路的静态调试，主要就是调整 VT1 基极的上偏置电阻 R3 的阻值，使中心电压为电源电压值的 1/2。

（2）将输入信号调至最小，或用短路线将 C1 负极对地短路，以排除 OTL 功放输入端的外部干扰。接入工作电源，用万用表电压挡测量中心电压。如中心电压高于 1/2 电源电压，则减小电阻 R3 的阻值；反之，增大 R3 的阻值。本功放电路的静态工作电流约为 10 mA左右。

（3）为了便于调试，可以用一只阻值为几百千欧的电位器串联一只几十千欧的电阻，临时代替上偏置电阻 R3。待调试完成，用万用表测量出电位器与电阻器串联的阻值和，然后用一只阻值相同或相近的电阻装上。

（4）在调试中，如发现电阻 R8 有较高的温升，应立即停止调试，检查 R8 温升的原因。R8 温升太高，通常是因为 VT2 或 VT3 有损坏现象。

（5）去掉 C1 负极处的对地短路线。在 R1 处接入 1 kHz，50 mV 音频信号，在 BL 中将有信号输出。用示波器测量 BL 两端，应为一个与输入信号波形相同，但已被放大的信号电压波形，而且波形有明显失真现象。

### 2.4.4　OTL 功放电路的多用电路板的安装与调试技能

只有在面包板上调试成功后的 OTL 功放电路，才能安装在多用电路板上。这样可以减少 OTL 功放电路直接安装在多用板上的调试难度。如果 OTL 功放电路先安装在多用电路板上，当出现安装错误，或调试中需更换元器件时，由于元器件间的距离很小，拆焊和再焊接时就很不方便，很容易损伤或损坏元器件，或是损坏多用电路板。

2.4.4.1　多用电路板的安装步骤及方法

OTL功放的多用电路板安装步骤和方法如下：

(1) 根据设计PCB板的设计思路，先对OTL功放电路的所有元器件进行布局。布局时，应考虑元器件间的线路连接、信号的输入和输出以及工作电源的接入位置（可参考图2—12）。

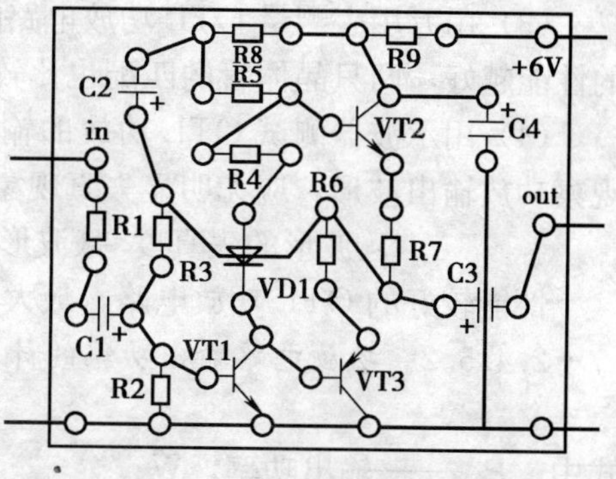


图2—12　多用电路板安装示意图

(2) 根据安装要求对元器件进行引脚成形。为了减小安装体积，可以将所有元器件按立式安装。安装时，除三极管以外，其他元器件装插时其引脚应尽量靠近电路板；三极管的高度尽量与电容器的高度相仿，使三极管的引脚尽量地长一些，以利于减少焊接热量过多地传到三极管的管芯中而影响或损坏三极管；为使电路板更加美观、元器件的最高高度在12 mm左右为宜。

(3) 将元器件插入多用电路板，并进行反复检查，待确定元器件均安插正确后方可进行焊接。如果感到元器件太多，一次焊接不方便，可以将元器件分几次进行焊接，这样可以确保焊接质量和安装质量。焊接时，可以先焊接每个元器件的其中一个引脚，以暂时固定元器件，并调整元器件的姿态，然后再进行全部焊接。

(4) 剪切元器件引脚。剪切元器件引脚，是为了方便下一步的插装、焊接与连线。

(5) 按照OTL功放电路图，在线路面进行电路连线。连线的线材最好采用涂银线，其原因一是焊接方便，二是导电性能好，三是美观。当然也可以用漆包线代替，先刮去绝缘漆，再均匀地涂上焊锡即可。

焊接连线时，相连的各点焊盘最好用一根连贯的金属导线，将它们各点连贯地相连，这样既可以方便焊接，又能防止出现漏焊现象；焊点与焊点之间的连线要科学地安排，要使连线越短越好；连线中不能出现架空连接的错误。

(6) 输入端的两根导线、输出及电源的三根导线，应先从线路面的焊孔中穿过，再从零件面穿出，过线的焊盘应进行焊接，以便对引线起加固作用。从零件面穿出的导线长度应在20 mm左右为宜，以便以后将OTL功放插在面包板上使用。

(7) 线路面的线路要整齐、平整；焊点要光滑，大小要适中、一致；不能出现错焊、连焊、虚焊、漏焊等现象。

2.4.4.2　调试方法

OTL功放电路在多用电路板上的静态调试，可参考OTL功放电路在面包板上的静态调试方法进行。

### 2.4.5 OTL功放电路的动态调试与测试技能

OTL功放电路的动态调试，就是在输入音频信号的情况下，测量低放电路中心电压的偏离值和输出信号的失真度，以判断VT2、VT3的配对效果，以便对元器件加以调整（更换元件后的功放电路应重新进行静态、动态调试）。

本课题中所介绍的功放电路在动态状态最大输出时，整机电流为80 mA左右。

2.4.5.1　调试方法

(1) 在 OTL 功放输入端输入 100 mV 的 1 kHz 低频信号，或是输入音频信号（如随身听输出的音乐信号）。

(2) 将音量电位器调节到中等音量位置，接通功放电源，使 OTL 功放输出不失真。

(3) 用万用表测量 OTL 功放电路的中心电压。测得的中心电压摆动越小，说明互补级的性能越好，两只晶体管的匹配也比较理想。

(4) 用示波器测试 OTL 功放的输出信号失真度。用示波器的探头接在扬声器的两端，观察功放输出波形，应无明显失真现象。失真度的计算方法可参考公式：

$$波形的失真度=(波形的失真幅度值\div波形最大值)\times100\%$$

性能较好的 OTL 功放电路，最大功率输出时的波形失真度应小于等于 10%。

2.4.5.2 功放电路输出功率的计算

$$P_{CM}=U^2/R$$

式中 $P_{CM}$——输出功率，W；

$U$——输出信号电压，V；

$R$——负载电阻，Ω。

这是功放电路输出功率的简单计算方法。

本课题中所介绍的功放在 6 V 工作电压、8 Ω 负载的条件下，可获得 500 mW 的输出功率。如果将工作电压提高到 12 V，在 12 V 工作电压、8 Ω 负载的条件下，可获得 1 W 的输出功率。

调试正常的 OTL 功放电路可投入使用。

**2.4.6 OTL 功放电路的检修技能**

如果 OTL 功放电路在使用中出现故障，或其他电路需要进行检修时，通常可以采用以下 4 种方法进行检查。

(1) 直观检查法。就是直接用目测的方法进行检查。直观检查法的优点为：简便，直观，不需要使用焊接工具和仪器仪表。对出现严重过电流的、表面已有明显反映的元器件，很容易检查到。对元器件引脚间的碰连，焊点的连焊、漏焊、错焊现象，都能用直观法查出。

(2) 直流电阻测量法。即用万用表的电阻挡测量电路中某两点的直流电阻值的方法。该方法测量时电路无需接通电源，所以测量比较安全方便。

(3) 电压、电流测量检查法。就是直接测量电路的相关电压值和电流值的方法。电压、电流值的测量，能直接反映被测电路的工作状态，所以该种测量法查故准确率比较高。

1) 电压测量检查法。使用万用表的直流电压挡对电路的各点电位进行测量及检查的方法叫电压测量检查法。如工作电源为正向电压，则黑表笔接地（电路的负电压端），红表笔接各测量点；反之，红表笔接地，黑表笔接各测量点。

在测量时，要对测量点适当用力，以保证测量点接触良好，但也要注意用力过大会使表笔打滑，而造成焊盘之间的测量短路。在能看清楚表盘读数的前提下，应尽量使用高电压测量挡，以提高测量精度。

2) 电流测量检查法。使用万用表的直流电流挡对电路进行电流测量及分析检查的方法叫电流测量检查法。测量时，将红、黑表笔串入被测电路之中，使电路的工作电流流过万用表而产生读数。由于需要将两根表笔同时串入电路中，因而要将被测点先断开，然后才能进行测量。所以电流测量法测量时比较麻烦。在进行某些电流值的测量时，可以利用欧姆定律进行电流值的换算而间接地进行测量。可先测量需要测量电流值的相关回路的电压值，然后通过欧姆定律，算出该点的电流值。如：测得某发射极电阻两端电压为 1.2 V，发射极电阻值为 1 kΩ，则该电路的集电极电流大约为 1.2 mA（其中包括较小值的基极电流 $I_b$）。

（4）仪器仿真测量检查法。就是用仪器（如示波器等）对电路进行测量的方法。这种测量方法能直接看到电路在动态情况下的工作状态、工作性能、工作波形，所以称为仿真测量。对低频电路进行查故，通常采用示波器和低频信号发生器。用仪器仿真测量检查法查故具有速度快，准确率高的优点，但测量中的连接线路比较复杂，还需要一些仪器，所以一般情况下使用得比较少。

安装、调试正常的 OTL 低频功率放大电路，还要经过老化试验，以考验元器件的质量，老化试验成功方可投入正常使用。

## 练　习　题

1. 三极管放大电路有哪些电路形式？它们各有哪些特点？
2. 什么叫电流负反馈？它有什么特点？
3. 什么叫电压负反馈？它有什么特点？
4. 叙述单级放大电路的工作原理。
5. 什么叫阻容耦合？什么叫直接耦合？
6. 放大电路的静态调试有什么目的和要求？
7. 如何对低放电路进行静态调试？
8. OTL 功放电路是由哪些部分组成的？
9. 什么叫互补对称式推挽放大电路？
10. 如何对 OTL 功放电路进行静态调试？
11. 如何对 OTL 功放电路进行动态调试？
12. 使用面包板组装电路有哪些注意事项？
13. 用万用表测量电路或查故时，有哪些注意事项？
14. 对电路进行检修有哪几种方法？应采用怎样的检查步骤？

# 课题3 数字电路水塔自动供水控制器的制作技能

## 教学内容

数字电路水塔自动供水控制器的制作技能

## 教学目的

（1）掌握部分数字电路的工作原理
（2）掌握部分数字电路的识别技能
（3）掌握部分数字电路的使用技能
（4）掌握数字电路水塔自动供水控制器的工作原理
（5）掌握部分数字电路的筛选测量技能
（6）学会数字电路水塔自动供水控制器的面包板安装技能
（7）学会数字电路水塔自动供水控制器的面包板调试、检测技能
（8）学会数字电路水塔自动供水控制器的整机安装技能
（9）学会数字电路水塔自动供水控制器的整机调试技能
（10）学会数字电路水塔自动供水控制器的测量与检修技能

在人们的日常生活中，常会看到或使用到各种电子自动控制设备和家用电器产品。在这些电子自动控制设备和家用电器产品中，有些产品是采用单片机设计的，如自动电饭煲、全自动洗衣机、数控电冰箱等；有些产品则是采用数字电路设计的，如自动门控制装置、自动电梯控制系统、水塔自动供水控制系统、数字式电度表等；还有一些电子产品是采用自动装配线控制系统设计的。

许多工厂企业在生产过程中需要使用大量的水，为了节约生产成本，这些企业常抽取江、河、湖中的水使用。在用水时通常需要先将水送到水塔中，使水塔中的水与地面上管网中的水产生一定的落差，从而形成厂区内的生产用自来水。有些企业使用循环水系统，将生产中排出的废水，通过处理后再次使用。

本课题是中级训练技能中的第一个课题，介绍的是一款“数字电路水塔自动供水控制器”的制作技能。通过学习，使学生掌握数字电路的性能特点、识别及检测技能和运用技能；掌握数字电路在一些自动控制系统中的设计方法和一些传感器的工作原理及使用方法；还要学会本课题——“数字电路水塔自动供水控制器”的安装、调试、测量和检修，最终制作出一台能投入实际使用的“数字电路水塔自动供水控制器”。

为了便于分析电路的工作原理，在本课题及以后各课题的叙述中使用了一些形象化的表达符号：如“→”表示电路的发展方向，或是上一过程与下一过程的连接；“↓”表示该点

电位由高电位变成了低电位，或是人为的操作动作，如按钮的按下动作；“↑”表示该电位由低电位变成了高电位，或是按键的放开动作。

## 3.1 数字电路水塔自动供水控制器的性能特点

数字电路水塔自动供水控制器有以下特点：

(1) 实现自动供水。本控制系统可以实现无人管理下的自动运行。

1) 当水塔处于低水区时，控制系统控制水泵实施供水；同时使黄色指示灯亮起（见图3—3中的VD12）、蜂鸣器发出1 kHz的高音频报警信号，以示水塔已进入低水区。这是第一工作状态，称为“低水位状态”。

2) 当水塔中的水量已超过低水位，进入正常水位后，控制系统令黄灯熄灭，绿灯亮起（见图3—3中的VD13），同时蜂鸣器发出500 Hz左右的音频信号，水泵继续工作。这是第二工作状态，称为“正常状态”。

3) 当水塔中的水量已满，达到指定水位时，绿色指示灯灭，红色指示灯亮起（见图3—3中的VD14）。此时，蜂鸣器停止发声，水泵也停止供水。这是第三工作状态，称为“满水状态”。

4) 如水塔中的水量使用后又低于满水位时，则控制系统又自动进入第二工作状态，实施对水塔的再次供水。

(2) 双水泵交替工作。采用双水泵交替对水塔进行供水，优点有：

1) 双水泵交替工作，能使每只水泵都有一定的休息时间，特别是在夏季的高温环境下，对水泵的降温散热特别有好处。能有效地避免水泵在高温下长时间工作而造成损坏，确保了控制系统的安全运行。

2) 如果其中一只水泵出现故障，也不会影响控制系统对水塔的正常供水。同时还能利用一只水泵仍在工作的时间，对故障水泵进行检修或更换。

(3) 双水泵交替运行的时间控制。为了使每只水泵都能得到休息，系统对每只水泵的运行时间进行了计算，一到规定时间，水泵之间就进行工作交换。为了计算方便，本系统将水泵间的交替工作时间（也就是另一水泵的休息时间）定为20 min。这样，水泵电动机M1一旦进入工作，则水泵电动机M2就开始进入20 min的休息阶段，而M2工作时，则M1开始休息。

如果水泵电动机M1工作期间，水塔中的水被加满，则控制系统令M1暂时停止工作，并记下已工作时间。待水塔的水量下降后，系统会再次令M1继续工作，直至M1运行时间累计达到20 min。这样的设计，能使两只水泵的运行性能一直保持在良好状态下，从而使整个水塔供水控制系统工作稳定、可靠。

(4) 水塔水位状态指示。在该系统中采用声、光指示方式来表示水塔中的水位状态，使管理人员能及时了解水塔中的水位情况。当黄灯亮起、蜂鸣器发出高音频信号时，表示水塔中为低水位状态；当绿灯亮起、蜂鸣器发出中音频信号时，表示水塔的水位在正常范围之内；当红灯亮起、蜂鸣器不发声时，表示水塔中的水量已满。

(5) 水泵工作状态显示。该系统中设置了两只发光二极管，分别表示中间继电器K1、K2的工作状态，也间接地反映出水泵电动机的运行情况。

当K2吸合后，VD16发光，以示水泵电动机M2已开始工作。当K1吸合时，VD15发光，以示水泵电动机 M1 已开始工作。

(6) 设有手动供水和手动停止操作按钮。系统中设有手动控制供水和手动控制停止功能，以方便对本控制系统的调试及检修。

(7) 控制系统统一机芯。整个控制系统的元器件组装在一块电路板上，外围器件（传感器、手动按钮、电源变压器和水泵）均从电路板的接线排上与控制电路进行连接，整个控制系统安装十分方便。

## 3.2 数字电路水塔自动供水控制器的工作原理

数字电路水塔自动供水控制器工作原理方框图如图 3—1 所示。

从图 3—1 中可以看出，该控制器的整个控制系统主要采用了四块数字集成电路，IC1、IC2、IC3 和 IC4。

IC1 是一块四二输入与非门集成电路，在该控制系统中使用了其中的两个与非门电路，组成一个音频信号发生器电路，用以产生 500 Hz 或 1 kHz 的音频信号，并通过 VT5 推动蜂鸣器 HA1 发出音频提示音。

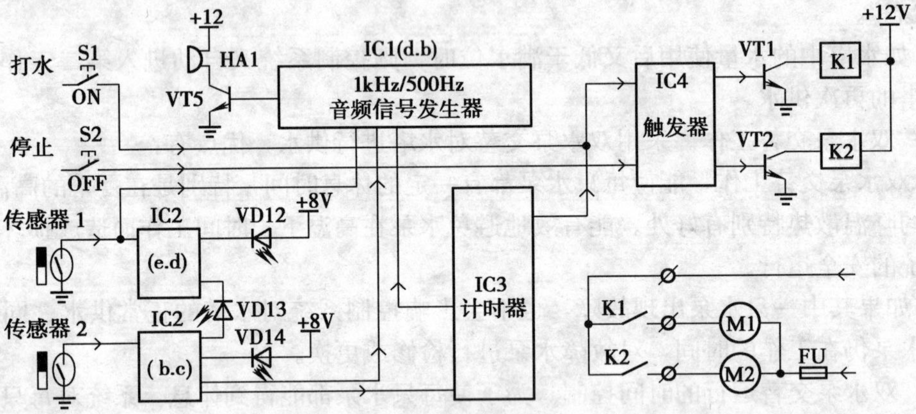


图 3—1 数字电路水塔自动供水控制器工作原理方框图

音频信号发生器的工作状态主要受 IC3 以及传感器 1 的控制。当水塔中无水时，传感器输出控制信号。此时，音频信号发生器同时受传感器 1 和 IC3 的控制：IC3 的控制作用是使音频信号发生器开始工作；传感器 1 的控制作用是使音频信号发生器产生 1 kHz 或是 500 Hz的音频信号。

IC2 是一块六与非门集成电路，在该控制系统中作 A/D 转换之用。由于传感器 1 和传感器 2 均安装在水塔中，与控制电路相隔甚远，很容易造成传感器输出信号的波动，控制系统得到的也只能是一个变化的信号。而产生波动的传感器输出信号，会对系统的控制带来干扰和不稳定因素。为了提高控制系统的可靠性，在传感器的输入信号送到控制系统之前，首先对传感器信号进行处理，将传感器输出的变化信号进行 A/D 转换，获得一个稳定的数字信号，送到控制系统中。传感器信号的 A/D 转换过程，就是一次信号的整形过程。

IC2 除了作 A/D 转换之外，同时还对传感器状态（水塔水位状态）进行状态显示。水塔中安装有两只传感器，传感器 1 安装在水塔的中下部，传感器 2 安装在水塔的最上部（见图 3—2）。传感器 1 离水塔底部很近，为了保证水塔中始终有足够的水可以连续供应保证生产需要，将该水位区域作为低水区，水塔水位在低水区中也称为“低水位状态”；在传感器1以上至传感器2以下水位区域作为正常水位区域，水塔水位在正常供水区中也称为“正常供水状态”；水量到达传感器2以上作为满水区域，水量在满水区中也称为“满水状态”（见图3—2）。

如水塔中水位处在无水区域，此时传感器1不工作（干簧管触点断开），此时IC2－e输入端为高电位，输出端为低电位，于是VD12正向导通发光，表示水塔中水很少（或无水）；与此同时，IC1组成的音频信号发生器受IC2－e输入端的高电位控制，输出一个频率为1 kHz的音频信号，经VT5驱动蜂鸣器发声。

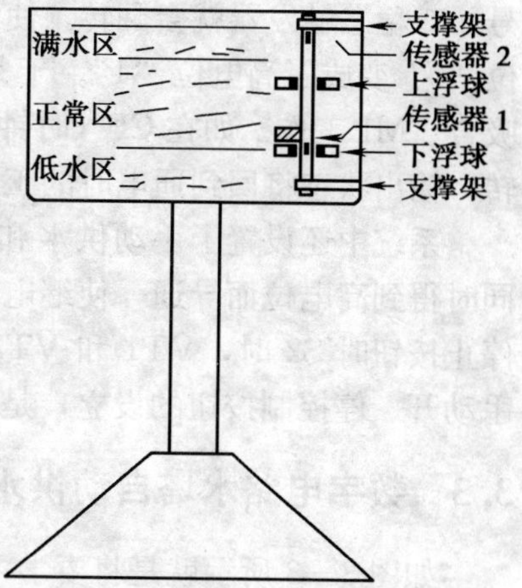

图3—2　水塔示意图

如水塔中的水位超过传感器1，于是（干簧管触点闭合）传感器1开始工作而输出低电位。此时IC2－e输入端由原先的高电位变成低电位，输出端变成高电位，VD12反向截止不发光。通过IC2－d的反向作用，使IC2－d输出端由高电位变成了低电位。而原先VD13由于两端均为高电位（即IC2－d的输出端为高电位、IC2－c的输出端也为高电位）而截止，而此时IC2－d的输出端已变成了低电位，而IC2－c的输出端仍为高电位，于是VD13正向导通而发光。同时由于传感器1对IC1的控制作用，使IC1产生一个频率为500 Hz的音频信号，此时蜂鸣器中发出的是悦耳的中频声。

如水塔中水已加满，水位超过传感器2后，传感器2（干簧管触点闭合）开始工作而输出低电位，经IC2－b输入，反相器反相后输出高电位。该高电位输入给IC2－c输入端，经IC2－c反相后输出一个低电位，于是VD13反向截止不发光，而VD14正向导通发光。同时IC2－c输出的低电位使IC1的音频信号发生器停止工作，也使IC3组成的计时器也暂时停止计时。如水位下降，水面低于传感器2时，IC3又开始继续计时，VD14熄灭，VD13发光，IC1的音频信号发生器开始工作。这就又回到了水塔的第二个控制状态——“正常供水状态”。

IC3是一块14位二进制串行计数器/分频器集成电路，在该控制系统中作为计时器，同时还对IC1组成的音频信号发生器实施控制。当水泵对水塔进行供水时，计数器开始计时，并控制音频信号发生器工作。计时器每计时20 min，IC3就输出一个控制脉冲，通过IC4分别对VT1或VT2实施控制，使K1、K2的工作状态交换一次，电动机M1与M2互换工作一次。如在某一个时间段中，水塔满水，则由IC2－c控制IC3内部时钟（振荡器）暂时停振，计时器也就暂时停止计时。一旦水塔中水位下降，IC2－c解除对IC3内部时钟的控制作用，于是计时器继续累加计时至20 min。而控制电路在每20 min一次的通电工作时，IC3则由专用的复位电路对计时器进行复位置零，使计时器每次都是从“0”开始计时，从而确保了计时的准确性。

IC4是一块双主一从D型触发器集成电路。IC4中组合了两个双稳态触发器。双稳态触发器可以实现两个稳定的工作状态，在每个稳定状态下，都能在正Q输出端输出“1”或“0”以及在负Q输出端输出“0”或“1”。双稳态触发器的两个输出端的工作状态一般都是相反的，但若在两种控制信号同时触发下，输出端也会出现相同的工作状态。

在该控制系统中，IC4 的时钟控制端受控于 IC3 的输出信号。控制系统通电后，IC4 的初始状态为：负 Q 输出端输出高电位“1”，正 Q 输出端输出低电位“0”。此时，VT2 导通，使继电器 K2 吸合，水泵电动机 M2 工作。如在 CP（时钟控制）端加一个正向控制信号，双稳态触发器就会翻转。使负 Q 端由高电位“1”变成低电位“0”；而正 Q 端则由低电位“0”变成了高电位“1”。于是 VT2 截止、K2 释放、M2 停止工作；而 VT1 导通、K1 吸合、M1 工作。如在 CP（时钟控制）端再次加一个正向控制信号，双稳态触发器又会翻转，输出状态将回到通电时的工作状态，如此不断地循环下去。

系统中还设置了手动供水和手动停止操作按钮。当按下供水按钮 S1 时，VT1 和 VT2 同时得到高电位而导通，使继电器 K1、K2 同时吸合，电动机 M1 和 M2 同时供水。当按下停止按钮时 S2 时，VT1 和 VT2 同时截止，K1、K2 同时释放，M1、M2 同时停止运行。手动开、停控制按钮的设立，是为了方便系统的调试、测试和检修。

## 3.3 数字电路水塔自动供水控制器的控制原理

如图 3—3 所示就是将要学习的“数字电路水塔自动供水控制器”电路图。由于采用数字电路进行设计，所以比分立元件的控制电路具有更稳定、更可靠、故障率低等优点，而且使用的元器件也比较少，从而方便了控制系统的安装、调试及检修。

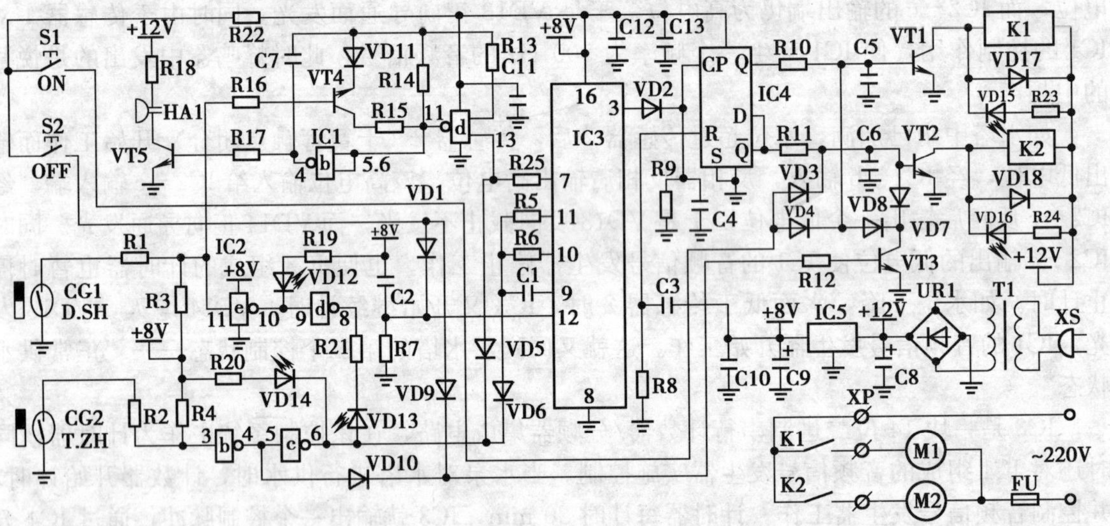


图 3—3　数字电路水塔自动供水控制器电路图

控制器共采用了 5 块集成电路。其中 IC5 是三端电源稳压块，它是为控制电路提供 8 V 工作电源的。其余 4 块数字集成电路组成水泵控制电路，实施对水泵的交替工作控制、传感器信号的处理、水泵工作时间的计算以及水位显示、水泵电动机的工作状态显示等。

水塔的供水过程有 3 个工作状态，分别是：低水区、正常区和满水区（见图 3—2）。这 3 个状态之间的变化是自动进行的。在下面的几部分内容中将逐一分析数字电路水塔自动供水系统的控制原理。

### 3.3.1 “低水区”控制原理

水位在传感器 1 位置以下区域称为低水区。低水区范围在塔底至传感器 1 之间，一般以塔高的 1/4 为宜。

水塔中的水位状态取样由两只干簧传感器 CG1 和 CG2 承担。两只干簧传感器安放在一根密封的管子内，从管子的一侧引出引出线，管子两头均进行密封处理，以防止水漏进管内。管子的外围套有两个装有磁铁的环形浮球，浮球随着水位的升降而运动。下浮球为传感器 1 服务，上浮球为传感器 2 服务。

干簧传感器是一种磁性感应传感器。从它的表面可以看到干簧传感器的内部有两个触点（见图 3—4）。这两个触点的间距很小，当受到外界磁场作用时，两个触点就闭合，从而使电路形成通路。当外界磁场的作用不能影响到干簧传感器时，干簧传感器内部的两个触点即复位，于是触点断开。

图 3—4　干簧传感器示意图

水位在低水区时，相关电路会产生以下状态变化：

（1）下浮球上的磁铁离干簧传感器 1 比较远，磁感应不能对干簧传感器 1 产生作用，所以干簧传感器内部触点呈断开状态。

（2）由于干簧传感器触点呈断开状态，则电阻 R1 对电阻 R3 无分流作用，分压点电位为高电位。

（3）IC2－e 的输入端为高电位，经反相作用后，IC2－e 输出端输出低电位。

（4）VD12 正向导通时，＋8 V 电压→电阻 R19→发光二极管 VD12→IC2－e→电路“地”（电源“－”）端形成电流，使 VD12 亮起。

（5）IC3 组成的计时器开始计时，并从 IC3－7 脚输出一个间断的高电位，使音频振荡器间断地工作。

（6）R1、R3 分压点高电位经电阻 R16 使 VT4 导通，将 VT4 发射极回路中的电阻 R15 与电阻 R14 并联，减少了 C7 的充、放电时间，从而提高了 IC1－d、IC1－b 组成的音频振荡器的振荡频率。变频后的 1 kHz 的音频信号经过电阻 R17 送给 VT5 进行放大，最后推动蜂鸣器 HA1 发出音频声。电阻 R18 是 HA1 的保护电阻，用于防止大电流损坏 HA1。

（7）IC4 触发器此时仍处在通电后的初始状态，即反相输出端为高电位“1”，正相输出端为低电位“0”。所以，VT2 仍然导通工作，并驱动继电器 K2 吸合，接通 M2 水泵电动机的电源回路，使 M2 继续供水。

在“低水状态”时，四块数字电路 IC1～IC4 的工作状态都在发生着变化。

### 3.3.2　“正常区”控制原理

当水塔中的水位在传感器 1 位置以上与传感器 2 位置以下区域，即在两个传感器之间区域时，为正常区（见图 3—2）。

当水位在正常水位区时，控制系统中的相关电路处于以下工作状态：

（1）下浮球上的磁铁靠近了干簧传感器 1，使磁感应对干簧传感器 1 产生作用，干簧传感器内部触点闭合。

（2）由于干簧传感器 1 的触点闭合，电阻 R1 对电阻 R3 产生分流作用，使分压点电压值降低为低电位。

（3）IC2－e 输入端为低电位，经反相作用后，IC2－e 输出端输出高电位。

（4）IC2－e 输出端输出的高电位使 VD12 反向截止，VD12 熄灭。而 IC2－d 此时输出低电位，加上此时 IC2－c 输出端为高电位，从而使 VD13 正向导通。VD13 的导通路径为：＋8 V 电源→IC2－c 输出端→发光二极管 VD13→电阻 R21→IC2－d→“地”（电源“－”）

端。VD13亮起。

（5）IC3组成的计时器继续计时，IC3－7脚输出间断的高电位，使音频振荡器继续工作。

（6）R1、R3分压电路输出的低电位使VT4截止，解除了VT4发射极回路中的电阻R15对电阻R14的并联作用。此后振荡回路电阻阻值增大，使C7的充、放电时间延长，IC1－d、IC1－b组成的音频振荡器的振荡频率降低。于是音频振荡器输出一个500 Hz的音频信号，经电阻R17送给VT5进行放大，最后驱动蜂鸣器HA1发出音频声。

电阻R18是HA1的保护电阻，用以防止大电流损坏HA1。

（7）此时IC4仍处在通电后的初始状态，即反相输出端为高电位“1”，正相输出端为低电位“0”。VT2继续导通工作，继电器K2继续吸合，水泵电动机M2继续工作，为水塔供水。

（8）当IC3计时到达20 min，IC3的$Q_{14}$输出端（第3引脚）输出一个高电位，通过VD2送给IC4的时钟脉冲“CP”端一个高电位，于是IC4触发器翻转，使IC4的反相输出端由高电位变成低电位，使VT2截止，继电器K2释放，水泵电动机M2停止运行；而IC4的正相输出端此时由低电位变成了高电位，使VT1导通→继电器K1吸合→水泵电动机M1开始运转。

### 3.3.3　“满水区”控制原理

当水位达到满水区时，控制系统中的相关电路产生以下状态变化：

（1）当水位达到满水区时，上浮球的磁铁靠近了传感器2。传感器2受到磁感应的作用，于是干簧传感器2内部的触点闭合。

（2）由于干簧传感器2的触点闭合，IC2－b输入端处的电压将被R2、CG2回路分流，使IC2－b的输入端由高电位变成低电位，于是IC2－b输出高电平→IC2－c输入高电平→IC2－c反相输出低电平。

（3）IC2－c输出端输出的低电平使VD13反向截止，VD13熄灭。IC2－c输出的低电平使VD14获得正向导通而亮起。VD14的工作路径为：＋8 V电源→电阻R20→发光二极管VD14→IC2－c→“地”（电源“－”）端。

（4）IC2－c输出的低电平使VD6正向导通，迫使IC3中的振荡器停止工作，IC3的计时工作暂时停止。

（5）IC2－c输出的低电平使VD5正向导通，将IC1－d的一个输入端的电位由高电位变为低电位，使IC1－d和IC1－b组成的音频振荡器停止振荡。HA1此时无音频声。

（6）IC2－b输出的高电位，经过VD10施加到R12上。R12上的高电位使VT3导通，VT3导通后，同时作用于二极管VD7和VD8。VD7正向导通后，将VT1基极电位强迫拉低，使VT1截止、K1释放、M1停止运行。

（7）VT3导通后使VD8正向导通，于是将VT2基极电位进行分流，强迫VT2截止→K2释放→M2水泵电动机停止工作。

当水位低于水塔中的满水水位时，水位状态则进入“正常水位区”。

从满水区水位下降至正常水位区后，控制系统中的相关电路产生以下状态变化：

（1）随着水位的下降，上浮球上的磁铁远离传感器2。传感器2摆脱了磁感应作用，于是干簧传感器2内部的触点恢复常开状态。

(2) 由于干簧传感器 2 触点的复位，使 IC2－b 的输入端又由低电位“0”恢复成高电位“1”，IC2－b 的输出端也由高电位“1”恢复成低电平“0”，IC2－c 输入端恢复为低电位，于是 IC2－c 输出端恢复为高电位。

(3) IC2－c 输出端恢复的高电位使 VD14 反向截止，VD14 熄灭。IC2－c 输出的高电位又使 VD13 获得正向导通而再次亮起。此时 VD13 的工作路径为：＋8 V 电源→IC2－c→发光二极管 VD13→IC2－d→“地”(电源“－”) 端。

(4) IC2－c 输出端恢复的高电位使 VD6 反向截止，IC3 内部振荡器恢复工作，IC3 的计时继续进行。

(5) IC2－c 输出端恢复的高电位使 VD5 反向截止，使 IC1－d 输入端恢复为高电位，IC1－d 与 IC1－b 组成的音频振荡器又开始起振。HA1 中又发出音频声。

(6) IC2－b 输出端恢复的低电位，通过二极管 VD10 经电阻 R12 使 VT3 恢复截止状态。从而使 VD7 和 VD8 反向截止，使 VT1 基极电位或是 VT2 基极电位得以恢复。于是，VT1 导通→继电器 K1 吸合→M1 运行，或是 VT2 导通→继电器 K2 吸合→M2 运行。

水塔中的水量由于生产使用以及水量的供给而发生变化，水塔中的水位有时在“正常区”，有时候又会进入“满水区”。由于感应浮球与水位同步变化，所以使传感器同步于水位的变化而改变着工作状态，使控制系统能及时地对水泵进行有效的实时控制，从而达到使水塔自动供水的目的。

### 3.3.4 手动控制原理

为了方便控制系统调试和维修，在控制电路中还加设了手动操作，即“手动供水”和“手动停止”操作。

如按下“手动供水”按钮 S1，高电位通过 VD3 和 VD4 使 VT1 和 VT2 同时导通，使 K1 和 K2 同时吸合，M1 和 M2 同时运行。

如按下“手动停止”按钮 S2，高电位通过二极管 VD9 经电阻 R12 使 VT3 导通，又分别通过 VD7 和 VD8 使 VT1 和 VT2 截止，迫使 K1 和 K2 复位，M1 和 M2 停止运行。

以上是对数字电路水塔自动供水控制器控制系统工作原理的分析，从分析中不难看出，整个控制系统实际上是反映了 IC1～IC4 工作状态不断变化的过程。为了进一步加深对数字电路水塔自动供水控制器控制系统工作原理的理解，还应对 IC1～IC4 的工作原理、性能进行理解和分析，从而进一步提高对控制系统控制原理的理解。

### 3.3.5 IC1～IC4 的性能及应用技能

#### 3.3.5.1 IC1 的性能与应用

IC1 的型号为 CD4011。它是一块四二输入与非门集成电路，其内部结构相当于组合了 4 个二输入端的与非门，每个二输入与非门的功能相同。通常用两个二输入与非门就能组成一个音频振荡器。音频振荡器输出的波形是一个对称的方形波，其占空比为 50%（即脉冲宽度为振荡频率的 1/2)。音频振荡器的振荡频率主要由电阻 R14 和电容器 C7 决定，其计算方法为：

$$T=2.2R_tC_t$$

式中 $R_t$——图 3—3 中 R14 的阻值，kΩ；

$C_t$——图 3—3 中 C7 的容量，μF；

$T$——振荡时间，ms。

CD4011 的引脚端功能图如图 3—5 所示，其逻辑特性与真值表如图 3—6 所示。

按照图 3—5 所示进行引脚端功能识别时，是将 CD4011 底部朝向自己，正面缺口朝上，右侧的第一个引脚为第 1 引脚，其余引脚按顺时针顺序依次进行编号。

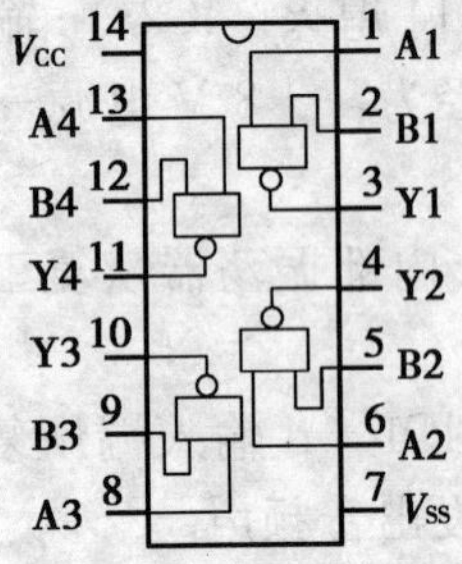


图 3—5　CD4011 的引脚端功能图

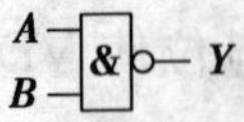


$\overline{Y} = A \cdot B$

（A—输入端，B—输入端，Y—输出端）

真值表

| A | B | Y |
|---|---|---|
| 1 | 1 | 0 |
| 1 | 0 | 1 |
| 0 | 1 | 1 |
| 0 | 0 | 1 |

图 3—6　CD4011 逻辑特性与真值表

在无专用测量仪器时，可用万用表对 CD4011 的性能进行测量。表 3—1 是用 MF47 型万用表 $R\times1$ kΩ 挡所测得的 CD4011 直流阻值一览表。

表 3—1　　CD4011 直流阻值一览表　　kΩ

| 测量标注/引脚号 | A1 | B1 | Y1 | Y2 | B2 | A2 | $V_{SS}$ |
|---|---|---|---|---|---|---|---|
| 黑表笔接 7 脚 | 11 | 11 | 9 | 9 | 11 | 11 | 0 |
| 红表笔接 7 脚 | ∞ | ∞ | 1 000 | 1 000 | ∞ | ∞ | 0 |
| 测量标注/引脚号 | A3 | B3 | Y3 | Y4 | B4 | A4 | $V_{CC}$ |
| 黑表笔接 7 脚 | 11 | 11 | 9 | 9 | 11 | 11 | 8 |
| 红表笔接 7 脚 | ∞ | ∞ | 1 000 | 1 000 | ∞ | ∞ | ∞ |

为了更好地掌握 CD4011 的使用技能，可以按照如图 3—7 和图 3—8 所示电路，在面包板上进行实验，以加深对 CD4011 性能的理解。

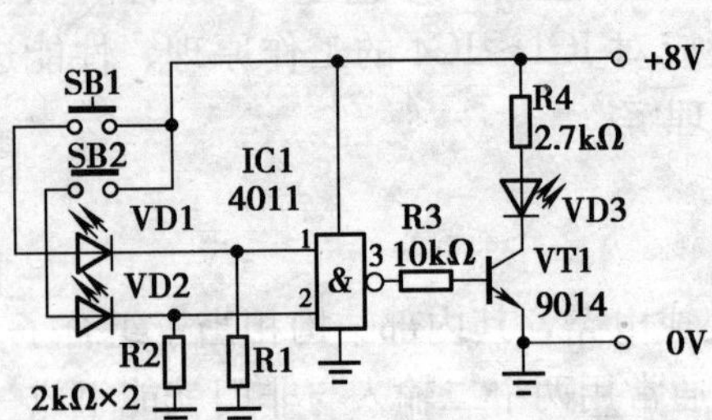


图 3—7　CD4011 功能测试电路

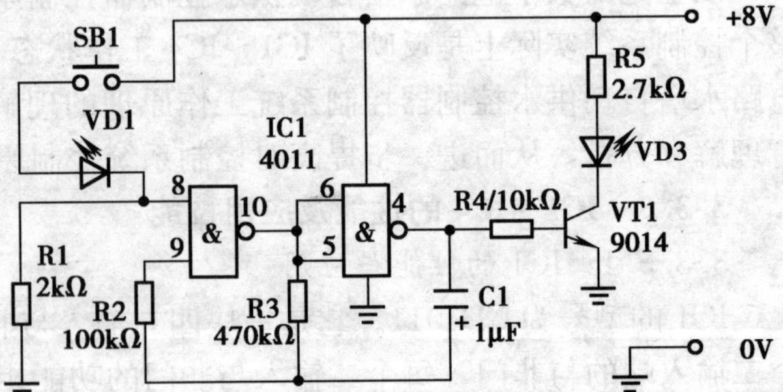


图 3—8　CD4011 自激振荡器电路

图 3—7 实验步骤：

（1）按下图 3—7 中的 SB1，VD3 会出现什么变化？为什么？

（2）按下图 3—7 中的 SB2，VD3 会出现什么变化？为什么？

（3）同时按下图 3—7 中的 SB1 和 SB2，VD3 出现什么变化？为什么？

（4）同时放开图 3—7 中的 SB1 和 SB2，VD3 出现什么变化？为什么？

在面包板上测量图 3—7 的 CD4011 功能测试电路中各点的工作电压值，并填于表 3—2 中。

**表 3—2　　图 3—7 的 CD4011 功能测试电路各点的工作电压值一览表**　　V

| 项目 | 测量电压 | | | | | | VD3 状态 |
|---|---|---|---|---|---|---|---|
| | A1 | B1 | Y1 | b 极 | c 极 | VD3 正极 | |
| ① | | | | | | | |
| ② | | | | | | | |
| ③ | | | | | | | |
| ④ | | | | | | | |

图 3—8 实验步骤：

（1）按下图 3—8 中的 SB1，VD3 会出现什么变化？为什么？

（2）放开图 3—8 中的 SB1，VD3 会出现什么变化？为什么？

（3）改变图 3—8 中电阻器 R3 阻值，VD3 闪烁频率有什么变化？为什么？

（4）改变图 3—8 中电容器 C1 容量，VD3 闪烁频率有什么变化？为什么？

在面包板上测量图 3—8 的 CD4011 自激振荡器电路中各点的工作电压值，并填于表 3—3 中。

**表 3—3　　图 3—8 的 CD4011 自激振荡器电路各点的工作电压值一览表**　　V

| 项目 | 测量电压 | | | | | | | | | VD3 状态 |
|---|---|---|---|---|---|---|---|---|---|---|
| | A2 | B2 | Y2 | A3 | B3 | Y3 | b 极 | c 极 | VD3 正极 | |
| 按下 SB1 | | | | | | | | | | |
| 放开 SB1 | | | | | | | | | | |
| 减小 R3 值 | | | | | | | | | | |
| 减小 C1 值 | | | | | | | | | | |

3.3.5.2　IC2 的性能与应用

IC2 的型号为 CD4069，是一块六与非门集成电路，也称为六反相器集成电路。它的内部结构相当于组合了 6 个非门，每个非门的功能相同。非门除通常作为反相器使用以外，还能将两个非门组成自谐振荡器。

CD4069 的引脚端功能图如图 3—9 所示，其逻辑特性与真值表如图 3—10 所示。

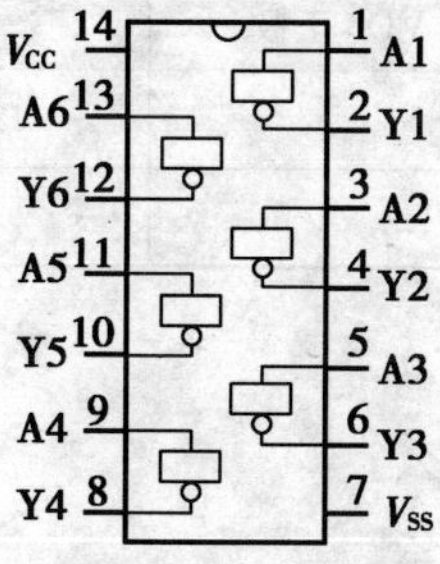


图 3—9　CD4069 的引脚端功能图

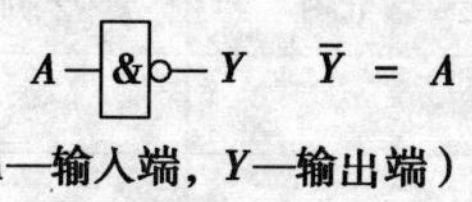


真值表

| A | Y |
|---|---|
| 1 | 0 |
| 0 | 1 |

图 3—10　CD4069 逻辑特性与真值表

按照如图 3—9 所示进行引脚端功能识别时，将 CD4069 底部朝向自己，正面缺口朝上，右侧的第一个引脚为第 1 引脚，其余引脚按顺时针顺序进行编号。

在无专用测量仪器时，可用万用表对 CD4069 的性能进行测量。表 3—4 是用 MF47 型万用表 $R\times1$ kΩ 挡所测得的 CD4069 直流阻值一览表。

**表 3—4　　CD4069 直流阻值一览表**　　kΩ

| 测量标注/引脚号 | A1 | Y1 | A2 | Y2 | A3 | Y3 | $V_{SS}$ |
|---|---|---|---|---|---|---|---|
| 黑表笔接 7 脚 | 11 | 9 | 11 | 9 | 11 | 9 | 0 |
| 红表笔接 7 脚 | ∞ | 180 | ∞ | 180 | ∞ | 180 | 0 |
| 测量标注/引脚号 | Y4 | A4 | Y5 | A5 | Y6 | A6 | $V_{CC}$ |
| 黑表笔接 7 脚 | 9 | 11 | 9 | 11 | 9 | 11 | 8 |
| 红表笔接 7 脚 | 180 | ∞ | 180 | ∞ | 180 | ∞ | ∞ |

为了更好地掌握 CD4069 的运用技能，可以按照图 3—11 和图 3—12 连接电路，在面包板上进行实验，以加深对 CD4069 性能的理解。

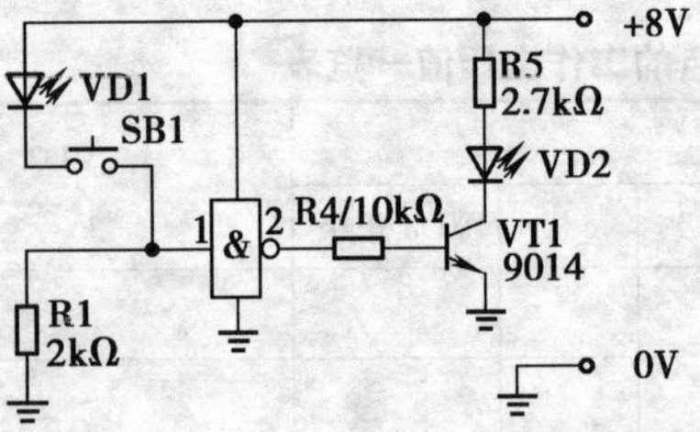


图 3—11　CD4069 功能测试电路

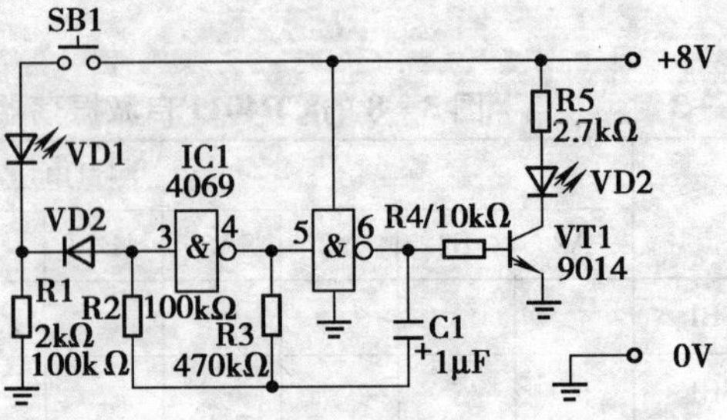


图 3—12　CD4069 自激振荡器电路

图 3—11 实验步骤：

（1）按下图 3—11 中的 SB1，VD2 会出现什么变化？为什么？

（2）放开图 3—11 中的 SB1，VD2 会出现什么变化？为什么？

在面包板上测量图 3—11 电路中各点电压值，并填于表 3—5 中。

**表 3—5　　图 3—11 电路各点工作电压值一览表**　　V

| 项目 | 测量电压 | | | | | VD2 状态 |
|---|---|---|---|---|---|---|
| | 1 脚 | 2 脚 | b 极 | c 极 | VD2 正极 | |
| ① | | | | | | |
| ② | | | | | | |

图 3—12 实验步骤：

（1）按下图 3—12 中的 SB1，VD2 会出现什么变化？为什么？

（2）放开图 3—12 中的 SB1，VD2 会出现什么变化？为什么？

（3）改变图 3—12 中电阻器 R3 阻值，VD2 闪烁频率有什么变化？为什么？

（4）改变图 3—12 中电容器 C1 容量，VD2 闪烁频率有什么变化？为什么？

在面包板上测量图 3—12 电路中各点工作电压值，并填于表 3—6 中。

**表 3—6　　　　图 3—12 电路各点工作电压值一览表**　　　　V

| 项目 | 测量电压 | | | | | | | VD2 状态 |
|---|---|---|---|---|---|---|---|---|
| | 3 脚 | 4 脚 | 5 脚 | 6 脚 | b 极 | c 极 | VD3 正极 | |
| 按下 SB1 | | | | | | | | |
| 松开 SB1 | | | | | | | | |
| 减小 R3 值 | | | | | | | | |
| 减小 C1 值 | | | | | | | | |

3.3.5.3　IC4 的性能与应用

IC4 的型号为 CD4013。是一块双主一从 D 型触发器集成电路。其内部结构相当于组合了两个相同的主一从 D 型触发器电路，每个主一从 D 型触发器的功能相同。主一从 D 型触发器可以方便地组合成轻触开关，还能组成自谐振荡器。

CD4013 的引脚端功能图如图 3—13 所示，其真值表如图 3—14 所示。

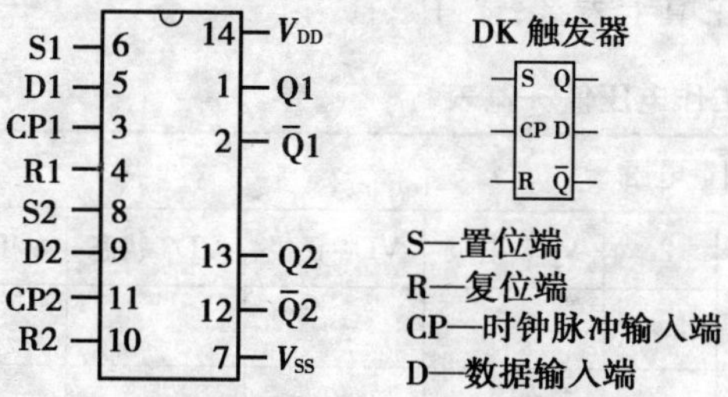


图 3—13　CD4013 的引脚端功能图

**真值表**

| *CP* | *D* | *S* | *R* | *Q* | $\bar{Q}$ |
|---|---|---|---|---|---|
| 0 | 0 | 1 | 0 | 1 | 0 |
| 0 | 1 | 0 | 1 | 0 | 1 |
| 0 | 1 | 1 | 1 | 1 | 1 |

图 3—14　CD4013 真值表

CD4013 的引脚编号，是将 CD4013 的底部朝向自己，正面缺口向上时，右侧的第一个引脚为第 1 引脚，其余引脚按顺时针顺序依次排列编号的。

在无专用测量仪器时，可用万用表对 CD4013 的性能进行测量。表 3—7 是用 MF47 型万用表 *R*×1 kΩ 挡所测得的 CD4013 直流阻值一览表。

**表 3—7　　　　CD4013 直流阻值一览表**　　　　kΩ

| 测量标注/引脚号 | 1 脚 | 2 脚 | 3 脚 | 4 脚 | 5 脚 | 6 脚 | 7 脚 |
|---|---|---|---|---|---|---|---|
| 黑表笔接 7 脚 | 10 | 10 | 11 | 11 | 10 | 11 | 0 |
| 红表笔接 7 脚 | ∞ | ∞ | ∞ | ∞ | ∞ | ∞ | 0 |
| 测量标注/引脚号 | 8 脚 | 9 脚 | 10 脚 | 11 脚 | 12 脚 | 13 脚 | 14 脚 |
| 黑表笔接 7 脚 | 11 | 10 | 11 | 11 | 10 | 10 | 8 |
| 红表笔接 7 脚 | ∞ | ∞ | ∞ | ∞ | ∞ | ∞ | ∞ |

为了更好地掌握 CD4013 的使用技能，可以按照图 3—15 和图 3—16 连接电路，在面包板上进行实验，以加深对 CD4013 性能的理解。

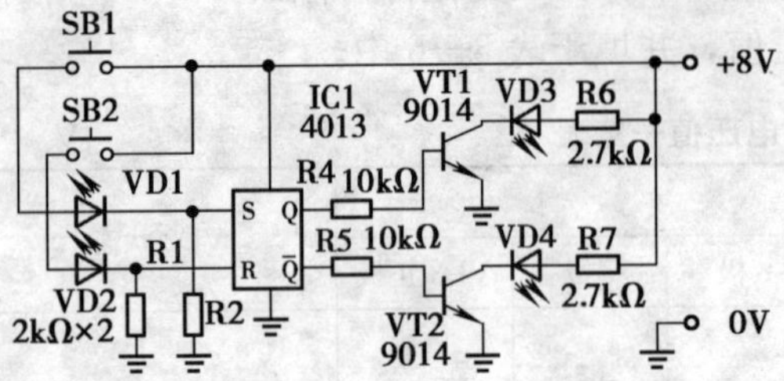


图 3—15　CD4013 功能测试电路（一）

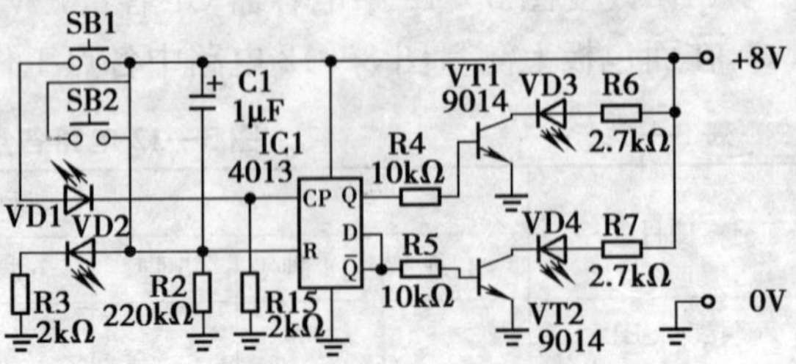


图 3—16　CD4013 功能测试电路（二）

图 3—15 实验步骤：

（1）按下图 3—15 中的 SB1，VD3、VD4 各有什么变化？为什么？

（2）放开图 3—15 中的 SB1，VD3、VD4 各有什么变化？为什么？

（3）按下图 3—15 中的 SB2，VD3、VD4 各有什么变化？为什么？

（4）放开图 3—15 中的 SB2，VD3、VD4 各有什么变化？为什么？

（5）先按下 SB1，后按下 SB2，VD3、VD4 各有什么变化？为什么？

（6）先按下 SB2，后按下 SB1，VD3、VD4 各有什么变化？为什么？

在面包板上测量图 3—15 中各点电压值，并填于表 3—8 中。

**表 3—8**　　**图 3—15 电路各点工作电压值一览表**　　V

| 项目 | 测量电压 | | | | | | | | | | | |
|---|---|---|---|---|---|---|---|---|---|---|---|---|
| | S | R | +Q | −Q | 1b | 1c | 2b | 2c | VD3 正极 | VD4 正极 | VD3 状态 | VD4 状态 |
| ① | | | | | | | | | | | | |
| ② | | | | | | | | | | | | |
| ③ | | | | | | | | | | | | |
| ④ | | | | | | | | | | | | |
| ⑤ | | | | | | | | | | | | |
| ⑥ | | | | | | | | | | | | |

图 3—16 实验步骤：

（1）按下图 3—16 中的 SB2，VD3、VD4 各有什么变化？为什么？

（2）放开图 3—16 中的 SB2，VD3、VD4 各有什么变化？为什么？

（3）按下图 3—16 中的 SB1，VD3、VD4 各有什么变化？为什么？

（4）放开图 3—16 中的 SB1，VD3、VD4 各有什么变化？为什么？

（5）先按下 SB1，后按下 SB2，VD3、VD4 各有什么变化？为什么？

（6）先按下 SB2，后按下 SB1，VD3、VD4 各有什么变化？为什么？

在面包板上测量图 3—16 中各点电压值，并填于表 3—9 中。

图 3—17 和图 3—18 所示为两个运用 CD4013 的实际电路，先在面包板上进行安装，然后根据实验步骤进行调试，并将各点电压值填于表 3—10 中。

表 3—9　　　　　　　　　**图 3—16 电路各点工作电压一览表**　　　　　　　　V

| 项目 | 测量电压 | | | | | | | | | | | |
|---|---|---|---|---|---|---|---|---|---|---|---|---|
| | CP | R | +Q | −Q | 1b | 1c | 2b | 2c | VD3 正极 | VD4 正极 | VD3 状态 | VD4 状态 |
| ① | | | | | | | | | | | | |
| ② | | | | | | | | | | | | |
| ③ | | | | | | | | | | | | |
| ④ | | | | | | | | | | | | |
| ⑤ | | | | | | | | | | | | |
| ⑥ | | | | | | | | | | | | |

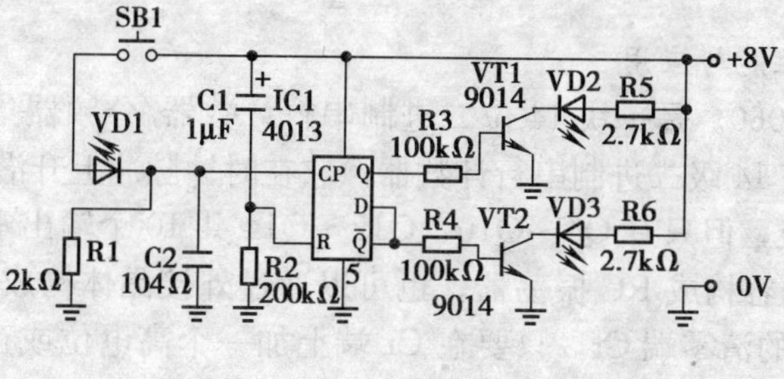


图 3—17　CD4013 组成的双稳态触发器电路

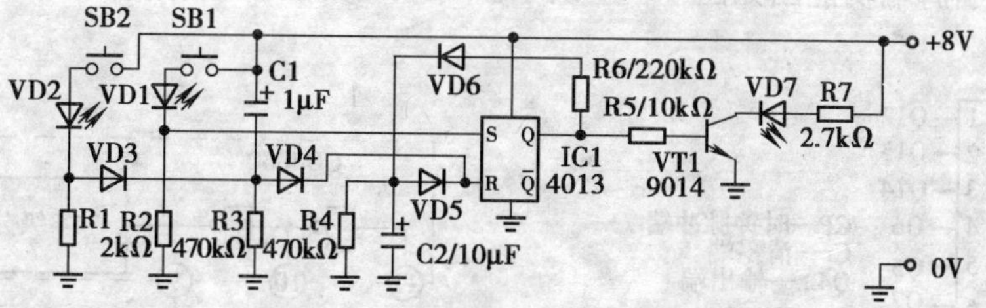


图 3—18　CD4013 组成的延时电路

图 3—17 实验步骤：

（1）图 3—17 电路通电后，VD2、VD3 各有什么变化？为什么？

（2）第一次按下图 3—17 中的 SB1，VD2、VD3 各有什么变化？为什么？

（3）第二次按下图 3—17 中的 SB1，VD2、VD3 各有什么变化？为什么？

在面包板上测量图 3—17 中各点电压值，并填于表 3—10 中。

表 3—10　　　　　　　　**图 3—17 电路各点工作电压值一览表**　　　　　　　　V

| 项目 | 测量电压 | | | | | | | | | | | |
|---|---|---|---|---|---|---|---|---|---|---|---|---|
| | CP | R | +Q | −Q | 1b | 1c | 2b | 2c | VD2 正极 | VD3 正极 | VD2 状态 | VD3 状态 |
| ① | | | | | | | | | | | | |
| ② | | | | | | | | | | | | |
| ③ | | | | | | | | | | | | |

图 3—18 实验步骤：

(1) 图 3—18 电路通电后，VD7 有什么变化？为什么？

(2) 第一次按下图 3—18 中的 SB1，VD7 有什么变化？为什么？

(3) 第二次按下图 3—18 中的 SB1，VD7 有什么变化？为什么？

在面包板上测量图 3—18 中各点工作电压值，并填于表 3—11 中。

**表 3—11　　图 3—18 电路各点工作电压值一览表**　　V

| SB1 状态 | SB2 状态 | 测量电压 | | | | | | | |
|---|---|---|---|---|---|---|---|---|---|
| | | S | R | +Q | −Q | 1b | 1c | VD2 状态 | 延时时间 |
| 未按下 | 未按下 | | | | | | | | |
| 按下 | 放开 | | | | | | | | |
| 放开 | 按下 | | | | | | | | |

3.3.5.4　IC3 的性能与应用

IC3 的型号为 CD4060。是一块 14 位二进制串行计数器/分频器集成电路。它的内部由两部分构成，一部分是 14 级二进制串行计数器，它在时钟脉冲上升沿的作用下作增量计数，CD4060 有 14 个计数级，但只有 Q4～Q10、Q12～Q14 共 10 个输出端；另一部分是振荡器部分，由外接电阻和电容构成 RC 振荡器，也可以通过外接晶体构成高精度的晶体振荡器。CD4060 还有一个公共的清零端 Cr，只要在 Cr 端上加一个高电位或正脉冲，即可使计数器输出端全部为“0”电平，并同时使振荡器停振。

CD4060 的引脚端功能图如图 3—19 所示。CD4060 中的 RC 振荡器电路示意图如图 3—20 所示。

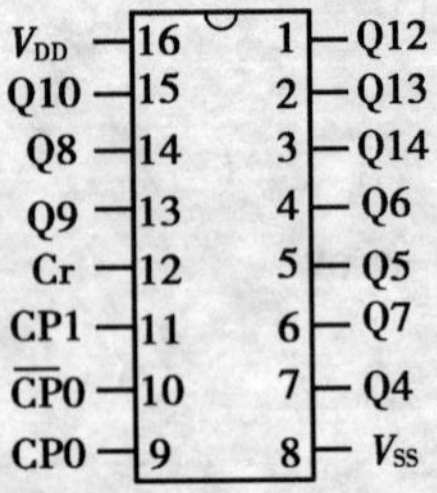


图 3—19　CD4060 的引脚端功能图

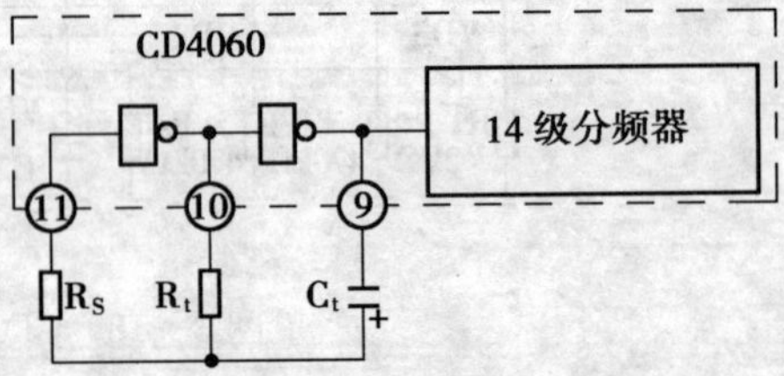


图 3—20　CD4060 中的 RC 振荡器电路示意图

按照如图 3—19 所示进行引脚端功能识别时，是将 CD4060 底部朝向自己，正面缺口朝上时，右侧的第一个引脚为第 1 引脚，其余引脚按顺时针方向依次进行编号。

图 3—20 展示了 CD4060 内部振荡器与外围元器件的连接方式。CD4060 内部构成的 RC 振荡器与用小规模门电路构成的 RC 振荡器电路是一样的。只要改变 $R$、$C$ 的值，就可以得到不同的振荡频率。在电源电压 $V_{DD}$=10 V 时，振荡频率与 $RC$ 之间有如下近似关系：

$$f=\frac{1}{2.2R_tC_t}$$

式中　$f$——kHz；

$R_t$——kΩ；

$C_t$——μF。

电路中接入电阻 $R_S$ 的目的是为了改善振荡器的稳定性，减少由于器件参数的差异而引起振荡周期的变化。$R_S$ 的电阻值应尽量大于 $R_t$ 的电阻值。虽然 $R_S$ 的值在很大范围内都能使振荡器起振，但当 $R_S=10\ R_t$ 时，即使电源电压有所调整，振荡周期的变化也将大为减小。

电阻 $R_t$ 的值应大于 1 kΩ，电容 $C_t$ 的值应大于或等于 100 pF，因为若 $R_t$、$C_t$ 的值太小，振荡器将很难起振。表 3—12 给出了不同 $R_t$、$C_t$ 值时的电路性能。

**表 3—12　　　　CD4060 的振荡频率与元件值**

| 振荡频率（Hz） | $R_S$（kΩ） | $R_t$（kΩ） | $C_t$（uF） | $V_{DD}=10$ V 时 $I_{DD}$（mA） |
|---|---|---|---|---|
| 10 | 450 | 45 | 1 | 0.3 |
| 100 | 450 | 45 | 0.1 | 0.3 |
| 1 k | 450 | 45 | 0.01 | 0.4 |
| 10 k | 450 | 45 | 0.001 | 0.5 |
| 100 k | 450 | 45 | $1\times10^{-4}$ | 0.7 |
| 1 M | 45 | 4.5 | $1\times10^{-4}$ | 1 |

图 3—21 和图 3—22 所示分别为 CD4060 的真值表和输出波形图。

**真值表**

| *CP* | *Cr* | 计数器状态 |
|---|---|---|
| 0 | 0 | 不变 |
| ╲ | 0 | 不变 |
| 1 | 0 | 不变 |
| ╱ | 0 | 加 1 计数 |
| *ϕ* | 1 | Q1~Q7 均为“0” |

图 3—21　CD4060 真值表

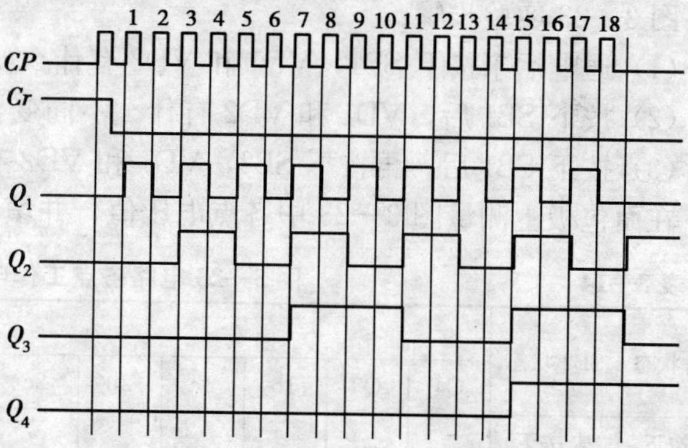


图 3—22　CD4060 的输出波形图

当清零端 Cr 加上“1”电平时，所有输出端都为“0”。Cr 恢复“0”电平后，在时钟脉冲上升沿的作用下，CD4060 作增量计数。CP 时钟脉冲端的触发信号取之于内部的 RC 振荡器，其上升沿为有效触发信号沿。CP 输入两个周期脉冲，Q1 输出一个周期脉冲，Q1 输出值为 CP 值的 1/2；Q2 输出值是 Q1 输出值的 1/2，Q14 输出值则是 Q13 输出值的 1/2，即：

$$f_{Q14}=\frac{1}{2^{14}}f_{CP}$$

在无专用测量仪器时，可用万用表对 CD4060 的性能进行测量。表 3—13 是用 47 型万用表 $R\times1$ kΩ 挡所测得的 CD4060 直流阻值一览表。

**表 3—13　　　　CD4060 直流阻值一览表**　　　　kΩ

| 测量标注/引脚 | Q12 | Q13 | Q14 | Q6 | Q5 | Q7 | Q4 | $V_{SS}$ |
|---|---|---|---|---|---|---|---|---|
| 黑表笔接 8 脚 | 9 | 9 | 9 | 9 | 9 | 9 | 9 | 0 |
| 红表笔接 8 脚 | ∞ | ∞ | ∞ | ∞ | 200 | 200 | 200 | 0 |
| 测量标注/引脚 | CPO | —CP0 | CP1 | Cr | Q9 | Q8 | Q10 | $V_{CC}$ |
| 黑表笔接 8 脚 | 9 | 9 | 10 | 10 | 9 | 9 | 9 | 7 |
| 红表笔接 8 脚 | ∞ | ∞ | ∞ | ∞ | 200 | 200 | 200 | ∞ |

为了更好地掌握CD4060的使用技能，可以按照如图3—23所示电路，在面包板上进行实验，以加深对CD4060性能的理解。然后按照如图3—24所示电路，做一个“秒信号发生器”，通过VD4或VD5来指示秒信号，并用SB1～SB3来进行信号转换。

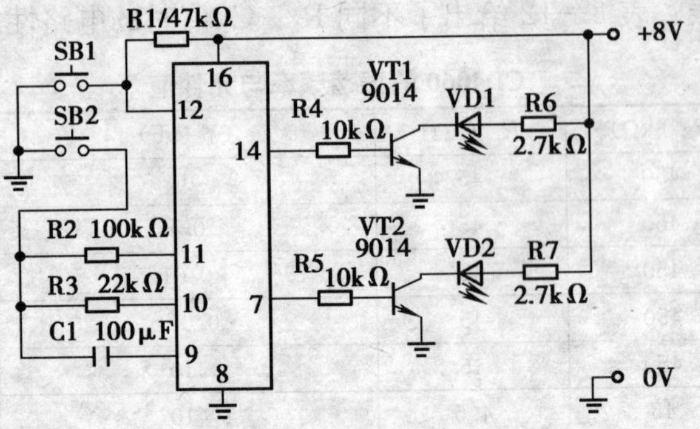


图3—23　CD4060功能测试电路

图3—23实验步骤：

（1）通电后未按下SB1，VD1和VD2有什么变化？为什么？

（2）按下SB1后，VD1和VD2有什么不同变化？为什么？

（3）按下SB1后，再按下SB2，VD1和VD2有什么变化？为什么？

在面包板上测量图3—23中各点电压值，并填于表3—14中。

**表3—14　　图3—23电路各点工作电压值一览表**　　V

| SB1状态 | SB2状态 | 测量电压 | | | | | | | | | |
|---|---|---|---|---|---|---|---|---|---|---|---|
| | | Q4 | Q8 | 1b | 1c | 2b | 2c | VD1正极 | VD2正极 | VD1状态 | VD2状态 |
| 未按下 | 未按下 | | | | | | | | | | |
| 按下 | 未按下 | | | | | | | | | | |
| 先按下 | 后按下 | | | | | | | | | | |

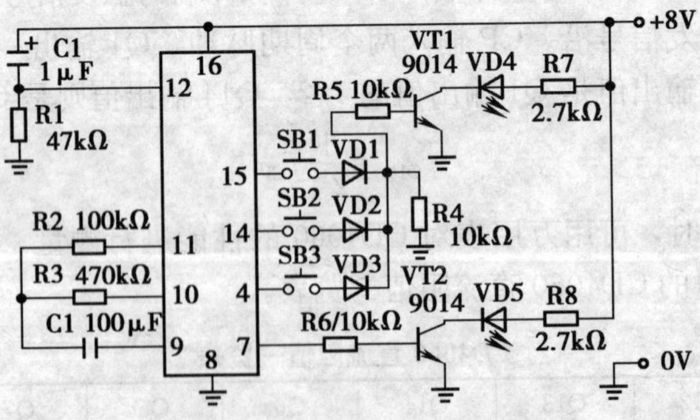


图3—24　秒信号发生器电路

图3—24实验步骤：

（1）如从Q10端输出1 s信号，如何改变R3、C1的值？

（2）如从Q6端输出1 s信号，如何改变R3、C1的值？

（3）如从Q4端输出1 s信号，则Q8端输出的信号波形周期为多少？

（4）VD4、VD5 的不同变化，说明了什么道理？

（5）如何在振荡回路中增加 4 只按钮开关及几个元件后，方便地配合 SB1～SB3 进行 1 s 信号转换？画出修改后的电路图（可以增加其他元件）。

在面包板上测量图 3—24 中各点工作电压值，并填于表 3—15 中。

**表 3—15　　图 3—24 电路各点工作电压值一览表　　V**

| 项目（R3 值、C1 值） | 测量电压 | | | | | VD4 状态 | VD5 状态 |
|---|---|---|---|---|---|---|---|
| | Q4 | Q6 | Q8 | Q10 | Q14 | | |
| | | | | | | | |
| | | | | | | | |
| | | | | | | | |
| | | | | | | | |

## 3.4　数字电路水塔自动供水控制器的安装技能

数字电路水塔自动供水控制器的元器件安装在一块专用的印制电路板上。所有的元器件装配完毕，还要对控制系统进行调试，最后自动供水系统就可以投入使用了。

印制电路板的安装有两项内容。一是对元器件进行测试筛选；二是对元器件进行装配。该印制电路板面积为 110 mm×71 mm，装配图如图 3—25 所示。

### 3.4.1　筛选元器件

根据元器件明细表，对元器件进行逐一筛选。

（1）元器件明细表。数字电路水塔自动供水控制器元器件明细表见表 3—16 和表 3—17。

**表 3—16　　数字电路水塔自动供水控制器元器件明细表（一）**

| 序号 | 名称 | 规格型号 | 数量 | 元器件代号 |
|---|---|---|---|---|
| 1 | 电阻器 | RT—1 k | 2 | R1、R2 |
| 2 | 电阻器 | RT—22 k | 5 | R4、R9～R11、R25 |
| 3 | 电阻器 | RT—100 k | 3 | R5、R13、R16 |
| 4 | 电阻器 | RT—68 k | 1 | R14 |
| 5 | 电阻器 | RT—470 k | 3 | R6～R8 |
| 6 | 电阻器 | RT—10 k | 2 | R12、R15 |
| 7 | 电阻器 | RT—100 Ω | 1 | R18、R22 |
| 8 | 电阻器 | RT—3 k9 | 4 | R3、R19～R21 |
| 9 | 电阻器 | RT—4 k7 | 3 | R17、R23、R24 |
| 10 | 涤纶电容器 | CL—104/50 V | 8 | C1～C4、C10～C13 |
| 11 | 涤纶电容器 | CL—103/50 V | 3 | C5～C7 |
| 12 | 电解电容器 | CD—2 200 μF/16 V | 1 | C8 |

续表

| 序号 | 名称 | 规格型号 | 数量 | 元器件代号 |
|---|---|---|---|---|
| 13 | 电解电容器 | CD—470 | 1 | C9 |
| 14 | 二极管 | 1N4148 | 11 | VD1～VD11 |
| 15 | 二极管 | 1N4004 | 2 | VD17、VD18 |
| 16 | 发光二极管 | $\phi$3（Y—1只，G—1只，R—3只） | 5 | VD12～VD16 |
| 17 | 三极管 | 9013 | 3 | VT1、VT2、VT5 |
| 18 | 三极管 | 9014 | 2 | VT3、VT4 |
| 19 | 数字集成电路 | CD4011 | 1 | IC1 |
| 20 | 数字集成电路 | CD4069 | 1 | IC2 |
| 21 | 数字集成电路 | CD4060 | 1 | IC3 |
| 22 | 数字集成电路 | CD4013 | 1 | IC4 |
| 23 | 三端集成稳压器 | LM7808 | 1 | IC5 |
| 24 | 整流桥堆 | 1KBP10 | 1 | UR1 |

**表 3—17　数字电路水塔自动供水控制器元器件明细表（二）**

| 序号 | 名称 | 规格型号 | 数量 | 元器件代号 |
|---|---|---|---|---|
| 1 | 继电器 | GZR—1/12 V | 2 | K1、K2 |
| 2 | 蜂鸣器 | $\phi$13 mm　32 Ω | 1 | HA1 |
| 3 | 熔丝 | $\phi$6 mm　5 A | 1 | FU |
| 4 | 电源变压器 | 220 V，12 V/3 W | 1 | T1 |
| 5 | 接线排 | DT25/12 位 | 1 | |
| 6 | 专用印制电路板 | 110 mm×70 mm | 1 | |

（2）IC1～IC5 的识别。IC1～IC5 的识别示意图如图 3—25 所示。

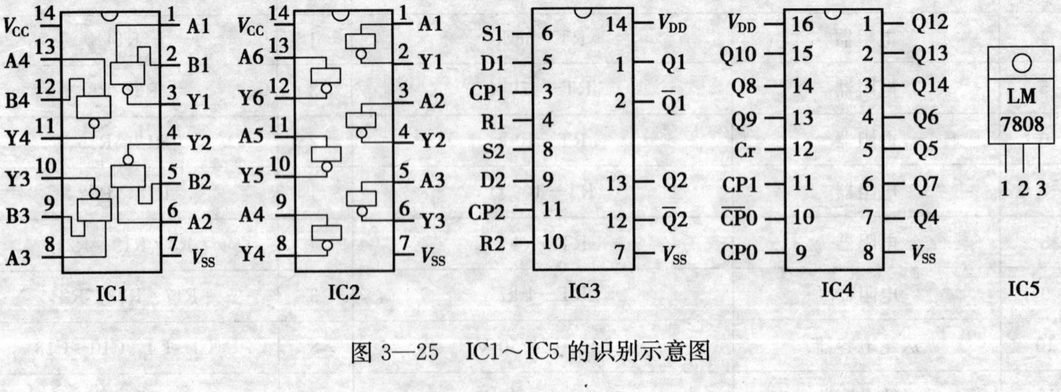


图 3—25　IC1～IC5 的识别示意图

（3）用万用表对 IC1～IC5 进行测量。IC1～IC4 的参数见前文的表 3—1、表 3—4、表 3—7 以及表 3—13。IC5（LM7808）的参数见表 3—18（用 47 型万用表 $R\times1$ kΩ 挡测）。

表 3—18　　IC5 直流阻值一览表

| 黑表笔—红表笔 | ①—② | ①—③ | ②—③ | ③—② | ③—① | ②—① |
| --- | --- | --- | --- | --- | --- | --- |
| 阻值（kΩ） | 160 | 160 | 10 | 10 | 14 | 14 |

（4）对其他元器件进行测量并筛选。

### 3.4.2　装配元器件

焊接元器件之前，先使元器件引脚成形，然后再将元器件逐一焊接在印制电路板上（见图 3—26）。其中图 3—26c 为本课题电路的 PCB 板图，其实际尺寸为 110 mm×72 mm。

（1）熟悉印制电路板装配图。

在对元器件进行装配之前，应先熟悉印制电路板的安装布局，熟悉每个元器件的安装位置，以保证达到最好的装配质量。

（2）元器件引脚成形要求。

1）电阻器、二极管按卧式装配姿势要求进行成形。

2）如某些焊孔不符合要求，应进行扩孔。

（3）焊接元器件。

1）装焊连接线。

2）装焊电阻器、二极管。

3）装焊 IC1～IC4 集成电路插座。

4）装焊三极管、小型电容器。

5）装焊接线排。

6）装焊电解电容器。

7）装焊 IC5。

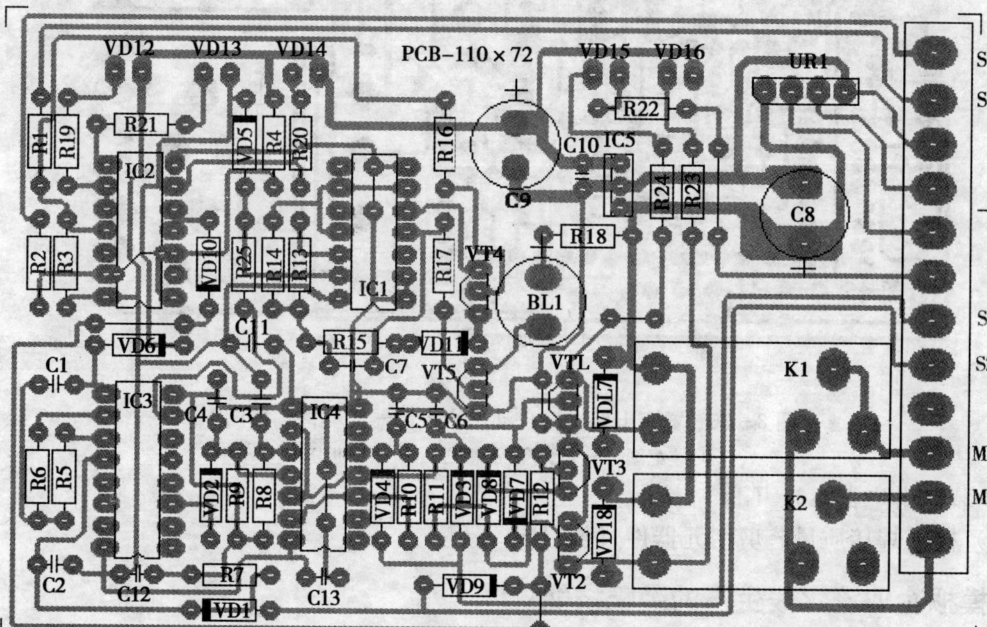


a）

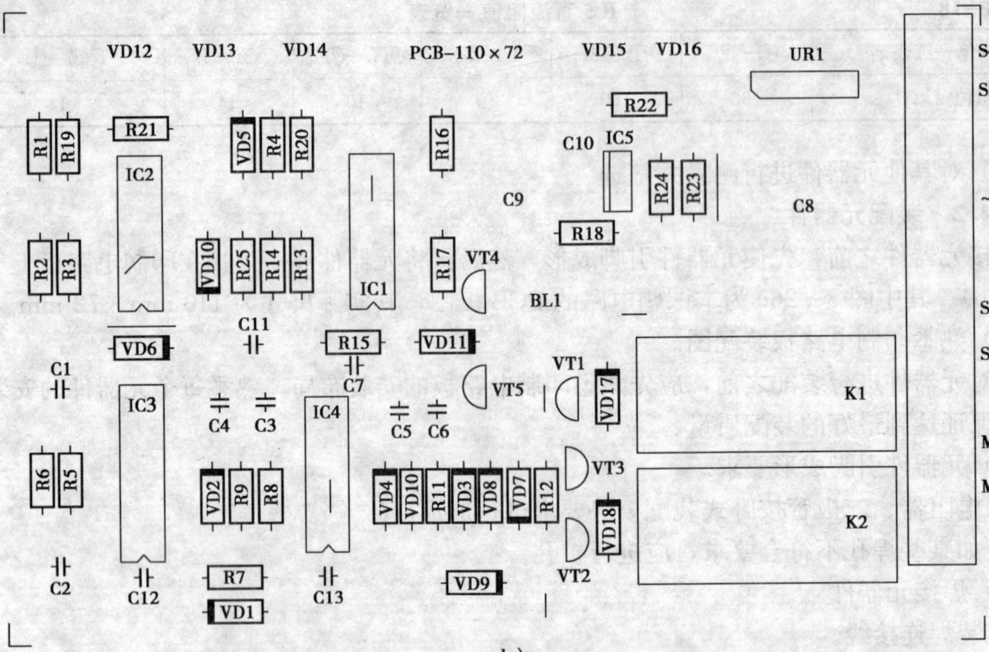


b）

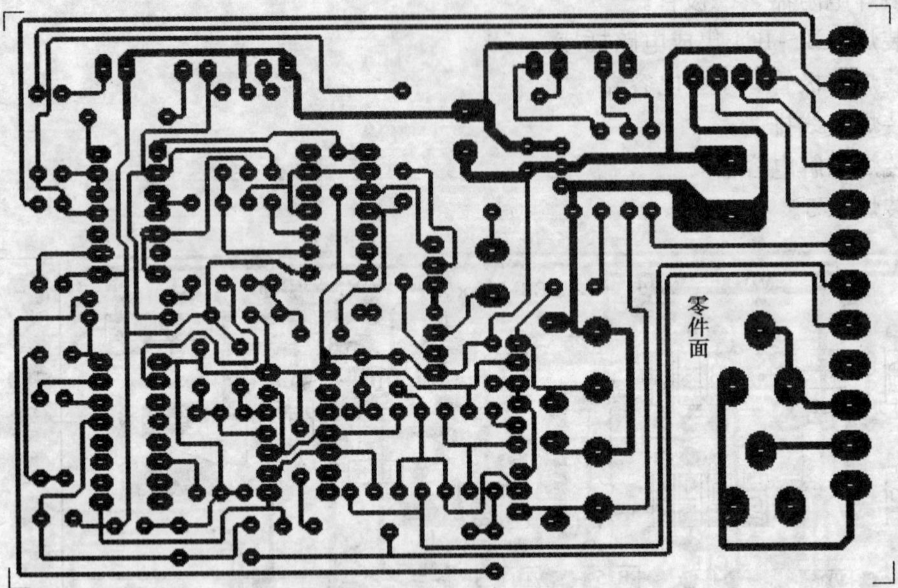


c）

图 3—26　数字电路水塔自动供水控制器元器件焊接图

a）装配图　b）元件面示意图　c）PCB 板图

8）装焊继电器 K1、K2。

（4）检查焊接质量，剪切元器件过长引脚。

## 3.5　模拟企业流水线生产的装配技能

为了使技能训练更加贴近企业的生产实际，在进行数字电路水塔自动供水控制器的印制电路板装配过程中，可以模仿企业生产中流水作业的装配方式。由 8 人组成一个装配小组，完成 8 块印制电路板的装配工作。每个装配小组确定一人为组长，负责对全组的管理。全班分成若干个流水线装配工作小组，同时进行作业。

### 3.5.1 各工位装配内容及要求

（1）第 1 装配工位

1）装配内容：

检验印制电路板的质量。

安装 8 根连接线。

安装电阻器 R1、R2、R18、R22 和 R15。

2）装配要求：

检验印制电路板是否符合质量要求。

连接线、电阻器安装平整。

焊点符合要求，无漏焊、虚焊和连焊。误差率不超过 5%。

剪切露出焊点以外的连接线引脚。

（2）第 2 装配工位

1）装配内容：

安装电阻器 R3～R5、R9～R13、R23、R24、R16、R17、R19～R21。

2）装配要求：

电阻器安装平整。

焊点符合要求，无漏焊、虚焊和连焊。误差率不超过 5%。

剪切露出焊点以外的元件引脚。

（3）第 3 装配工位

1）装配内容：

安装电阻器 R7、R8 和 R14。

安装 VD1～VD11、VD17、VD18。

2）装配要求：

二极管、电阻器安装平整。

焊点符合要求，无漏焊、虚焊和连焊。误差率不超过 5%。

剪切露出焊点以外的元件引脚。

（4）第 4 装配工位

1）装配内容：

安装 IC1～IC4 插座。

2）装配要求：

IC 插座安装平整，高度一致。

焊点符合要求，无漏焊、虚焊和连焊。误差率不超过 5%。

剪切露出焊点以外的元件引脚。

（5）第 5 装配工位

1）装配内容：

安装 C1～C7、C10～C13。

2）装配要求：

插件安装正直，C1～C4和C10～C13及C5～C7的安装高度应相仿。

焊点符合要求，无漏焊、虚焊和连焊。误差率不超过5%。

(6) 第6装配工位

1) 装配内容：

安装VD12～VD16、VT1～VT5。

2) 装配要求：

元器件安装正、直，VD12～VD16的安装高度相仿，VT1～VT5的安装高度相仿。

焊点符合要求，无漏焊、虚焊和连焊。误差率不超过5%。

剪切露出焊点以外的元器件引脚。

(7) 第7装配工位

1) 装配内容：

安装C8、C9、BL1、IC5、UR1。

2) 装配要求：

元器件安装正、直。

焊点符合要求，无漏焊、虚焊和连焊。误差率不超过5%。

剪切露出焊点以外的元器件引脚。

(8) 第8装配工位

1) 装配内容：

安装K1、K2，安装11位接线排。

检查第1工位至第7工位的装配质量，并进行补焊和质量记录。

2) 装配要求：

元器件安装正、直。

焊点符合要求，无漏焊、虚焊和连焊。

剪切露出焊点以外的元器件引脚。

### 3.5.2 装配生产质量评比

对模拟企业生产的装配流水线工作进行总结和评比，以提高学生的质量意识。

## 3.6 数字电路水塔自动供水控制器的调试及测量检修技能

数字电路水塔自动供水控制器安装完毕，在装配过程中可能会有元器件损坏或者有元器件安装错误等问题，所以还要进行检查，如发现损坏的元器件，应及时进行更换。

对控制电路板进行调试，是检验系统性能的重要步骤，目的是保证控制系统正常地工作。

### 3.6.1 调试项目和调试设备

(1) 调试项目

1) 手动启动性能的调试。

2) 手动停止性能的调试。

3) 自动供水性能的调试。

4) 自动停止供水性能的调试。

5) 音频振荡器振荡频率的调试。

6）计时器正常计时与停止计时性能的调试。

（2）调试设备及器材。

1）12 V 直流稳压电源一台。

2）12 V/100 mA 指示灯泡 2 只。

3）轻触按钮 4 只。

4）专用调试板一块（安装图 3—27 中 SB1～SB4 等）。

### 3.6.2 调试准备

图 3—27 所示是数字电路水塔自动供水控制器单板调试接线图。

（1）将图 3—27 中的 SB1～SB4 分别装在专用调试板上。然后引出 6 根连接线，并将连接线与系统的电路板进行连接。

（2）对两只指示灯进行连线。再将其与电路板进行连接。

（3）将稳压电源的输出电压值调整为 13 V，关上稳压电源开关。

（4）检查单板调试的连接线，应正确无误。

（5）为了方便调试，可将阻值 470 kΩ 的电阻 R6 临时用阻值为 68 kΩ 的电阻代替，这样继电器 K1、K2 的交换时间将约为4 min，即从 IC3－3 脚输出一个脉冲的时间周期约为4 min。

（6）接通直流稳压电源开关。VD12（黄色指示灯）亮起，测量电解电容 C9 正极处电压为＋8 V，此时继电器 K2 吸合，VD16 亮起，说明电路已基本正常。即可进行下面的调试。

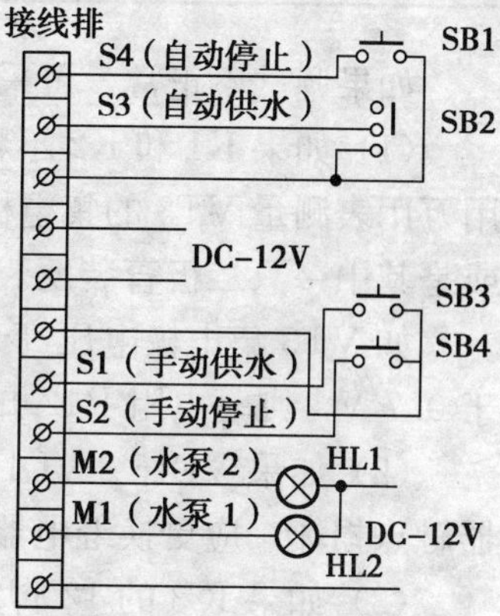


图 3—27 单板调试接线图

### 3.6.3 手动启动性能的调试与故障排除

按下调试板上的 SB3 按钮，继电器 K1 和 K2 同时吸合，VD15 和 VD16 同时亮起，调试板上的指示灯 HL1 和 HL2 同时亮起。以上说明调试正常。

表 3—19 是正常状态下，该部分电路中的主要工作电压值。

**表 3—19** 手动启动时各点工作电压值一览表 V

| 项目 / 电压值 | SB3 | VT1 | | VT2 | | VD15 状态 | VD16 状态 | K1 状态 | K2 状态 |
|---|---|---|---|---|---|---|---|---|---|
| | | b | c | b | c | | | | |
| 黑表笔接地 | 1.4 | 0.7 | 0 | 0.7 | 0 | 亮 | 亮 | 吸合 | 吸合 |

如果调试不正常，可采用“电压测量法”进行以下检测与排故：

（1）如果 K1 或 K2 不吸合，VD15 或 VD16 以及 HL1 或 HL2 不亮，则在 SB3 按下时，用万用表分别测量 VT1 和 VT2 的基极电压，应大于 0.7 V。如基极电压正常，则是 VT1 或 VT2 损坏或是装错；或是 VD17、VD18 极性装错。

如 VT1 或 VT2 的基极电压低于 0.7 V，则是 VD3 或 VD4 损坏或极性装错。

（2）如果 VD15、VD16 亮，而 K1 或 K2 不动作。则是 K1 或 K2 继电器电磁线圈损坏，应更换继电器。

（3）如果 VD15、VD16 亮，K1、K2 动作，但指示灯 HL1 或 HL2 不亮。则是 K1 或 K2 的触点损坏，应更换继电器。

（4）如果 HL1、HL2 亮，但 VD15 或 VD16 不亮，则是 VD15 或 VD16 装反。

### 3.6.4 手动停止性能的调试与排故

按下调试板上的 SB4 按钮，继电器 K1 和 K2 应同时释放，VD15 和 VD16 同时熄灭，调试板上的指示灯 HL1 和 HL2 同时熄灭。同时 IC3 内部振荡器停止工作，测量 IC3 的 12 脚电压值为 8 V 左右的高电位。以上说明调试正常。

表 3—20 是正常状态下，该部分电路中手动停止时各点电压值。

表 3—20　　手动停止时各点电压值一览表　　V

| 项目<br>电压值 | SB4 | VT3 | | VT1 | | VT2 | | VD15 状态 | VD16 状态 |
|---|---|---|---|---|---|---|---|---|---|
| | | b | c | b | c | b | c | | |
| 黑表笔接地 | 7.2 | 0.7 | 0.1 | 0 | 12 | 0 | 12 | 灭 | 灭 |

如果调试不正常，可采用“电压测量法”进行以下测量与排故：

(1) 如果 K1 和 K2 不释放，VD15 和 VD16 以及 HL1 和 HL2 不灭，则在 SB4 按下时，用万用表测量 VT3 的集电极电压，应低于 0.7 V。如电压正常，则是 VD7 和 VD8 极性装反或是其中一只二极管装反。

如 VT3 集电极电压高于 0.7 V，则再去测量 VT3 的基极电压值，应高于 0.7 V。如低于 0.7 V，则是电阻 R12 开路或损坏，或是 VT3 损坏。

(2) 如果 VD15、VD16 熄灭，K1、K2 释放，但指示灯 HL1 或 HL2 还亮，则是继电器触点损坏，应更换继电器。

(3) 如果 IC3 的 12 脚为低电位，则是 VD1 极性接反。

### 3.6.5 自动供水性能的调试与排故

放开调试专用板上所有按钮。此时，VD12 和 VD16 应点亮，继电器 K2 吸合。测量相关元器件的工作电压值，并参考表 3—11～表 3—15。

此时 VD12 亮起，说明水塔中的水量已到最低水位。VD12 采用黄色指示灯以表示“低水”报警之意。与此同时，指示灯 HL1 亮起，表示“水泵 2”开始工作。

(1) 按下调试按钮 SB2，VD12（黄色）指示灯灭，VD13（绿色）指示灯亮起，说明水量进入正常水位区。此时，VD15 或 VD16 亮着，表示 K1 或 K2 已吸合，HL2 或 HL1 亮着，表示水泵 2 或水泵 1 在正常供水。

(2) IC3 计时（即水泵工作时间）20 min 后，VD16 与 VD15 的状态以及 HL2 与 HL1 的状态应进行交换。在调试时可将 R6 阻值减小，使其交换时间缩短至 4 min 左右，以缩短调试时间。

该调试中常出现的故障有：

1) VD12、VD13、VD2 极性装反。

2) 传感器连接线接触不良。

3) 传感器损坏。

4) IC2 损坏。

### 3.6.6 自动停止供水性能的调试与排故

(1) 按下调试按钮 SB1，VD13（绿色）指示灯灭，VD14（红色）指示灯亮起，说明水位到达满水区。此时，VD15、VD16、HL1、HL2 均熄灭，表示水泵 1 或水泵 2 停止运行。

(2) 松开调试按钮 SB1，VD15 或 VD16 又亮起，红色指示灯 VD14 灭，同时 HL1 或

HL2 亮起，表示水泵 1 或水泵 2 又开始工作。

该调试中常出现的故障有：

1）VD14、VD13、VD5、VD6、VD10 极性装反。

2）VT3 损坏等。

**3.6.7　音频振荡器振荡频率的调试与排故**

（1）同时松开调试按钮 SB1、SB2，HA1 应发出频率为 1 kHz 的音频声。

如 HA1 的音频声无变化，则是电阻器 R15 开路，或是 VT4 损坏或是引脚装错。

（2）按下调试按钮 SB1，表示水位已到达满水区。此时，音频振荡器应停止工作。

常见故障有：

1）VD5 极性装反。

2）VT4 损坏。

3）电阻 R16 开路。

**3.6.8　计时器正常计时与停止计时性能的调试与排故**

按下调试按钮 SB1，IC3 内部振荡器停止工作。测量电阻 R5、R6、C1 的公共点电压，应为低电位。

常见故障有：

（1）按下调试按钮 SB1 后，IC3 内部振荡器仍然在工作，应是二极管 VD6 极性装反。

（2）VD6 损坏。

表 3—21～表 3—25 是正常状态下，整个控制电路中的主要工作电压值（小于 1/2 电源电压值的测量值，数字电路视为低电位输入；高于 1/2 电源电压值的测量值，数字电路视为高电位输入）。

**表 3—21　　正常状态下 CD4011 各点工作电压值一览表　　V**

| 状态 | IC1—a | | | IC1—b | | | 7 脚 | IC1—c | | | IC1—d | | | 14 脚 |
|---|---|---|---|---|---|---|---|---|---|---|---|---|---|---|
| | 1 | 2 | 3 | 4 | 5 | 6 | | 8 | 9 | 10 | 11 | 12 | 13 | |
| 低水 | | | | 1.8 | 7 | 7 | | | | | 6.8 | 0.9 | 3.4 | |
| 正常 | | | | 2 | 5.6 | 5.6 | 0 | | | | 5.8 | 3.4 | 3.4 | 7.8 |
| 满水 | | | | 0 | 7.8 | 7.8 | | | | | 7.8 | 3.1 | 1.5 | |

**表 3—22　　正常状态下 CD4069 各点工作电压值一览表　　V**

| 状态 | IC2—a | | IC2—b | | IC2—c | | 7 脚 | IC2—d | | IC2—e | | IC2—f | | 14 脚 |
|---|---|---|---|---|---|---|---|---|---|---|---|---|---|---|
| | 1 | 2 | 3 | 4 | 5 | 6 | | 8 | 9 | 10 | 11 | 12 | 13 | |
| 低水 | | | 7.4 | 0 | 0 | 7.8 | | 7.8 | 0.6 | 0.6 | 7.2 | | | |
| 正常 | | | 7.4 | 0 | 0 | 7 | 0 | 0 | 7.8 | 7.8 | 0.6 | | | 7.8 |
| 满水 | | | 0.6 | 7.6 | 7.6 | 0.9 | | 0 | | | | | | |

**表 3—23　　正常状态下 CD4013 各点工作电压值一览表　　V**

| 状态 | 1 | 2 | 3 | 4 | 5 | 6 | 7 | 8 | 9 | 10 | 11 | 12 | 13 | 14 |
|---|---|---|---|---|---|---|---|---|---|---|---|---|---|---|
| 低水 | | | | | | | | 0 | 7.6 | 0 | 0 | 7.6 | 0 | |
| 正常 | | | | | | | 0 | 0 | 7.6 | 0 | 0 | 7.6 | 0 | 7.8 |
| 满水 | | | | | | | | 0 | 7.6 | 0 | 0 | 7.6 | 0 | |

表 3—24　　正常状态下 CD4060 各点工作电压值一览表　　V

| 状态 | 1 | 2 | 3 | 4 | 5 | 6 | 7 | 8 | 9 | 10 | 11 | 12 | 13 | 14 | 15 | 16 |
|---|---|---|---|---|---|---|---|---|---|---|---|---|---|---|---|---|
| 低水 | | | 7.8/0 | | | | 3.9 | | 3 | 3.7 | 2.9 | 0 | | | | |
| 正常 | | | 7.8/0 | | | | 3.9 | 0 | 3 | 3.7 | 2.9 | 0 | | | | 7.8 |
| 满水 | | | 0 | | | | 0/7.8 | | 1 | 3.7 | 2.9 | 0 | | | | |

表 3—25　　正常状态下 VT1～VT5 各点工作电压值一览表　　V

| 状态 | VT1 | | VT2 | | VT3 | | VT4 | | | VT5 | |
|---|---|---|---|---|---|---|---|---|---|---|---|
| | b | c | b | c | b | c | e | b | c | b | c |
| 低水 | 0/0.7 | 12/0 | 0.7/0 | 0/12 | 0 | 0.2 | 6.6 | 4 | 6.8 | 0.2 | 11 |
| 正常 | 0/0.7 | 12/0 | 0.7/0 | 0/12 | 0 | 0.2 | 4 | 0.2 | 5.7 | 0.3 | 9.5 |
| 满水 | 0 | 12 | 0 | 12 | 0.7 | 0 | 5.2 | 0.2 | 7.8 | 0 | 12 |

## 3.7　数字电路水塔自动供水控制器的总装技能

调试好的控制电路板就可以对其进行总装。总装的内容如下：

(1) 将调试好的控制电路板固定在 150 mm×120 mm×50 mm 的塑料盒内。

(2) 将 V12～VD16 的连线分别并接到面板的 5 只发光二极管上。

(3) 连接手动开、关按钮的连接线。

(4) 将电源变压器 T1 安装在塑料盒内。

(5) 将 5 位接线排安装在机盒的后板上。

(6) 将电源变压器的 220 V 输入端口接到接线排上。

(7) 将 K1、K2 的 3 根控制引线接到接线排上。

数字电路水塔自动供水控制器外形示意图和总装示意图如图 3—28 和图 3—29 所示。

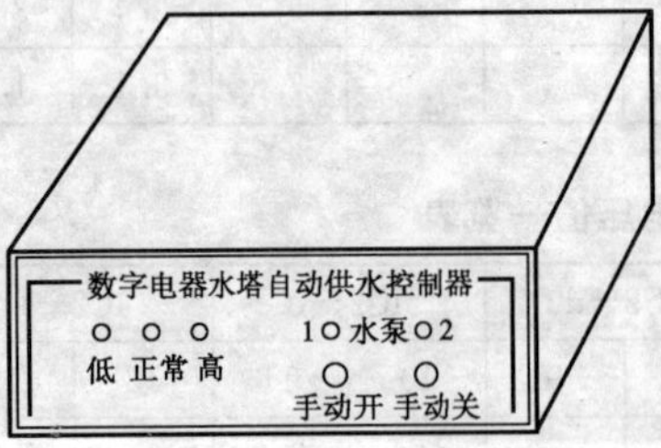


图 3—28　数字电路水塔自动供水控制器外形示意图

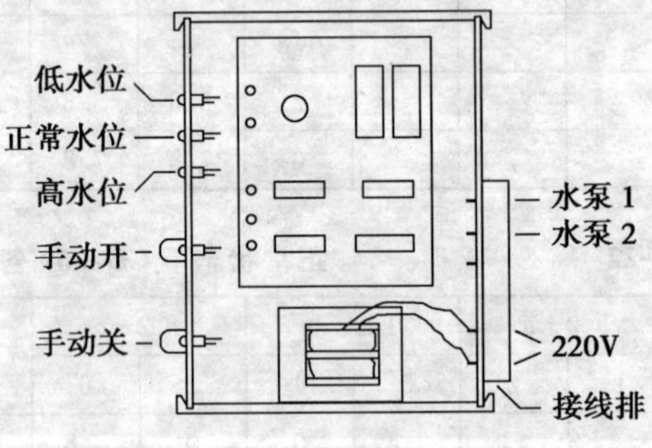


图 3—29　数字电路水塔自动供水控制器总装示意图

通过对以上内容的学习和专业技能训练，一台实用的电子产品——“数字电路水塔自动供水控制器”就制作成功了。

## 练　习　题

1. 数字电路水塔自动供水控制器有哪些特点？

2. 叙述数字电路水塔自动供水控制器手动启动和手动停止控制原理。

3. 叙述数字电路水塔自动供水控制器自动供水控制原理。

4. 根据工作原理画出数字电路水塔自动供水控制器的控制方框图。

5. 用 CD4011 设计一个简单的实用电路。

6. 用 CD4069 设计一个简单的实用电路。

7. 数字电路水塔自动供水控制器电路中能否用一只继电器控制两只水泵进行工作？

8. 撰写数字电路水塔自动供水系统的制作报告，总结掌握了哪些数字集成电路的性能，怎样对其进行测量和应用。通过实践，对自动控制电路有哪些新的认识和想法。运用已学到的知识，用数字电路设计一个简单的控制电路。

# 课题4　单片机多功能控制器的制作技能

## 教学内容

单片机多功能控制器的制作技能

## 教学目的

（1）掌握单片机多功能控制器的工作原理
（2）学会编写本课题内容的控制程序
（3）掌握单片机的硬件系统
（4）掌握单片机开发工具的使用
（5）掌握单片机指令系统及其编程设计
（6）学会单片机控制程序的调试
（7）学会在面包板上对控制电路进行调试
（8）掌握单片机多功能控制器的安装
（9）掌握单片机多功能控制器的调试与故障检修

单片微型计算机简称单片机，是集成电路技术发展的产物，属第四代电子计算机。它是把中央处理器CPU、程序存储器ROM、数据存储器RAM、定时器/计数器以及I/O接口电路等主要计算机部件集成在一块电路芯片上的微型计算机。

单片机自1974年问世以来，引起了全世界科技界的广泛关注和重视。特别是1983年，单片机进入了第三个发展阶段，更是带动了世界经济的飞速发展。随着微控制技术（以软件代硬件的高性能控制技术）的日益完善，单片机技术的应用必定会导致传统的控制技术从根本上发生变革，引发一场控制技术的革命。

单片机技术是计算机技术的一个重要分支，单片机具有体积小、功能多、价格低廉、使用方便、系统设计灵活等优点。

单片机具有智能特性，用它可以实现工业生产的自动控制、仪器仪表的自动操作、家用电器的自动运行等。在民用家电类产品中的自动电饭煲、自动洗衣机、自动豆浆机、电子控制电冰箱、空调器、电话机等，还有数字高清晰度彩色电视机、VCD、DVD机等都应用了单片机技术。又如在日常生活中常看到的自动电梯、交通信号自动指挥灯、大屏幕电子广告牌、电子秤、数字计数器、学校中不可缺少的电子自动打铃器等设备中也都有单片机的身影。在工业生产设备中单片机更是无处不在，如数控车床、各类自动控制织机、各种自动控制流水线等。以上这些具有单片机控制的设备，都需要具有单片机专业知识的技术人员去操作和检修，企业对这类人才的需求是十分迫切的。

通过对本课题内容的学习，使学生能掌握单片机的应用知识和应用技术、早日成为掌握单片机应用技能的新型人才，在工作中能更好的发挥作用。

单片机多功能控制器的功能特点如下：

(1) 采用单片机控制技术，对电动机实施正/反转运行控制。

(2) 采用单片机控制技术，对电动机实施紧急制动控制。

(3) 采用单片机控制技术，对电动机实施星/三角启动控制。

## 4.1 电气控制方式与单片机控制方式的分析

电动机的运行方式通常有正转运行、反转运行、正转运行与反转运行的自动互换、星/三角启动运行等。电动机运行方式的控制，通常可采用以控制按钮控制的简单控制方式，如砂轮机的启动与停止，就是利用控制按钮来实现的。

使用按钮进行控制通常适用于电动机进行简单单一运动的情况。但在电动机进行较复杂的多种动作时，采用简单的按钮是无法进行控制的，这时就要采用比较复杂的控制线路，同时使用多个控制按钮及器件来实施控制。复杂的控制电路在对电动机实施控制的同时，也会带来制造成本增加和维修难度加大的问题，也在一定程度上影响了设备运行的可靠性。如果采用单片机进行控制，就能在很大程度上弥补机械控制的许多缺点，能在一定程度上改善机械的运行性能，延长机械的运行寿命，提高产品的质量，降低产品的生产成本，增强产品的市场竞争力。

### 4.1.1 电动机的启动、停止控制

如图 4—1 所示为电动机启动、停止的控制电路图。图的左半部分为主电路，是电动机的电源电路；右半部分为辅助电路，为主电路的控制电路。

为了实现对电动机实施启动与停止两个动作，图 4—1 中电路使用了两只按钮开关，按钮开关 S1 作为启动之用，S2 作为停止之用。当按下按钮 S1，380 V 交流电源从熔丝FU1→启动按钮 S1→停止按钮 S2→接触器 KM→过流继电器 KH→熔丝 FU3→380 V 交流电源，形成电流回路，接触器 KM 电磁线圈中就有电流通过，使电磁线圈中的铁心产生电磁吸力，吸引 KM 中的衔铁动作，进而带动触点动作。于是380 V电压经 FU1→KM 触点→过流继电器 KH 触点→电动机，电动机得电运转。松开启动按钮 S1，由于接触器中的一组辅助常开触点闭合，将 S1 的通路作用保持，所以，电动机继续运转。

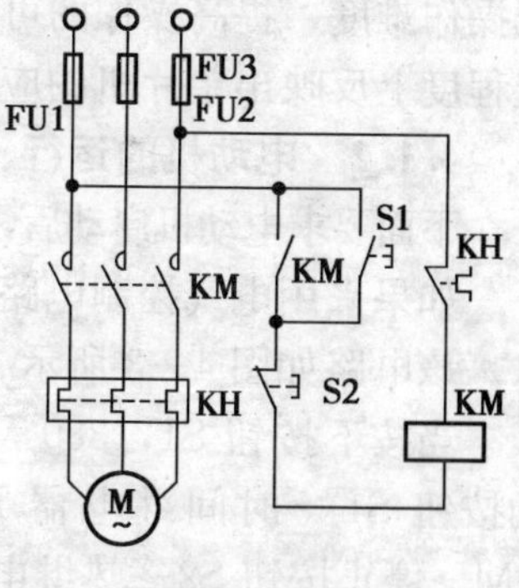

图 4—1　电动机启动、停止控制电路图

当按下停止按钮 S2，接触器电磁线圈断电。于是，接触器 KM 衔铁复位、触点释放、电动机断电停止运行。

图 4—1 中，要实现电动机的启动与停止两个动作，需要分别按动 S1 和 S2。由于图 4—1的控制电路很简单，所以还看不出有控制不便的问题。

如使用如图 4—2 所示的单片机控制电路，只要使用一个按钮，就能实现对电动机的启动与停止操作。粗看起来控制电路复杂了许多，但这些控制元件装在一块电路板上，只占用很小的体积，同时控制电路使用低电压工作电源，维修时也比较安全。电路中控制功能越多，单片机的控制优势就越能显现。随着分析电路的逐渐复杂，越能看出单片机控制的优势。

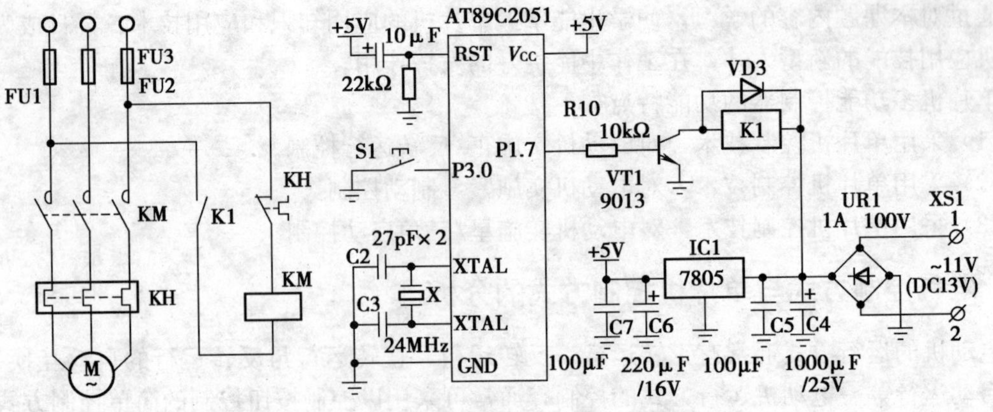


图 4—2　单片机控制电动机启动、停止电路图

在如图 4—2 所示电路中，我们把图中的左半部分作为主电路，主电路部分由过流继电器 KH 和接触器 KM 等元器件组成，右半部分（即弱电部分）作为控制电路。

第一次按下按钮 S1，单片机中的 CPU 令输出口 P1.7 端为高电位，于是 VT1 导通→使继电器 K1 吸合→于是接通接触器 KM 线圈的供电回路→KM 吸合→电动机开始运行。而当第二次按下按钮 S1，CPU 令输出口 P1.7 为低电位，于是 VT1 截止→继电器 K1 释放→接触器 KM 释放→电动机运行停止。

在这个简单的实例中看出，控制电路使用单片机控制后，设备的操作得以简化，提高了企业生产的文明程度，使生产力得到解放。现在人们使用的一些生产设备或是家用电器，它们的操作按钮都是装在控制面板上的。随着面板上控制按钮的减少，还能简化操作程序，降低操作难度，提高操作的可靠性。在图 4—2 的实例中，只是节约了一只按钮，但也能从一定程度上反映出单片机的应用前景。

### 4.1.2　电动机的运行、暂停、运行控制

下面要求电动机启动后，每运行 5 s，停止 5 s，再运行 5 s，周而复始的进行下去。

如果采用电气控制电路，则要在图 4—1 的基础上，加 2 只时间继电器就能实现以上要求。该电路如图 4—3 所示。

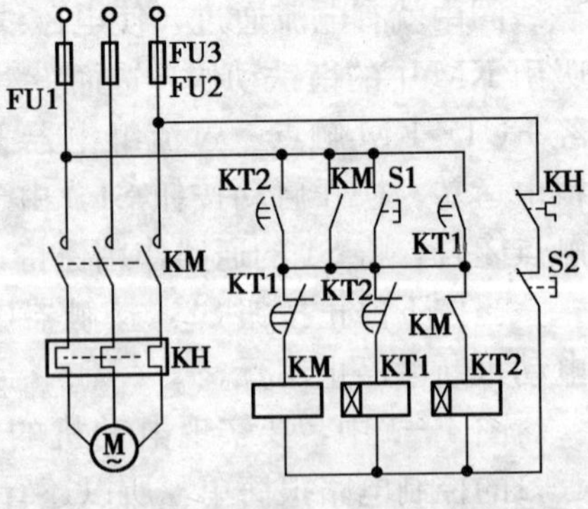


图 4—3　运行、暂停、运行控制电路图

当按下按钮 S1，380 V 交流电源从熔丝 FU1→启动按钮 S1→时间继电器 KT1 的常闭触点→接触器 KM→停止按钮 S2→热继电器 KH→熔丝 FU3→380 V 交流电源而形成电流回路，接触器 KM 电磁线圈中就有电流通过，使电磁线圈中的铁心产生电磁吸力，吸引 KM 中的衔铁动作，进而带动触点动作。于是380 V电压经 FU1→FM 触点→热继电器 KH 触点→电动机，电动机得电运转。当松开启动按钮 S1，由于接触器中的一组辅助常开触点的闭合，将 S1 的通路作用保持。所以，电动机继续运转。

当时间继电器 KT1 延时到 5 s 后，KT1 时间继电器中的延时开（常闭）触点呈开路状态→使 KM 线圈失电衔铁释放→KM 触点复位→电动机失电停止运转；由于接触器 KM 的释放，其常闭触点闭合，以及 KT1 常开触点的瞬间闭合，接通了 KT2 时间继电器的电磁线

圈，KT2 开始作 5 s 延时。当 5 s 后，由于 KT2 的延时开（常开）触点瞬间闭合，以及 KT2 常开触点的瞬间闭合，于是使 KM 线圈再次得电→KM 触点闭合→电动机得电再次运转。周而复始。

如需电动机停止运转，按下停止按钮 S2 即可。

如果采用单片机控制电路来进行控制，则控制电路图如图 4—4 所示。可以看出：图 4—4 与图 4—2 中采用了相同的控制电路。但是，输入给单片机中的控制程序是不同的。

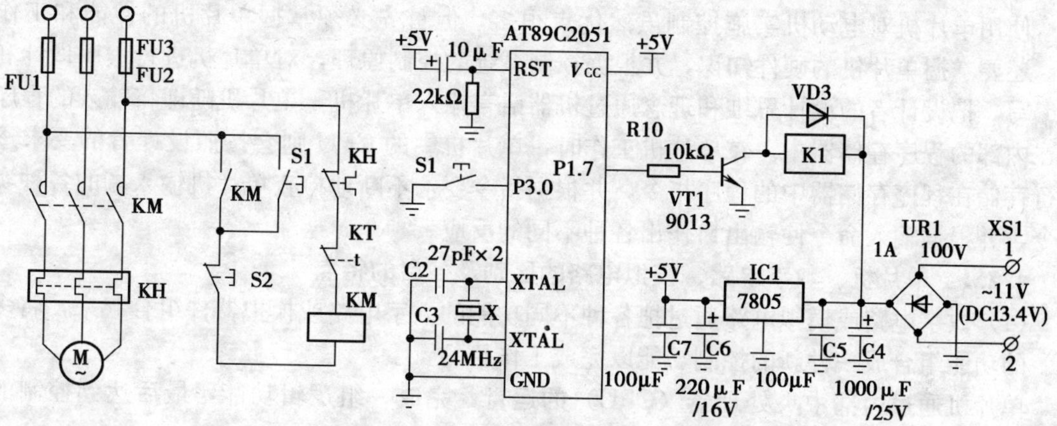


图 4—4　单片机控制电动机间断运行电路图

第一次按下按钮 S1，单片机中的 CPU 令输出口 P1.7 端为高电位，于是 VT1 导通→使继电器 K1 吸合→于是接通接触器 KM 线圈的供电回路→KM 吸合→电动机开始运行。在电动机运行的过程中，单片机内部已经开始进行计时，一旦计时到 5 s，CPU 令 P1.7 口为低电位，使 VT1 截止→K1 释放→KM 失电→电动机失电停转；当单片机第二次计时到 5 s 时，CPU 令 P1.7 口为高电位，于是电动机再次运转。周而复始。由于单片机使用的晶体振荡器的频率为几兆至几十兆，所以，单片机的延时时间是比较准确的。

如需要电动机停止运转，只需再次按一下按钮 S1，电动机就能立即停转。

### 4.1.3　电动机不同时间的运行、暂停控制

如果需要电动机采用每运转 10 s，停止 5 s 后再运行 15 s 的工作方式，就要在如图 4—3 所示电气控制电路的基础上再增加一只时间继电器。这样，一只时间继电器作 10 s 延时之用，一只时间继电器作 5 s 延时之用，还有 1 只时间继电器作 15 s 延时之用。而电动机的这种运行方式在很多设备中或是家用电器中是十分普遍的，如自动洗衣机等。

如果采用单片机控制电路，还是用如图 4—4 所示的控制电路就能够实现，只是需要增加一些控制程序。用如图 4—4 所示电路甚至可以让电动机做更加复杂的运行动作。而采用电气控制电路，其控制线路会更加复杂，使用的器件也会更多。

通过对以上实例的分析，可以得出这样的结论：采用单片机控制形式对电动机进行运行控制，是很容易实现的。

采用单片机控制具有以下特点：

(1) 对两个相近控制动作的控制电路，单片机控制电路的硬件基本上无需改动。硬件设计比较方便，电路的制造成本比较低。

(2) 对控制设备的适应性比较强，使系统具有很大的升级潜力。

(3) 在某种程度上可以减少大体积、大电流器材的使用，提高控制设备的运行性能。

(4) 控制性能比较好，控制精度比较高。

(5) 能适应复杂动作的控制设备或家用电器使用。

(6) 使控制电路具有智能化特性。

(7) 控制电路耗电少，使用寿命长。

## 4.2 AT89 单片机介绍

使用单片机对电动机实施控制虽然优点很多，但首先必须掌握单片机的性能和工作原理，还要掌握单片机的硬件知识，并根据控制系统的控制原理，对单片机进行程序设计和程序编写，把设计者的设计思维和理念通过机器语言输入单片机，单片机随即将输入的程序存储在内部的程序存储器中。在单片机工作时，单片机中的 CPU 则会按照设计者的要求逐一执行存储在程序存储器中的程序指令，并根据指令要求不断地检查单片机输入端的各种实时命令，并根据输入命令使输出口作出各种不同的反应。

### 4.2.1 单片机、数字电路、模拟电路的区别及各自的特点

(1) 数字电路或模拟电路通过把各种不同功能的数字电路或模拟器件组合起来，将多种单一的功能组合成一种新的控制功能以完成工作目的。

单片机通过内部中央处理器（CPU）的运行，完成一组逻辑功能，最后达到控制的目的。

(2) 数字电路的电路图（硬件）比较复杂，电路图一旦设计完成，则电路的控制功能就产生。如要改变控制功能，就要对电路进行重新设计。

单片机的电路图看起来比较简单，但只要通过将各逻辑功能变成程序语言输入给单片机，就能使单片机完成各种指定的工作任务。

(3) 数字电路是通过电路间的连接使相关器件共同作用来表达设计者的一种逻辑思维。

单片机是利用程序语句来表达设计者的思维。用语言直接表达设计者设计思维的器件只能是单片机，因为它能进行人机对话。

所以单片机的工作理念是其他器件所无法比拟和替代的，单片机正由于具有这种独特的性能特点和控制优势而被广泛使用，越来越成为各种控制电路的主力军。

### 4.2.2 89 系列单片机的性能

生产单片机的厂家很多，但获得使用专利的在全世界只有几个大公司。如 ATMEL 公司和 PHILIPS 公司等。本教材中选用了目前的主流单片机芯片——美国 ATMEL 公司的单片机芯片，以下就是 ATMEL 公司单片机芯片的一些硬件知识。

单片机是一种具有中央处理器 CPU，并将输入、输出接口电路、时钟电路以及存储器、运算器、控制器等部件集成在同一个芯片上的智能化器件。它具备了一个完整计算机系统所必需的基本部件。

ATMEL89 系列单片机是当今世界上使用较为广泛的一种单片机。AT89 系列单片机是 ATMEL公司 1994 年以 EEPROM 技术和 Intel 公司的 8031 单片机核心技术进行交换，从而取得 80C31 核的使用权，并将公司先进的 Flash 存储器技术和 8031 核相结合而生产出的一种新型单片机，是一种内部含 Flash 存储器的特殊单片机。适用于产品开发以及生产便携式商品、手提式仪器等方面，是目前取代传统的 MCS－51 系列单片机的主流单片机之一。

### 4.2.3 89系列单片机的特点

ATMEL89系列单片机（简称89系列单片机）是以8031核构成的，它具有以下特点：

(1) 内部含Flash存储器。89系列单片机内含Flash存储器，因此在系统的开发过程中可以十分容易地进行程序的修改，大大缩短了系统的生产成本，只要用相同引脚的89系列单片机取代8031的单片机即可。

(2) 与80C51插座兼容。89系列单片机的引脚和8031是一样的。所以，当用89系列单片机取代8031时，可以直接进行替换。

(3) 静态时钟工作方式。89系列单片机采用静态时钟工作方式，可以节省电能，这对于降低便携式产品的功耗十分重要。

(4) 错误编程亦无废品产生。早期的单片机，一旦出现错误编程就使单片机成了废品。而89系列单片机内部采用了Flash存储器，所以，错误编程之后仍可以重新编程，直到程序正确为止，故不存在造成废品问题。这就缩短了产品的开发周期，提高了经济效益。同时，在系统工作过程中，能有效地保存一些数据信息，即使外界电源损坏也不影响已保存的信息。

(5) 可反复进行系统试验。用89系列单片机设计的系统，可以反复进行系统试验。每次试验可以编入不同的程序，这样可以保证用户的系统设计达到最优。而且还可随用户的需要进行修改，使系统能不断满足用户的最新要求。

### 4.2.4 89系列单片机的主要性能

89系列单片机内部结构和8031系列单片机相近，主要性能如下：

(1) 8031CPU，实现总线控制部件。

(2) 振荡电路，全静态工作，工作频率4 MHz～24 MHz。

(3) 多个中断源，可实现智能化控制。

(4) 128×8字节内部RAM。

(5) 可编程串行通道。

(6) 15～32条并行I/O接口。

(7) 片内有1 KB～20 KB个Flash存储器，可经受1 000次的写入/擦除。

(8) 3级程序存储器保密。可以对用户的控制程序进行保密。

89系列单片机一共有8种型号，分别为AT89C1051，AT89C2051，AT89S8252，AT89C51，AT89LV51，AT89C52，AT89LV52，AT89C55。

### 4.2.5 89系列单片机的硬件资源

为了更好的学习单片机的使用技能，现在介绍AT89系列单片机内部硬件资源，并结合PROG—100编程器的编程语言进行讲解。

(1) 通用I/O口。AT89系列单片机内部有4组I/O口，它们既可以作为输出口使用，也可以作为输入口使用。

如图4—5所示为AT89C系列DIP封装的单片机I/O口及其管脚排列。识别管脚时，单片机正面向上其缺口左边第一只引脚为1脚，其余引脚从1脚起以逆时针方式排列。

由图3—1可知，4组I/O口分别是：

P0—(P07、P06、P05、P04、P03、P02、P01、P00)

P1—(P17、P16、P15、P14、P13、P12、P11、P10)

P2—(P27、P26、P25、P24、P23、P22、P21、P20)

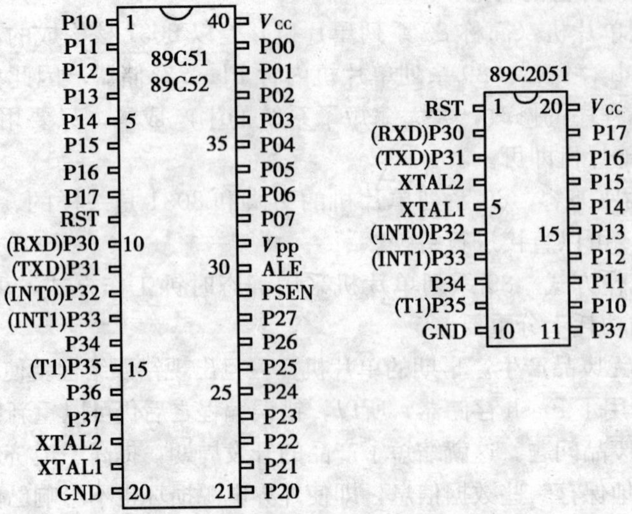


图 4—5　AT89C 系列 DIP 封装的单片机 I/O 口及其管脚排列

P3—(P37、P36、P35、P34、P33、P32、P31、P30)

由图 4—5 看出，AT89C2051 只有 P1 和 P3 口，这些 I/O 口中的每一个都可吸收20 mA电流，可以直接驱动 LED 显示器。AT89C51、AT89C52 有 P0、P1、P2、P3 口，这些 I/O 口中的每一个都可以驱动 4 个 TTL 门电路。P1、P2、P3 口均为带上拉电阻的双向 I/O 口，P0 口为漏极开路的双向 I/O 口，因此 P0 作为通用 I/O 口时，应接上拉电阻，如图 4—6 所示。

通用 I/O 口作为输入口或特殊功能口应用时，应首先对口置“1”，例如 P32 口作为中断输入口时，应先执行一条“P32＝1”程序（即 P32 置“1”），当第一次被置“1”后，以后的操作就不用再置“1”了。

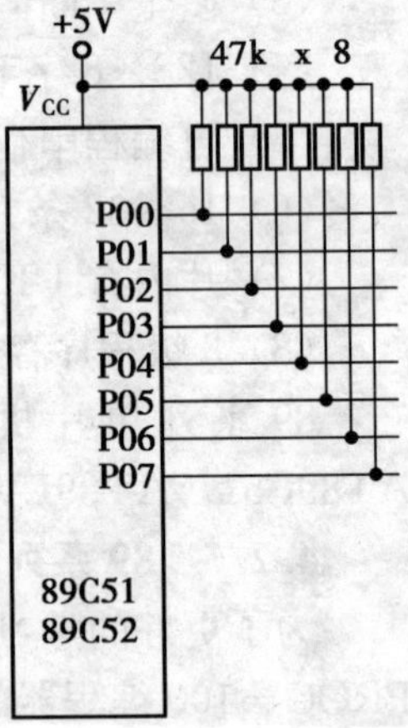


图 4—6　89C51、89C52 接上拉电阻

(2) 特殊功能口。在 AT89C2051、AT89C51、AT89C52 中，P30 和 P31 口既是通用 I/O 口，又是串行通信口，其中 P30 口为串行通信接收口（RXD），P31 是串行通信发射口（TXD）。

P32 口和 P33 口既是通用 I/O 口又是外部中断信号输入口，其中 P32 为外部中断 INT0 输入口，P33 是外部中断 INT1 输入口，当执行一条中断激活程序后（例如 INT0＝ON 或 INT1＝ON），INT0 口或 INT1 口被激活，此后，一旦它们的端口上出现负跳变脉冲时，就在脉冲的下降沿开始中断（见图 4—7）。

P35 口既是通用 I/O 口又是内部高速计数器 T1 的外部计数脉冲输入口。在 AT89C52 和 AT89C55 中，P10 口既是通用 I/O 口又是内部高速计数器 T2 的外部计数脉冲输入口。

在 AT89C1051 和 AT89C2051 中，P10 和 P11 口既是通用 I/O 口又是片内模拟比较器同相输入（P10）和反相输入（P11）口，详见图 4—8。P10 和 P11 在作为通用 I/O 口时应接上上拉电阻，如图 4—9 所示。在图 4—8 中，RT 为热敏电阻，当温度上升时 RT 阻值下降，降到一定程度时 $U_b<U_a$，P36 为 0；反之当温度上升时，$U_b>U_a$，P36 为 1，通过判别 P36 的值，可实现控制目的。调节 RP 可改变比较阀值。

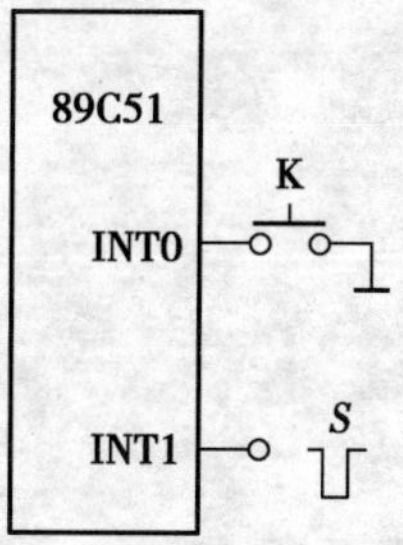


图 4—7　INT0 口和 INT1 口

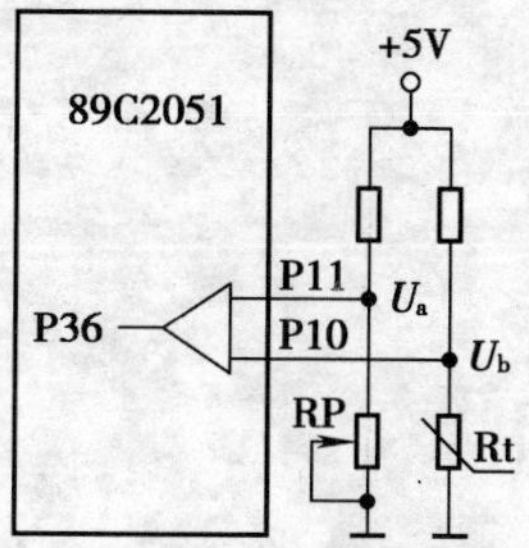


图 4—8　P10 口和 P11 口

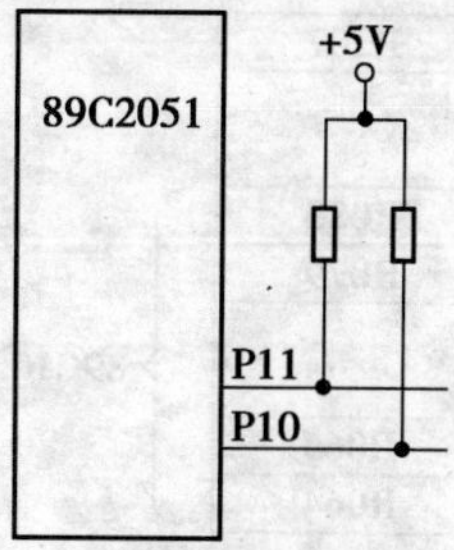


图 4—9　P10 口和 P11 口接上拉电阻

（3）高速计数器。在 AT89C2051 和 AT89C51 中有一个 16 位高速计数器 T1，在 AT89C52和 AT89C55 中除有 T1 外，还有 T2，T1 和 T2 是完全相同的。如图 4—10 所示。

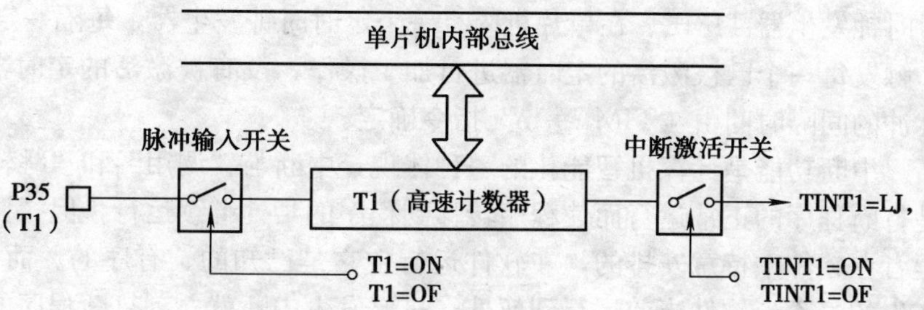


图 4—10　16 位高速计数器 T1

如图 4—10 所示，外部计数脉冲从 P35 端口输入，每一个计数脉冲的下降沿 T1 自动加 1。T1 是一个 16 位计数器，T1 的最大计数值为 65 535（十进制）或 FFFF（16 进制）或 1111111111111111（二进制）。当计数满时出现溢出，T1 自动清 0，下一个计数脉冲到来 T1 从 0 开始重新计数。

（4）程序存储器。AT89C1051 有 1 024 个（1K）8 位程序存储器，AT89C2051 有 2 048 个（2K），AT89C51 有 4 096 个（4K），AT89C52 有 8 192 个（8K），AT89C55 有 20 480 个（20K）。这些程序存储器均为电可擦写 ROM，可反复擦写 1 000 次以上，存入的程序可保存 10 年以上，并可加密以防止非法仿制者盗版。

（5）内部数据存储器（RAM）/定时器/运算器。AT89C1051 有 16 个 8 位 RAM，它们的编号为：R064～R079。AT89C2051 和 AT89C51 有 80 个 8 位 RAM，它们的编号为：R000～R079。AT89C52 和 AT89C55 有 208 个 8 位 RAM，它们的编号为：R000～R207。如图 4—11 所示。

在数据存储器中，R000 是一个特殊类型，它不但可以进行字节（并行）操作，而且还可以进行位操作，如图 4—12 所示。

R000 中有 8 个可寻址位，它们分别是 R0000、R0001、R0002、R0003、R0004、R0005、R0006、R0007，它们中的每一位都可与位寄存器 C 交换数据。

R000～R079 不仅是内存而且还是定时器。当执行一条定时器激活程序（Rn＝ON）后，Rn 就转为定时器功能开始按一定时间自动进行加 1 操作，一旦加到设定值，Rn 就停止计时

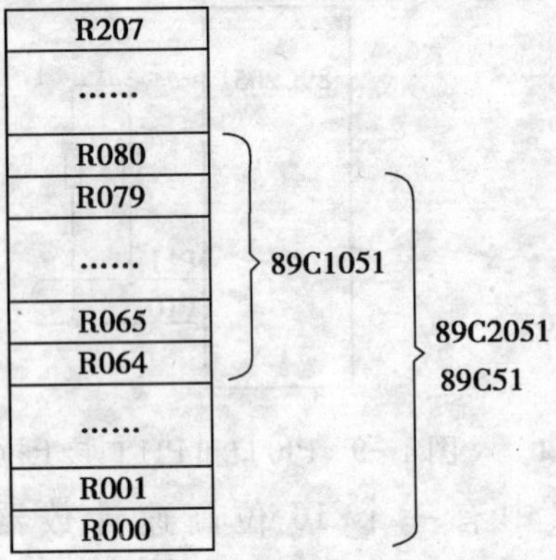


图 4—11　89C1051、89C2051、89C51 的 RAM

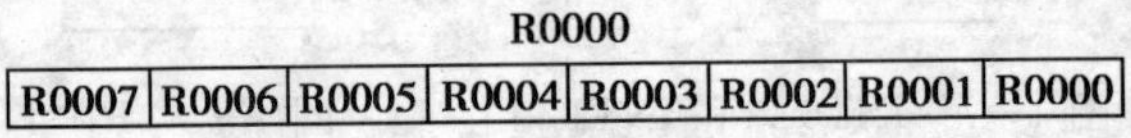


图 4—12　数据存储器 R0000

并一直保持设定值不变。

（6）定时时钟发生器 TIME。在单片机内有一个定时时钟发生器，每隔一定时间发出一个定时脉冲，触发每一个已被激活的定时器进行加 1 操作，没有被激活的定时器不进行加 1 操作。定时脉冲的间隔时间由“TIME＝m”指令确定。

（7）中断。中断功能是计算机智能化的一种体现，中断与“调用”和“跳转”有相似之处，它们都是打断程序的正常运行而使程序转移到程序的某处继续运行，但“调用”和“跳转”都是编程者在软件中特意安排的，在软件运行中它是已知的、有序的。而中断则不同，它是由硬件产生的，不论软件当前运行到何处，只要发生中断就立刻打断程序的正常运行而转移到特定的中断入口处执行用户已编好的中断服务程序，执行完后返回到被打断的正常程序处继续执行。随机性是中断的最大特点。如图 4—13 所示。

若中断程序的最后一条指令为“RET1”，则中断服务结束后，程序回到中断处的下一句继续运行。如中断程序最后一条指令为“RET0”，则中断服务结束后，程序回到主程序的第一条开始运行。

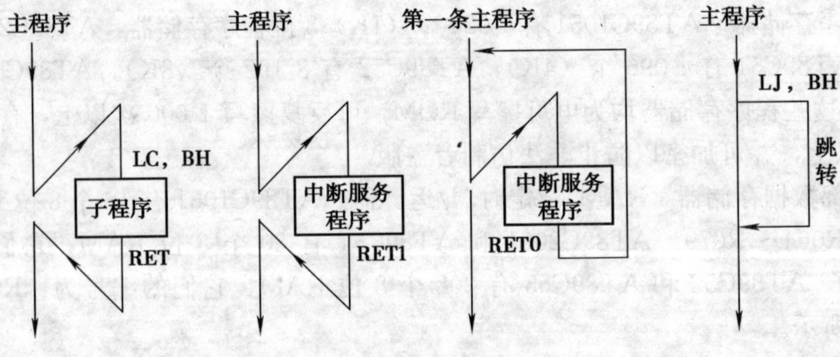


图 4—13

## 4.3　89 系列单片机的编程技能与应用技能

### 4.3.1　PROG—100 编程器介绍

PROG—100 编程器，是一种无需计算机配合的、独立型单片机编程器，使用 C—BASIC

编程语言，程序语句具有：直观、易学、易懂、易记、易设计、易编写等特点。以下详细介绍 PROG－100 编程器的有关情况。

(1) 编程器外形与输入键盘。PROG－100 编程器外形如图 4—14 所示。其外形小巧，结构紧凑，便于携带。配有一组小键盘，可以方便的进行程序语句的编写输入。液晶显示器可以直接显示键盘输入的程序语句，并可以对输入的程序进行修改。为了减小编程器的体积，输入键盘采用一键两含意的结构形式。具体功能如下：

1) 20 脚 IC 插座——用于 AT89C1051 和 AT89C2051 的用户程序的写入。

2) 40 脚 IC 插座——用于 AT89C51、AT89C52 和 AT89C55 的用户程序的写入。

3) 打印口——用于连接打印机。

4) 液晶显示器——用于显示程序和命令。可显示 16（字）×2（行）字符。

5) 软膜开关——用于输入程序和命令。

6) 电源插座——用于专用电源适配器的连接。

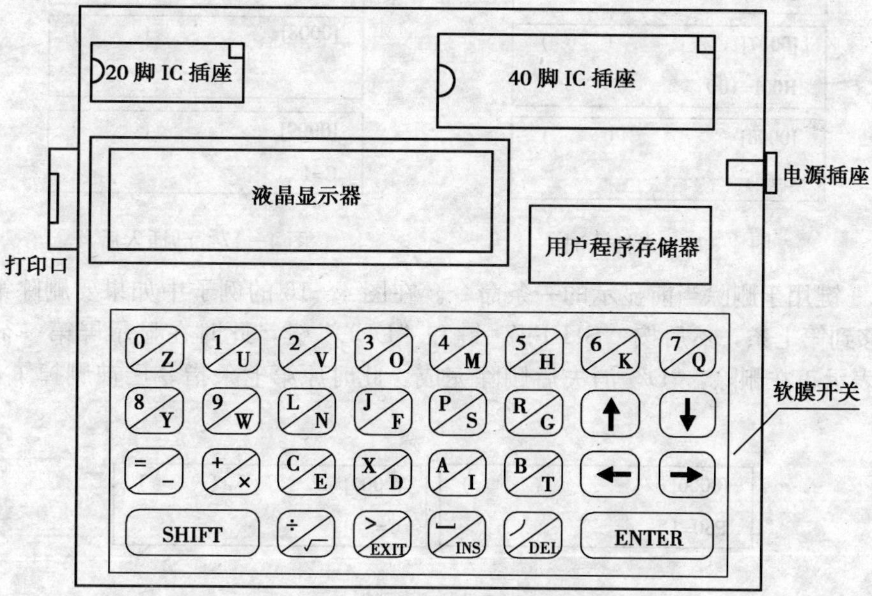


图 4—14　PROG－100 型编程器外形示意图

(2) 功能键介绍。编程器上面有 24 个数字/字符键，这些均为双功能键，可实现 48 种功能。当直接按键时，输入的为左上角功能，当用“SHIFT”键，配合时，输入的为右下角功能。

“SHIFT”键是功能转换键。

例：按“C/E”键，输入的是字符“C”。

按“SHIFT”键加“C/E”键，输入的是字符“E”。

“ENTER”键是回车键，其功能是使输入的命令或程序得到编程器的确认。

“↑”“↓”“←”“→”键用于光标的上下移动，实现显示内容的上移、下移、翻页等。

“EXIT”键用于退出编程态，其操作是：按“SHIFT”键同时按“EXIT”键就退出编程态进入命令态。退出后，自动检验用户程序末尾是否输入程序结束命令“ END”，如没有则显示如图 4—15 所示信息。

此时可按“ENTER”键退出以上操作，然后再键入“EDIT”进入编程态进行修改。

| |
|---|
| NO　　END |

图 4—15　未输入“END”命令

“INS”键用于在两条指令之间插入一条指令。图 4—16 是 3 条指令，现要在第七条指令与第八条之间插入一条指令“INT0＝ON”，首先显示第七条程序，然后按“SHIFT”键和“INS”键，此时在显示第一行的之间显示“I”，表示正在插入，“I”消失后插入完成。此时在第七条和第八条之间已插入了空程序（见图 4—17）。然后就可以将新增指令“INT0＝ON”输入到第八条空区中。

| | |
|---|---|
| [0006] | (　　) |
| P30=1 | |

| | |
|---|---|
| [0007] | (　　) |
| R001=100 | |

| | |
|---|---|
| [0008] | (　　) |
| C=1 | |

图 4—16　未插入时

| | |
|---|---|
| [0006] | (　　) |
| P30=1 | |

| | |
|---|---|
| [0007] | (　　) |
| R001=100 | |

| | |
|---|---|
| [0008] | (　　) |
| | |

| | |
|---|---|
| [0009] | (　　) |
| C=1 | |

图 4—17　已插入后

“DEL”键用于删除当前显示的一条命令。在图 4—16 的例子中如果要删除第七条，首先将显示移到第七条，然后按“SHIFT”键和“DEL”键，此时在显示屏第一行的之间显示“D”，表示正在删除，“D”消失后删除完成。此时原第七条指令已被删掉了，如图 4—18 所示。

| | |
|---|---|
| [0006] | (　　) |
| P30=1 | |

| | |
|---|---|
| [0007] | (　　) |
| C=1 | |

图 4—18　已删掉后

### 4.3.2　编程器的连接和启动

将专用电源的直流输出端插头插入编程器的电源插座中，再将电源的 220 V 交流插头插入交流电。1 s 后，编程器显示如图 4—19 所示，表示编程器初始化良好，可以进行下一步操作。

如插上电源后无任何反映，则应检查电源是否完好。首先检查电源上的红色指示灯是否亮起，然后用万用表测量电源的输出端的电压，应大于 15 V，而且插头的插孔为正极。

| | |
|---|---|
| PROG–100 | OK ■ |

图 4—19　命令态

### 4.3.3　编程器的工作状态

PROG—100 编程器有两种工作状态。一种为命令态，一种为编程态。

(1) 命令态。当编程器启动完成后就进入如图 4—19 所示的命令态。

在命令态下可使用以下 5 条命令：“EDIT”进入编程态，“MOVE”传送用户程序到单片机，“TEST”检验用户程序对错，“CLEAR”清除用户程序，“PRINT”打印用户程序。

（2）编程态。在命令态下键入“EDIT”且回车后，编程器进入编程态，编程态的显示特征如图 4—20 所示。

程序号。是程序的序号，它共有四位，例如“0001”表示第一条程序，“0326”表示第 326 条程序。PROG－100 编程器最多可编 1 559 条程序。

标号。是用户给某条程序起的名字。跳转指令和调用指令均需用标号。在键盘中，除“EXIT”键、“INS”键、“DEL”键、“$\sqrt{\quad}$”键外，其他数字/字符键都可以用作标号（详见图 4—21）。

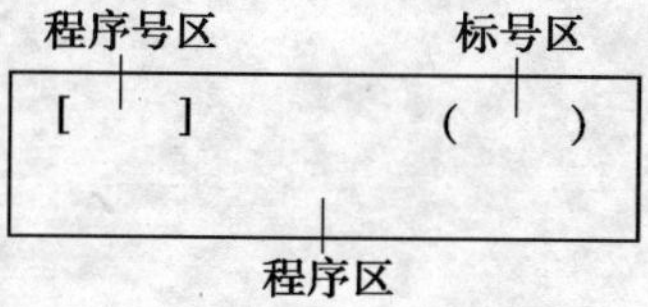

图 4—20　进入编程态

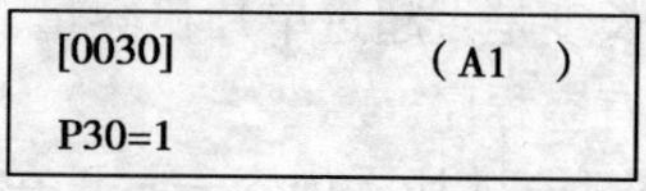

图 4—21　显示第 30 条程序

图 4—21 显示：本程序为第 30 条，标号为“A1”，程序为“P30＝1”。

### 4.3.4　PROG－100 编程器的操作命令

（1）编写程序命令。命令格式：在输入“EDIT”字母后回车（ENTER 键），显示屏显示第一条程序（见图 4—22）。或在“EDIT”空 1 格，加［4 位程序号］，显示屏则显示该程序号所代表的程序。

例：在“EDIT”空 1 格后输入“0030”，回车确认，显示屏显示如图 4—21 所示内容。

该编程器中，第一条至第五条程序是用于中断设定的固定程序，如图 4—22 所示，用户只能在“,”号的后面进行编写，而不能对逗号左面的内容任意修改。其中第［0001］条为外部中断 INT0 设定，第［0002］条为外部中断 INT1 设定，第［0003］条为高速计数器 TINT1 中断设定，第［0004］为高速计数器 TINT2 中断设定，第［0005］条为串行通信中断 SINT 设定。

用户程序从第六条开始编程，用户可以用“↓”和“ENTER”键进行翻页，翻到第六条时开始输入程序语句。

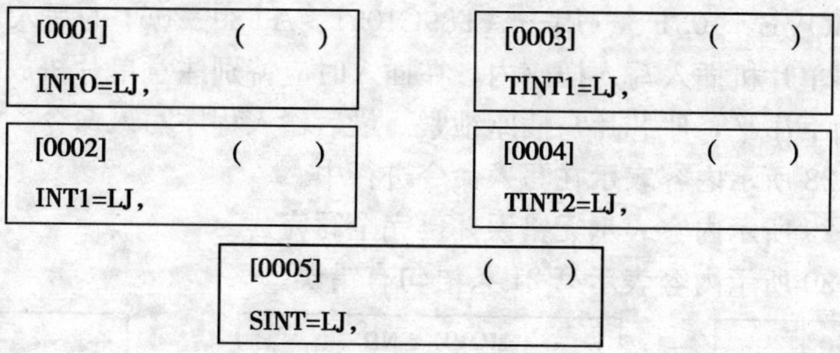

图 4—22　第一至第五条程序

（2）清除程序命令。命令格式：CLEAR→回车（“ENTER”键）。输入该命令后，将清除编程器用户程序存储器中已存入的用户程序。

键入“CLEAR”并回车后，显示器显示如图 4—23 所示的内容。2 s 之后，显示内容回到命令态，表示已清除完毕。

(3) 检验程序命令。

命令格式：TEST　1　（表示检验 AT89C1051 单片机）

TEST　2　（表示检验 AT89C2051 单片机）

TEST　4　（表示检验 AT89C51 单片机）

TEST　8　（表示检验 AT89C52 单片机）

TEST　20　（表示检验 AT89C55 单片机）

输入以上某条命令后，可对用户已编写好的程序进行检验。检验的主要内容有：

1）标号是否正确。

2）程序长度是否超过单片机容量。

3）是否有空程序。

显示如图 4—24 所示内容表示正在检验中。

```
CLEAR......
```

图 4—23　清除命令

```
TESTING......
```

图 4—24　正在检验

显示如图 4—25 所示内容表示检验完后无错误。

显示如图 4—26 所示内容表示标号未输入或有空程序。

显示如图 4—27 所示内容表示程序超长或无结束指令。

```
     TEST    END
[0001]    →    [0013]
```

图 4—25　检验完后无错误

```
          TEST
[0012]              ERR
```

图 4—26　标号未输入或有空程序

```
            TEST
PRO>[0190]            ER
```

图 4—27　程序超长或无结束指令

当检验出错误后，可按“ENTER”键返回到命令态，然后再键入“EDIT”进入编程态进行修改。

(4) 程序写入命令。

命令格式：MOVE　51　（用于 AT89C51、AT89C52、AT89C55 的写入）

MOVE　1051　（用于 AT89C1051、AT89C2051 的写入）

方法：首先将单片机插入写入插座内，在插入时应特别注意单片机放平，缺口向左，然后将插座的锁杆向下压平，使芯片与插座锁紧。最后输入程序写入命令。

显示如图 4—28 所示内容表示在写入命令进行中。

显示如图 4—29 所示内容表示无错误并已完全写完。

显示如图 4—30 所示内容表示第 21 条语句有错误。

```
MOVING......
```

图 4—28　写入命令进行中

```
     MOVE  END
[0001]    →    [0030]
```

图 4—29　无错误并已完全写完

```
          MOVE
[0021]              ERR
```

图 4—30　第 21 条语句有错误

发现错误后按“ENTER”键返回到命令态，然后用“TEST”命令对程序检验，修改错误后再次写入。如检验无错误，则可能是单片机没有插好。

### 4.3.5 PROG－100 编程器编程语言

要正确掌握 PROG－100 编程器的编程技能，还要了解 PROG－100 编程器编程语句的编写规则。

4.3.5.1 指令规则

（1）指令语句分为单句和复句。单句用“＝”或“＋”“－”“×”“÷”“$\sqrt{\ }$”号作为联系符。复句用“，”作为联系符。

（2）以“＝”号联系的单句指令为主从结构，其中等号左边为主句，等号右边为从句，从句依附于主句为主句服务的。

例：P30＝1　　（I/O 口“P30”置 1）

R027＝035　（内存“R027”置十进制数值“35”）

R111＝P3　（I/O 口“P3”的内容传给内存“R111”）

（3）以“，”号联系的复句为条件跳转结构，其中逗号左边为条件句（条件句均是由单句组成），逗号右边为跳转目的标号。条件跳转指令的基本意义是：“如果条件为真，就跳转到逗号右边标号所定义的程序处执行，否则继续执行下一条指令”。

例：

```
     P30=1，A1   ──┐
     P21=0         │
     R020=R001     │
     …             │
     …             │
A1   R003=ON   ←──┘
     P21=1
     …
     …
```

（如果 P30 是 1 就跳到 A1 处执行 R003＝ON 一句，否则执行下一条句“P21＝0”。）

（4）在程序中“1”代表高电平，“0”代表低电平。

（5）输入的指令语句只有键入“ENTER”键或用“↑”和“↓”键，实现显示内容翻页之后，当前输入的语句才能被编程器确认并被存储，如果输入的指令语句有错误或违反了编程规则，编程器将不予确认，并使光标返回到指令语句首位，用以提示操作者进行修改。

确认后的标志是：程序区的最后一位显示“※”号，如图 4—31 所示。

4.3.5.2 PROG－100 编程器的程序语言

AT89 系列单片机的编程，可以采用汇编语言进行程序的编程，也可以使用 C 语言进行编程。PROG－100 编程器使用的是 C－BASIC 专业编程语句。

| | |
|---|---|
| [0030] | (　　) |
| R010=020 | ※ |

图 4—31　确认后的标志

PROG－100 编程器编程指令语句具有以下优点：

（1）语句表意直观。如表达“令 P1.7 口输出高电平”一句含意，汇编语言为：SETB P1.7。而编程器的语句为：P17＝1。不难看出，后者的表达比前者的表达更加明了和清晰。C－BASIC 语句的设计理念就是使编程语句与单片机的逻辑功能相接近，以提高编程者的编程速度。所以特别适合应用于学校教学和产品开发设计等。

（2）无需对特殊功能口的使用地址进行设定。在汇编语句中，当要使用外部中断

INT0、INT1，或是使用高速计数器中断 TINT1、TINT2，或是使用串行通信中断 SINT，首先要对其进行设置，并要对其运行地址进行设定，才能使中断程序正常运行。而 PROG—100 编程器的编程语句中无需这些设定要求，所以编程时比较方便，也比较好掌握。

(3) 采用少数字母表示复杂语句。如汇编语言中的调用指令为“ACALL”，而编程器的指令为“LC”。

(4) 编程语句简单。如汇编语言中，有 3 种跳转指令，即绝对转移 AJMP，长转移 LJMP，短转移 SJMP。本编程器的语句中只有一种跳转指令“LJ”。

4.3.5.3 PROG—100 编程器的使用实例

(1) 接通电源，编程器应出现如图 4—19 所示的图形。

(2) 进入编程状态。左手食指按下“SHIFT”键，同时右手食指分别按下“E、D、I、T”4 个键，编程器应出现如图 4—20 所示的图形。此时显示屏上显示［0001］句程序。

(3) 如使用中断指令，可在［0001］～［0005］句的“,”后面进行编程。

(4) 从第 6 句开始编入已预先编写好的程序。在编写过程中，如误输入错误字符，可用“DEL”键进行删除。在程序的最后一句一定要输入“END”。

(5) 编程返回。编程结束后，同时按下“SHIFT”键和“EXIT”键，显示屏显示如图 4—19 所示的初始状态。

(6) 检验程序。每次程序输入结束后都要对所编写的程序进行检验，分别按下“T、E、S、T”键，空 1 格输入“2”，最后按下“ENTER”（回车）键，屏幕显示如图 4—24、4—25 所示图形。

(7) 分别输入“M、O、V、E”键，空 1 格输入“1051”。再将 AT89C2051 放入编程器插座中，压下插座压杆，然后按下“ENTER”（回车）键。屏幕应显示如图 4—28、4—29 所示图形。

### 4.3.6 AT89 系列单片机的编程训练

4.3.6.1 单片机实现双稳态触发器功能的编程练习

图 4—32 是用单片机做成的双稳态触发器电路。该电路的功能与 CD4013 数字电路的功能相同。图中单片机的 P17 口相当于 CD4013 的正输出端，P16 口相当于 CD4013 的负输出端。

(1) 电路功能

1) 通电后，VD2 亮起、VD3 熄灭。

2) 按下 S1 按钮，VD1 亮、VD2 熄灭、VD3 亮起。

3) 放开按钮 S1，VD1 熄灭、VD2 仍然熄灭、VD3 仍然亮。

4) 再次按下 S1 按钮，VD1 亮、VD2 亮起、VD3 熄灭。此时 VD2、VD3 的状态与 1) 时相同。

5) 放开按钮 S1，VD1 熄灭、VD2 仍然亮起、VD3 仍然熄灭。

S1 每按下一次，VD2 与 VD3 状态互换一次，同时 VD1 亮一次。

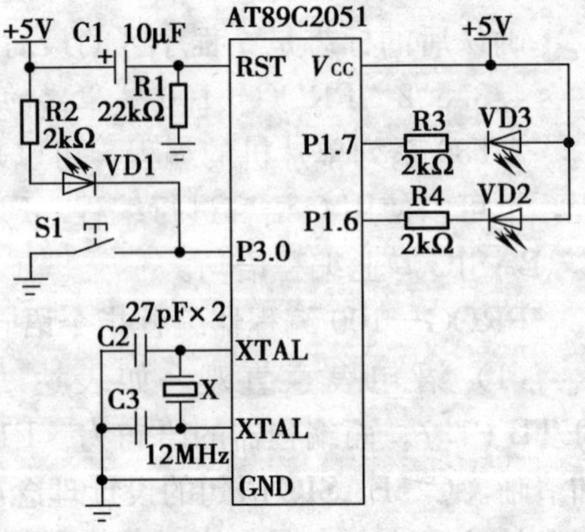

图 4—32 单片机的双稳态触发器电路

（2）编程构想

S1↓（奇数次按下）→VD1 亮→P3.0↓ →P16↑ → VD2 灭。
　　　　　　　　　　　　　　　　　→P17↓ → VD3 亮。

S1↓（偶数次按下）→VD1 亮→P3.0↓ →P16↓ → VD2 亮。
　　　　　　　　　　　　　　　　　→P17↑ → VD3 灭。

（3）单片机主程序方框图。图 4—33 为图 4—32 电路的单片机主程序编写方框图。

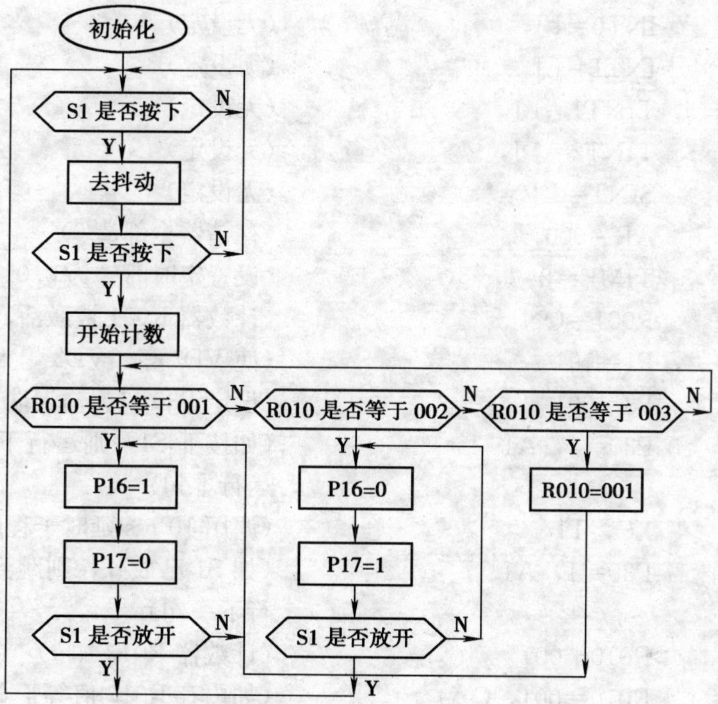


图 4—33　图 4—32 电路的单片机主程序编写方框图

（4）实现图 4—32 所示电路功能需使用以下编程指令。

传送指令：

1）Rn＝Pm　　　　（表示 I/O 口内容传给内存）

2）Pmm＝1（0）　（单 I/O 口置“1”或置“0”）

3）Pm＝K　　　　（十进制数传给 I/O 口）

调用、跳转指令：

1）LC，BH　　　　（调用 BH 标号处的子程序）

2）RET　　　　　（子程序返回指令）

3）LJ，BH　　　　（跳到 BH 标号处继续运行）

条件跳转指令：

Pmm＝1，BH　　　（如单 I/O 口是 1，则跳到标号处运行，否则运行下一条指令）

设定指令：

1）Rn＝ON　　　　（激活 Rn 定时器）

2）TIME＝0　　　　［12÷主频（晶振）×50 000＝定时器时钟 0.05 s］
3）TIME＝1　　　　［12÷主频（晶振）×5 000＝定时器时钟 0.005 s］
4）TIME＝2　　　　［12÷主频（晶振）×10 000＝定时器时钟 0.01 s］
5）TIME＝3　　　　［12÷主频（晶振）×1 000＝定时器时钟 0.001 s］

运算指令：

Rn＋K　　　　（Rn 内容加某一数值）

（5）图 4—32 电路程序清单。图 4—32 单片机的双稳态触发器电路程序清单如下：

| | | | |
|---|---|---|---|
| [0001] | | INT0＝LJ， | （无设定） |
| [0002] | | INT1＝LJ， | （无设定） |
| [0003] | | TINT1＝LJ， | （无设定） |
| [0004] | | TINT2＝LJ， | （无设定） |
| [0005] | | SINT＝LJ， | （无设定） |
| [0006] | | AR＝000 | （存储器全部清 0） |
| [0007] | | TIME＝2 | （设置定时时钟为 0.01 s） |
| [0008] | | R001＝ON | （计数器 R001 被激活，用作定时器） |
| [0009] | | P1＝191 | （使 VD2 亮、VD3 熄灭） |
| [0010] | | P3＝001 | （设定 P30 口为输入端） |
| [0011] | A1 | P30＝1，A1 | （如按下 S1，则运行下一句，否则继续运行本句） |
| [0012] | | LC，T1 | （调用 10 ms 延时子程序） |
| [0013] | | P30＝1，A1 | （如 S1 已放开，则跳到 A1 处，否则运行下一句） |
| [0014] | | R010＋001 | （计数器 R010 加 1） |
| [0015] | | R010＝001，OA1 | （如内存 R010 值等于 001，则跳到 OA1 处，否则运行下一句） |
| [0016] | | R010＝002，OA2 | （如内存 R010 值等于 002，则跳到 OA2 处，否则运行下一句） |
| [0017] | | R010＝003，OA3 | （如内存 R010 值等于 003，则跳到 OA3 处，否则运行下一句） |
| [0018] | | LJ，AA1 | （跳回 AA1 处运行） |
| [0019] | OA1 | P17＝0 | （令 P17 口为 0，使 VD3 亮起） |
| [0020] | | P16＝1 | （令 P16 口为 1，使 VD2 熄灭） |
| [0021] | | P30＝1，A1 | （如 S1 按钮已放开，则跳回 A1 处） |
| [0022] | | LJ，OA1 | （如 S1 仍按下，则跳到 OA1 处） |
| [0023] | OA2 | P17＝1 | （令 P17 口为 1，使 VD3 熄灭） |
| [0024] | | P16＝0 | （令 P16 口为 0，使 VD2 亮起） |
| [0025] | | P30＝1，A1 | （如 S1 按钮已放开，则跳回 A1 处） |
| [0026] | | LJ，OA2 | （如 S1 仍按下，则跳到 OA2 处） |
| [0027] | OA3 | R010＝001 | （令内存 R010 值为 001） |

```
[0028]          LJ, OA1                (跳到 OA1 处执行)
[0029] T1       R001＝000              (10 ms 定时子程序。首先使计数器
                                        R001 清 0)
[0030] T1A      R001＝002, T1B         (如计数值为 10 ms，就跳到 T1B 处)
[0031]          LJ, T1A                (如计数值未到 10 ms，则跳回 T1A 处)
[0032] T1B      RET                    (调用返回)
[0033]          END                    (结束)
```

(6) 图 4—32 所示电路的 C－BASIC 程序含义及编程理念。

1）初始化的工作（第 6 句～第 10 句）。

通电后，经过＋5V 电源对 C1 的充电以及 R1 对 C1 的放电作用后，即完成单片机的清零工作，然后进入下面内容。

第一，使用“AR＝000”语句，对所有内存清“0”，这一句清 0 语句可以替代数个分别对某个定时器的清 0 语句，如 R001＝000、R002＝000 等。

第二，设置定时器时钟。根据设计需要，程序中需用到一个 10 ms 定时器，作为按键时的“去抖动”之用。在编写定时器子程序时，定时时钟决定着定时器中的计数值。在 PROG－100编程器中有三个定时时钟适合编写 10 ms 定时器之用：①TIME＝1，表示定时时钟为 5 ms；②TIME＝2，表示定时时钟为 10 ms；③TIME＝3，表示定时时钟为 1 ms。三种设置效果相同，任取其中之一均可，只是编写定时器子程序中的计数值是不同的。

第三，确定定时器。定时器是单片机中的 RAM 存储器，将其“激活”而得到。在 AT89C2051中有 80 个 RAM 存储器，它们既能作为计数器使用，又能作为定时器使用，所以选其中任何一个 RAM 都可以。如果选用 R001，则应将其进行激活，即：R001＝ON。当某个内存被激活，就意味着那个内存已确定作为定时器使用，否则内存可作为计数器使用。

第四，设定 P1 口值和 P3 口值。如图 4—32 所示是一个单片机的仿 CD4013 双稳态逻辑功能电路，在通电后需要使 VD2 亮、VD3 灭，然后通过 S1 的控制动作指令使 VD2 与 VD3 的状态进行交换而实现双稳态功能。所以在通电后必须要将单片机的 P1.6 口设定为低电位，使 VD2 两端产生电压差而形成导通电流，使 VD2 亮起。与此同时，P1.7 口应为高电位，使 VD3 反相截止而熄灭。在本电路中，P1 口中使用了两个 I/O 口，就是 P1.6 口和 P1.7 口。在设定 P1 口状态时，可以直接对这两个口进行设定，而其他口可以不考虑。如：P16＝0、P17＝1。还有一种方法就是对 P1 口进行统一设定（总设定），设定时也只要考虑电路中已被使用的 I/O 口。统一设定（总设定）就是：将某几个 I/O 口的“8421”码值加在一起，或从总值 255（十进制数）中减去某几个 I/O 口的“8421”码值之和即可。在 P1 口中，P1.7 口的“8421”值是 128；P1.6 口的“8421”值是 64；P1.5 口的“8421”值是 32；P1.4 口的“8421”值是 16；P1.3 口的“8421”值是 8；P1.2 口的“8421”值是 4；P1.1 口的“8421”值是 2；P1.0 口的“8421”值是 1。具体设定时，如以 P1.6 口为主来看，即将 255 减去 P1.6 口的值“64”，即语句为：P1＝191。其意思是：只让 P1.6 口为低电位，其余 6 个口跟 P1.7 口一样，都为高电位。如以 P1.7 口为主来看，即只取 P1.7 口的值“128”，即语句为：P1＝128。其意思是：只让 P1.7 口为高电位，其余 6 个口跟 P1.6 口一样，都为低电位。这两种设定语句都能使用，效果一样。

在图4—32中，单片机的P3.0口作为输入端使用。在单片机程序中，要使单片机的某个端口设定为输入端，必须首先将该端口设定为高电位，这样当单片机在运行时，CPU才会访问该端口。所以根据程序需要，需将P3.0口设定为高电位，以此告诉单片机：“P3.0口设为输入端”。在如图4—32所示电路中，除P3.0口作为输入端外，其余端口不用，故不作考虑。设定P3.0口为高电位有两种方法。一是只设定P3.0口这单独一个口，还有就是设定P3口中的所有I/O口。单一口设定时，即语句为：P30＝1。二是对P3口进行总设定，设计理念与P1口的总设定基本相同。最后语句为：P3＝001。在本程序中两种设定方法都可以使用，但提倡使用“总设定”的设定方法。

2）S1的按键动作（第11句～第13句）。

从标号［0010］至标号［0027］为主程序。

单片机电路接通电源后，单片机中的中央处理器——CPU，会根据程序设计，不断地对各个输入口进行访问，以便及时接受输入端的控制指令，并根据各输入口的控制信号（电压变化量），来判断是不是控制信号。在该电路中，只有P3.0口一个输入口，同样CPU也会不断地访问P3.0口的电压值变化。如S1没有按下，则不断执行第10句程序；如已按下S1，则P3.0口变成低电位。根据电路图原理，在程序设计中应规定P3.0口为低电位有效控制。然后CPU根据程序设计安排，去判断P3.0口是否是干扰信号，或是由于按钮的接触不良而造成的误触发信号。干扰信号一般持续时间较短，为几毫秒。按钮接触不良的误触发信号的持续时间也比较短。排除干扰信号的方法，是使用一个比干扰信号持续时间长数倍的时间值，来遮盖住干扰信号。当遮盖时间结束后，如P3.0口仍出现一个有效控制信号，则可以断定：这是真实的控制信号。这种排除干扰信号和按钮接触不良故障的方法，也称为“去抖动”。在本程序中以及本书以后介绍的程序中，都要使用这种方法。在本程序中，遮盖用的时间值取10 ms。具体语句是第11～13句，其含义为：如S1按下为有效，就延时10 ms时间对P3.0的访问活动作暂时停止。10 ms后如P3.0口仍然是一个有效控制信号，则CPU会认为S1的按下动作是真实有效的。于是CPU进入其工作内容，完成其工作任务。

3）S1按下的奇、偶数次判断（第14句～第18句）。

为了达到使用一个按键实现两种功能的目的，要对S1的按下次数进行计数，即对S1的按键动作进行奇、偶数次的判断。因为R001已被使用，计数器可以在R002～R080的79个RAM（内存）中选择一个。如在程序中选择了“R010”作为S1的按下次数的计数器，当S1第一次按下后，R010计数器就加“1”，然后单片机中的CPU会询问R010计数器的值是多少，此时R010计数器值应该是“001”，然后去执行“001”的工作任务。如果S1第二次按下，则R010计数器就第2次加“1”，然后CPU再次询问R010计数器的值是多少，应为“002”，然后去执行“002”的工作任务。如果S1第三次按下，则R010计数器进行第3次加“1”，其结果R010计数器值应为“003”。由以上计数器的累加、CPU的询问可看出：S1每按下1次，单片机中的CPU都要询问R010计数器，以便根据R010计数器中的计数值，去执行不同的工作内容。

4）S1奇数次按下的工作内容（第19句～第22句以及第27句和28句）。

当CPU访问到R010计数器值为“001”，即开始做与其相应的工作。首先使P1.6口变为高电位，使VD2熄灭；同时使P1.7口变为低电位，使VD3亮起。这就完成了S1的奇数次按下的工作任务，这工作任务的性质就是使 VD2 与 VD3 的状态进行互换（转换）。

当 VD2 与 VD3 的工作状态转换后，要及时告诉 CPU，此时 S1 的按键动作有没有结束。如果还没结束（即按下 S1 的手还没放开），则 CPU 继续执行 P16＝1、P17＝0 程序。如果 S1 的按键动作已结束（手已放开），则回到主程序的开始处执行“A1”。此时，P1.6 口与 P1.7 口的工作性质没有改变，所以它们的状态不变。

以上 CPU 对 S1 按下动作的不断访问，是十分重要的。因为单片机的运行速度很快，只有几微秒时间就能运行一句程序语句。当操作者按下 S1 并观察 VD2 与 VD3 的变化时，单片机已经又开始了新一轮的工作，又会对 R010 计数器进行加“1”，这时 R010 计数器中的计数值已不是“001”而是“002”，“002”是属于偶数次按下，执行的不是同一个工作任务。这样，单片机输出端的输出状态就会出现错误。单片机运行中，前一个工作内容与后一个工作内容之间只有几微秒时间，几微秒时间是无法驱动 VD2 与 VD3 的亮与灭的。考虑到在程序中加入了 10 ms 的“去抖动”程序，所以前一个工作内容与后一个工作内容之间就有 10 ms，但是 10 ms 的时间同样是无法驱动 VD2 与 VD3 的亮与灭的。可见，在程序中加入按键动作的访问程序，是十分必要的。告知单片机按键状况的语句为［0021］句和偶数次工作中的［0025］句。

S1 第三次按下属于奇数次动作，所以单片机应执行“R010＝001”的工作任务，首先是使 R010 计数器值为“001”，然后执行“R010＝001”的工作任务。具体语句为：OA3 R010＝001；LJ，OA1。

5）S1 偶数次按下的工作内容（第 23 句～第 26 句）。

当 S1 第 2 次（偶数次）按下后，CPU 访问的结果应是“R010＝002”，于是执行偶数次的工作任务。偶数次的工作任务是：CPU 令 P1.6 口为低电位，使 VD2 亮起，语句为“P16＝0”；同时令 P1.7 为高电位，使 VD3 熄灭，语句为“P17＝1”。此时，实际上是恢复到通电时的 VD2 与 VD3 的工作状态之中了。

当 VD2 与 VD3 的工作状态转换后，同样要及时告知单片机 S1 的按键动作有没有结束。如果还未结束（即手还按着 S1），则继续执行 P16＝0、P17＝1 的工作程序。如果 S1 已放开则偶数次工作结束，回到“A1”处。

6）10 ms 定时器（第 29 句～32 句）。

从 28 句至 31 句为一组 10 ms 的定时器子程序。在该组程序中，作为定时器的 R001 值主要取决于定时时钟的设置。如果定时时钟设置为“TIME＝3”语句，表示定时时钟是 1 ms。则 R001 的计数值应为“10”，意思是对 1 ms 进行连续累加了 10 次，即 1 ms×10＝10 ms，语句为“R001＝010，……”。如果定时时钟设置为“TIME＝2”语句，表示定时时钟是 10 ms。则 R001 的计数值应为“1”，意思是对 10 ms 只要进行 1 次加入，即 10 ms×1＝10 ms，语句为：“R001＝001，……”。

7）程序结束。在程序的最后必须有一句“END”语句，以告知单片机：程序结束，否则编程器将无法进行检验和写入工作，单片机也无法运行。

（7）图 4—32 电路汇编语言程序清单。为了提高教学效果，本书中先让学生学习 C－BASIC 编程语言，待掌握一定的编程技能以后，就可以开始对汇编语言的学习。下面是用汇编语言编写的图 4—32 电路的单片机控制程序清单，语句含义可参考相关书籍。

```
[0001]         ORG    0000H
[0002]         AJMP   MAIN
[0003]         ORG    0030H
[0004] MAIN：  MOV P1，#191           (将十进制数“191”送入 P1 口)
[0005]         MOV P3，#001           (将十进制数“001”送入 P3 口)
[0006]    A1： JB P3.0，A1
[0007]         ACALL 10MS
[0008]         JB P3.0，A1
[0009]         INC R3                 (R3 内存加 1)
[0010]   AA1： CJNE R3，#001，OA1
[0011]         CJNE R3，#002，OA2
[0012]         CJNE R3，#003，OA3
[0013]         AJMP AA1
[0014]   OA1： SETB P1.6              (P1.6 口置 1，使 VD2 熄灭)
[0015]         CLR P1.7               (P1.7 口置 0，使 VD3 亮起)
[0016]         JB P3.0，A1
[0017]         AJMP OA1
[0018]   OA2： SETB P1.7              (P1.7 口置 1，使 VD3 熄灭)
[0015]         CLR P1.6               (P1.6 口置 0，使 VD2 亮起)
[0016]         JB P3.0，A1
[0017]         AJMP OA2
[0019]   OA3： MOV R3，#001
[0015]         AJMP OA1
[0016] 10 MS： MOV R6，#100           (如使用 12 MHz 晶振)
[0017]    D1： MOV R7，#50
[0020]    D2： CJNZ R7，D2
[0021]         CJNZ R6，D1
[0022]         RET
[0023]         END                    (程序结束)
```

(8) 图 4—32 电路程序的改进。以下程序是对上文中 C—BASIC 程序的改进程序，观察两个程序有何区别，从而进一步加深对C—BASIC编程语句的领会，进一步加深对编程思路的理解。

```
……
……
……
[0019] OA1     P16=1，OA1B      (如 P16 口为高电位，则跳到 OA1B 处)
[0020] OA1A    AP16=1           (否则 P16 口置 1)
[0021]         P17=0            (P17 口置 0)
[0022]         P30=1，A1        (如 S1 按钮放开，则跳回 A1 处)
```

| | | | |
|---|---|---|---|
| [0023] | | LJ，OA1A | （如 S1 仍按下，则跳到 OA1A 处） |
| [0024] | OA1B | P16＝0 | （P16 置 0） |
| [0025] | | P17＝1 | （P17 置 1） |
| [0026] | | P30＝1，A1 | （如 S1 按钮已放开，则跳回 A1 处） |
| [0027] | | LJ，OA1B | （如 S1 仍按下，则跳到 OA1B 处） |
| [0028] | OA2 | P17＝1，OA2B | （如 P17 为高电位，则跳到 OA2B 处） |
| [0029] | OA2A | P17＝1 | （令 P17 口为 0） |
| [0030] | | P16＝0 | （令 P16 口为 1） |
| [0031] | | P30＝1，A1 | （如 S1 按钮已放开，则跳回 A1 处） |
| [0032] | | LJ，OA2A | （如 S1 仍按下，则跳到 OA2A 处） |
| [0033] | OA2B | P17＝0 | （P17 置 0） |
| [0034] | | P16＝1 | （P16 置 1） |
| [0035] | | P30＝1，A1 | （如 S1 按钮已放开，则跳回 A1 处） |
| [0036] | | LJ，OA2B | （如 S1 仍按下，则跳到 OA2B 处） |
| [0037] | OA3 | R010＝001 | （令 R010 为 001） |
| [0038] | | LJ，OA1 | （跳到 OA1 处执行） |
| [0039] | T1 | R001＝000 | （计时器 R001 清 0） |
| [0040] | T1A | R001＝001，T1B | （如延时到 10 ms，就跳到 T1B 处） |
| [0041] | | LJ，T1A | （如延时不到 10 ms，则跳到 T1A 处） |
| [0042] | T1B | RET | （调用返回） |
| [0043] | | END | （结束） |

提示：以上改进程序的特点是，在每次工作（做功）之前，首先询问一下当前的工作状态，如果当前工作状态与将要执行的工作状态不同，则程序继续往下运行；如果当前工作状态与将要执行的工作状态相同，则必须执行相反的工作内容。如，当前是 VD3 灭、VD2 亮，则程序运行后应为 VD3 亮、VD2 灭。又如，当前是 VD2 灭、VD3 亮，则程序运行后应为 VD2 亮、VD3 灭。这种程序设计理念，就是让输出端的两个状态进行准确的转换，从而有助于提高单片机电路的工作可靠性。

4.3.6.2　单片机实现音频振荡器功能的编程练习

如图 4—34 所示是用单片机做成的音频振荡器电路图。

该电路的功能与用 CD4011 及用数字电路 4069 组成的音频振荡器电路的功能效果是相同的。

（1）电路功能

1）通电后 BL 无声。

2）按下 S1 按钮，VD1 亮，BL 发出 1 kHz 音频声。

3）放开按钮 S1，VD1 熄灭，BL 仍然发出 1 kHz 音频声。

4）再次按下 S1 按钮，VD1 亮，BL 音频声停止。

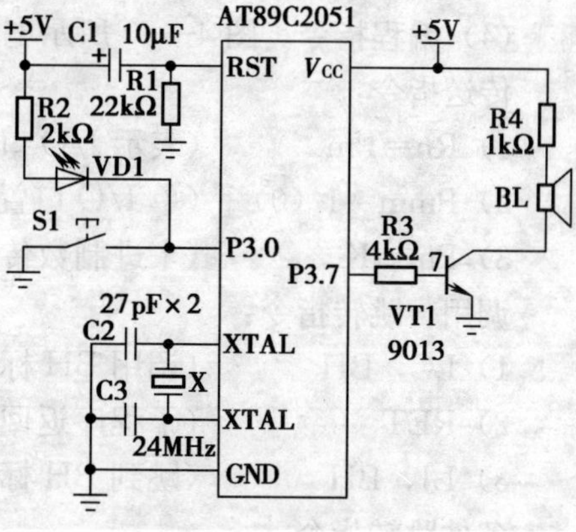

图 4—34　单片机的音频振荡器电路图

5）放开按钮 S1，VD1 熄灭、BL 仍然无声。

（2）编程构想

S1 按下（奇数次）↓→VD1 亮→P3.0↓→P37 输出音频信号→BL 响。

S1 按下（偶数次）↓→VD1 亮→P3.0↓→P37 无音频信号→BL 无声。

（3）出单片机程序方框图。图 4—35 为图 4—34 电路主程序方框图，如图 4—36 所示为音频子程序方框图。

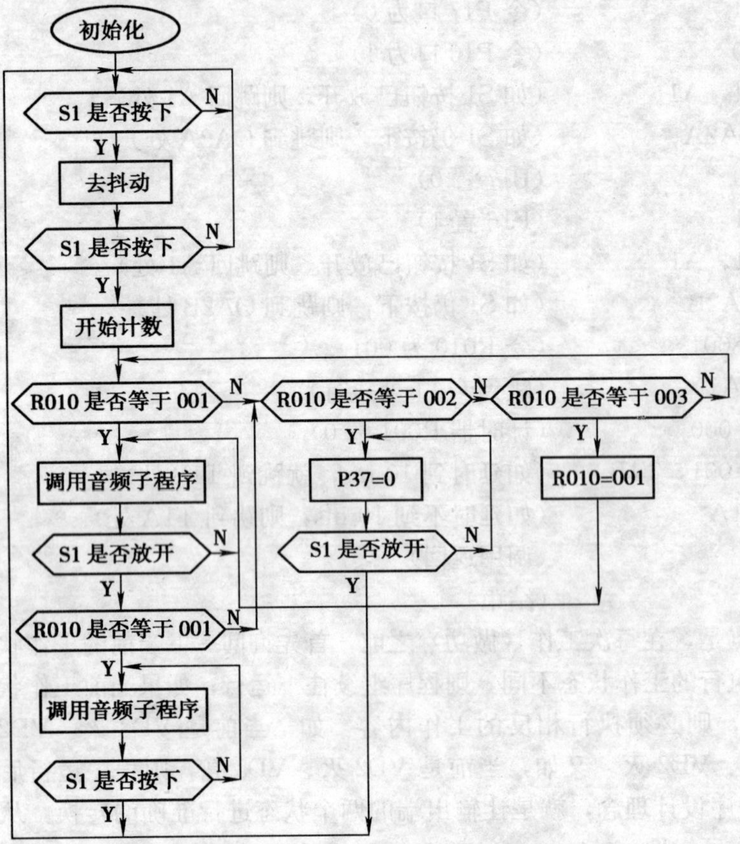


图 4—35　图 4—34 电路主程序方框图

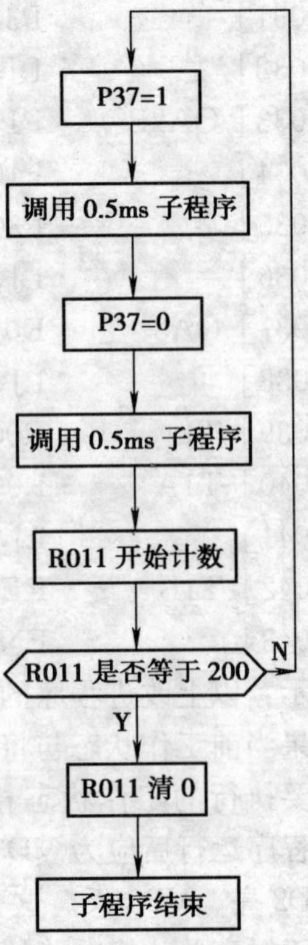


图 4—36　音频子程序方框图

（4）编程指令。图 4—30 所示电路编程中使用以下编程指令。

传送指令：

1）Rn=Pm　　（表示 I/O 口内容传给内存）

2）Pmm=1（0）　（单 I/O 口置“1”或：“0”）

3）Pm=K　　（十进制数传给 I/O 口）

调用、跳转指令：

1）LC，BH　　（调用 BH 标号处的子程序）

2）RET　　（子程序返回指令）

3）LJ，BH　　（跳到 BH 标号处继续运行）

条件跳转指令：

Pmm=1，BH　　（如单 I/O 口置 1，则跳到标号处运行，否则运行下一条指令）

设定指令：

1）Rn＝ON　　（激活 Rn 定时器）

2）TIME＝0　　［12÷主频（晶振）×50 000＝定时器时钟 0.05 s］

3）TIME＝1　　［12÷主频（晶振）×5 000＝定时器时钟 0.005 s］

4）TIME＝2　　［12÷主频（晶振）×10 000＝定时器时钟 0.01 s］

5）TIME＝3　　［12÷主频（晶振）×1 000＝定时器时钟 0.001 s］

运算指令：

Rn＋K　　（Rn 内容加 K 值）

（5）程序清单。图 4—34 电路程序清单如下：

| | | | |
|---|---|---|---|
| [0001] | | INT0＝LJ， | （无设定） |
| [0002] | | INT1＝LJ， | （无设定） |
| [0003] | | TINT1＝LJ， | （无设定） |
| [0004] | | TINT2＝LJ， | （无设定） |
| [0005] | | SINT＝LJ， | （无设定） |
| [0006] | | AR＝000 | （存储器全部清 0） |
| [0007] | | TIME＝3 | （设置定时时钟为 1 ms） |
| [0008] | | P1＝255 | （P1 口全部置 1） |
| [0009] | | P3＝001 | （设定 P3.0 口为输入端） |
| [0010] | | R001＝ON | （定时器 R001 被激活） |
| [0011] | | R002＝ON | （定时器 R002 被激活） |
| [0012] | A1 | P30＝1，A1 | （如 S1 没有按下，则跳回 A1 处） |
| [0013] | | LC，10MS | （如按下 S1 按钮，则调用 10MS 子程序） |
| [0014] | | P30＝1，A1 | （如确实按下 S1，则运行下一句，否则跳到 A1 处） |
| [0015] | | R010＋001 | （内存 R010 加 1） |
| [0016] | AA1 | R010＝001，OA1 | （如 R010 值为 1，则跳到 OA1 处，否则运行下一句） |
| [0017] | | R010＝002，OA2 | （如 R010 值为 2，则跳到 OA2 处，否则运行下一句） |
| [0018] | | R010＝003，OA3 | （如 R010 值为 3，则跳到 OA3 处，否则运行下一句） |
| [0019] | | LJ，AA1 | （跳回 AA1 处） |
| [0020] | OA1 | LC，YP | （调用音频子程序，使 BL 鸣响） |
| [0021] | | P30＝1，OA1A | （如已放开 S1，则跳到 OA1A 处） |
| [0022] | | LJ，OA1 | （如还未放开 S1，则 BL 继续鸣响） |
| [0023] | OA1A | R010＝001，OA1B | （如内存 R010 值为 001，则跳到 OA1B 处执行） |
| [0024] | | LJ，AA1 | （否则跳回 AA1 处执行） |
| [0025] | OA1B | LC，YP | （继续调用音频子程序，使 BL 继续鸣响） |

| | | | |
|---|---|---|---|
| [0026] | | P30=1，OA1A | （如 S1 放开后未按下，则跳到 OA1A 处进行小循环） |
| [0027] | | LJ，A1 | （如 S1 放开后又再次按下，则跳到 A1 处） |
| [0028] | OA2 | P37=0 | （BL 停止鸣响） |
| [0029] | | P30=1，A1 | （如 S1 已放开，则跳回 A1 处） |
| [0030] | | LJ，OA2 | （否则跳回 OA2 处） |
| [0031] | OA3 | R010=001 | （令 R010 内存值为 1） |
| [0032] | | LJ，OA1 | （然后跳到 OA1 处运行） |
| [0033] | YP | P37=1 | （1 kHz 音频子程序。先令 P37 口为高电位 1） |
| [0034] | | LC，1MS | （调用 1 ms 延时子程序） |
| [0035] | | P37=0 | （令 P37 口为低电位 0） |
| [0036] | | LC，1MS | （调用 1 ms 延时子程序） |
| [0037] | | R011+001 | （R011 计数器加 1） |
| [0038] | | R011=200，YP1 | （当 R011 值等于 200，就跳到 YP1 处运行，否则执行下一句） |
| [0039] | | LJ，YP | （跳回 YP 处运行） |
| [0040] | YP1 | R011=000 | （对 R011 计数器清 0） |
| [0041] | | RET | （1 kHz 音频子程序结束） |
| [0042] | 1MS | R001=000 | （1 ms 定时子程序。先对计数器 R001 清 0） |
| [0043] | T1A | R001=001，T1B | （如计数器 R001 值为 1，就跳到 T1B 处执行） |
| [0044] | | LJ，T1A | （计数不为 1，就跳回到 T1A） |
| [0045] | T1B | RET | （1 ms 定时子程序结束） |
| [0046] | 10MS | R002=000 | （10 ms 定时子程序。先对计数器 R002 清 0） |
| [0047] | T2A | R002=020，T2B | [如计数器 R002 计数为 20（使用 24 MHz 晶振），就跳到 T2B 处执行] |
| [0048] | | LJ，T2A | （计数不为 20，就跳回到 T2A） |
| [0049] | T2B | RET | （10 ms 定时子程序结束） |
| [0050] | | END | （程序全部结束） |

(6) 图 4—34 电路的 C－BASIC 程序含义及编程理念

1) 初始化的工作（第 6 句～第 11 句）。

通电后，经过+5 V 电源对 C1 的充电以及 R1 对 C1 的放电作用后，即完成单片机的清零工作，然后进入下面内容。

第一：使用“AR=000”语句，对所有内存清“0”，这一句清 0 语句可以代替几句有关作为定时器后需要分别进行清 0 的语句，如“R001=000”“R002=000”等。

第二：设置定时器时钟。定时器时钟频率决定着定时器的时值。根据电路设计，该电路中需要一个 1 kHz 频率的音频信号，则信号的一周期时间为 1 ms，半个周期（1 个脉冲）的时值为 0.5 ms。在 PROG－100 编程器中，有四个定时器时钟：①TIME=0，表示时钟为 0.05 s 即 50 ms；②TIME=1，表示时钟为 0.005 s，即 5 ms；③TIME=2，表示时钟为

0.01 s，即 10 ms；④TIME＝3，表示时钟为 0.001 s，即 1 ms，这就限制了1 kHz音频信号程序的编写。单片机的时钟频率与语句的设定有关，更与单片机的基准频率有关。单片机的基准频率又是外设晶体振荡器决定的。如果将晶体振荡器（简称晶振）的频率由原先的 12 MHz增加一倍，使用 24 MHz 晶振，这样就使 PROG－100 编程器中的四个时钟频率提高一倍，而时值缩短了一倍。这时编程语句中的“TIME＝3”的实际时值就是 0.5 ms，而不是 1 ms。0.5 ms 的定时器时钟就可以用其编写 1 kHz 频率的音频信号。在实际使用中，将主频晶振换成了 24 kHz 晶振，定时器时钟的设定仍使用原来的程序语句：“TIME＝3”。

在程序运行中还要使用一个 10 ms 定时器，作为按键动作中的“去抖动”之用（“去抖动”在后文中介绍）。用 1 ms（实际是 0.5 ms）定时器也可以用来编写出 10 ms 定时器来，所以“TIME＝3”的设定同样适合于此。

第三：确定选用某两个 RAM（内存）作为 1 ms 定时器和 10 ms 定时器。可以作为定时器的 RAM（内存）一共有 80 个，选其中的两个内存，如果选用 R001 和 R002，则应将它们激活，即，R001＝ON、R002＝ON。内存的被激活意味着那个内存已确定作为定时器使用，否则内存只作为计数器使用。

第四：设定 P1 口值和 P3 口值。在如图 4—34 所示电路中 P1 口的 8 个单一口都没有使用，所以无论将它们设置成是高电位“1”或低电位“0”都可以，但不能不对它们进行设定。

P3.0 口是该电路单片机的输入端。输入端的目的是将 S1 的按键动作变成电压变化量，并使单片机接受这种变化量。为了使单片机明白 S1 的按键动作，需要用程序语句事先告知单片机某某端口作为输入口。方法是将作为输入口的端口设置成高电位，如“P30＝1”。这样单片机在运行中，只要是高电位的端口，CPU 都会一一去访问。所以，在主程序运行之前，应对单片机的各输入口进行设置。设置方法有两种，一是对单一端口的单独设置，如“P30＝1”。还有一种是将 P3 口进行集中设置。在本程序中使用后一种方法比较好，因为在 P3 口中一共有 7 个单一端口，另外还有一个内置端口 P3.6，它有功能但没有引出端，故没有将其算在其中。7 个单一端口中 P3.0 口已用作输入口，还有一个 P3.7 口将作为 1 kHz 频率的音频输出口，设置时要将其一并考虑。

P3.7 口是否输出 1 kHz 音频信号，主要取决 S1 的按下动作。在 S1 没有按下，或电路刚接通电源时，P3.7 口没有音频信号输出。令 P3.7 口不输出音频信号，也要编写相应程序来实现，即把 P3.7 口变成低电位“0”。这样就有两个因素，一是 P3.0 口应为高电位；二是 P3.7 口应为低电位。总设置时，将设置成高电位端口的各个口的 8421 码值相加，而将要设置成低电位端口的 8421 码值不需加入，加入 8421 码值的端口就成为输入端。有些为了迎合输出端功能需要的高电位端口，则另当别论。在本电路中 P3 口中只有一个高电位口，所以最后的设置为，已知 P3.0 口的 8421 码值为十进制数“1”，P3.7 口的 8421 码值为十进制数“128”。如将其他端口设置成低电位，再加上 P3.7 口也是低电位，则 8 个端口的总值 255－254＝001，设置语句是“P3＝001”。如将其他端口设置成高电位，则 255－128＝127，设置语句是“P3＝127”。

2）S1 的按键动作（第 12 句～第 14 句）。

从标号［0012］至标号［0032］为主程序。

如没有按下 S1，单片机中的中央处理器——CPU 会不断执行第 12 句程序；如已按下

S1，则让 CPU 判断是不是真实按键动作，还是干扰信号。干扰信号一般持续时间比较短，为几毫秒，而按键动作最快也要 50 ms 以上。另一方面是防止按键出现接触不良现象。如按键接触良好时，每次按下的持续时间至少在 50 ms 以上，当出现按键接触不良时，就相当于把 50 ms 分成了若干次进行传送，每次可能都小于 10 ms 时，按下动作无效。在程序中人为的加入 10 ms 延时，也称作“去抖动”控制（即把按键的接触不良形象的比喻成“手的抖动”）。在编排程序语句时，最终应使单片机运行遵循以下程序：先让 CPU 确认一下 S1 的按键动作，然后暂停对 P3.0 口的访问，时间为 10 ms。之后再次访问 P3.0 口，如果此时 P3.0 口的高电位消失，则刚才是一个干扰信号或是按键接触不良；如果 P3.0 口仍然是高电位，则是 S1 的按键动作。于是继续运行后面的程序。“去抖动”语句的加入，有效地提高了单片机的运行性能。

3）S1 按下的奇、偶数次判断（第 15 句～第 19 句）。

为了让一个按键控制音频信号的有和无控制，其方法是让 CPU 对 S1 的按键动作做奇、偶次数判断。“奇数次”是电路接通电源后的第一次按下，当然是为了使电路发出音频信号。“偶数次”则是第一次按下后的再次按下，无疑是为了停止音频信号。所以，只要精确的对 S1 的按下动作进行计数，就能实现这种控制效果。计数器可以在 R003～R080 的 78 个 RAM（内存）中选择一个，如本程序中选择“R010”。

当 S1 第一次按下后，R010 进行加“1”，然后要求 CPU 询问 R010 的值是多少，此时 R010 值应该是“001”，则去执行“R010＝001”的工作任务。如果 S1 第二次按下，则 R010 就第 2 次加“1”，然后 CPU 再次询问 R010 的值是多少，应该是“002”，则去执行“R010＝002”的工作任务。如果 S1 第三次按下，则 R010 进行第 3 次加“1”，然后 CPU 再次询问 R010 的值是多少，其结果 R010 的值应为“003”。由于电路中只需两个控制效果，所以程序将“R010＝003”的值变成“001”，然后去执行第一项任务。以上就是程序对 S1 按下动作进行的性质判断。

4）S1 奇数次按下的工作内容（第 20 句～第 27 句及第 31 句和 32 句）。

当 CPU 访问到 R010 值为“001”即开始做与其相应的工作。首先调用音频子程序，即使 P3.7 口输出 1 kHz 脉冲信号，通过单片机的外围元件使蜂鸣器 BL 发声。

当 P3.7 口输出 1 kHz 脉冲信号后，S1 的任务就告完成，但手的按键动作还没有结束。由于单片机的运行速度极快，只有几微秒。而本程序中第一任务与第二任务之间的最大程序间隔也只有 10 ms 多一点，这 10 ms 还是程序中加入了一个“去抖动”程序的运行时间。但按键动作时间却要大于 50 ms，这一时间能让程序运行 4～5 遍以上，也就是说，R010 的加一过程至少要进行 4～5 次。程序规定 R010＝001 时是蜂鸣器 BL 发出音频声；当 R010＝002 时，是“BL 停止发声”；当 R010＝003（实际上是 001）时，又是“BL 发声”；当 R010＝004（实际上是 002）时，则又让“BL 停止发声”；当 R010＝005（实际上是 001）时，又要“BL 发声”……最终 BL 中每次只有 10 ms 左右的响声，而 10 ms 左右时间的能量（功率）是无法推动蜂鸣器发声的，也就是说，BL 中无声。

当在程序中加入“按键动作”访问判断程序后，以上的分析现象就不存在了。如：S1 按下动作有效，P3.7 口就输出 1 kHz 音频信号。接着 CPU 去判断 S1 是否放开，语句体现在第 21、22 句。如果 S1 还没放开，则继续使 P3.7 口输出 1 kHz 音频信号；如果 S1 已放开，则 CPU 要去判断是不是“001”中的放开，语句体现在第 23 句。如不是，则去判断是不是“002”，或是不是“003”。如是“001”中的 S1 放开动作，则 CPU 继续使 P3.7 口输出 1 kHz 音频信号。接着 CPU 会再次判断：S1 有没有第二次按下，语句体现在第 26 句。如果没有，就继续重复判断“是不是 001 中的放开”。这种程序设计，使程序运行形成小闭环。

当 S1 第三次按下，则属于奇数次动作，所以单片机执行“R010＝001”的工作任务，首先使 R010 值为“001”，然后执行“R010＝001”的工作内容。具体语句为：OA3 R010＝001；LJ，OA1。

5）S1 偶数次按下的工作内容（第 28 句～第 30 句）。

当 S1 第 2 次（偶数次）按下后，CPU 的访问结果应是“R010＝002”，于是执行偶数次的工作任务。偶数次的工作任务为：P3.7 口停止输出音频信号（即 P37＝0）。

当执行 P37＝0 后，同样要及时告知单片机 S1 的按键动作是否结束。如果还未结束（即手还没有放开），则继续执行 P37＝0 程序。如果 S1 已放开则偶数次工作任务结束。

6）1 kHz 音频信号（第 33 句～第 41 句）。

图 4—34 电路的目的，就是通过单片机输出一个 1 kHz 音频信号，再经外部元器件作用于 BL 发声。在模拟电路中接触到一些波形，如：正弦波波形、方波波形、三角波波形、矩形波。这些波形通过三极管放大后，都能驱动蜂鸣器发声。用单片机程序语句都能编写出以上各种波形，其中产生方波和矩形波的程序比较容易编写。这两种波形最后的发声效果，方波比矩形波好一些。本程序中编写的是方波信号。方波信号的一个周期中有一个正脉冲和一个负脉冲，并且两个脉冲的宽度是相同的。1 kHz 音频信号的一个周期时间为 1 ms。这样，只要在 1 ms 周期内，产生出 0.5 ms 脉宽的正、负脉冲各一个，1 kHz 的音频信号就形成了。为此，需要一个 0.5 ms 的定时器来为编写 1 kHz 方波服务。在 PROG－100 编程器的程序语句中规定了 4 个定时时钟：TIME＝0，定时时钟为 0.05 s（50 ms）；TIME＝1，定时时钟为 0.005 s（5 ms）；TIME＝2，定时时钟为 0.01 s（10 ms）；TIME＝3，定时时钟为 0.001 s（1 ms）。这些定时时钟都不能用来编写 1 kHz 信号。

单片机的时钟频率与片外的晶体振荡器（简称“晶振”）有直接关系。PROG－100 编程器的程序语句中规定的 4 个时钟频率，都是在使用 12 MHz 晶振时得出的。如果将晶振频率提高一倍，使用 24 MHz 频率的晶振。这时，还同样使用 TIME＝3 的定时器设定，而得到实际的定时时钟就是 0.5 ms。

有了 0.5 ms 时钟就可以编写 1 kHz 方波信号的程序了。首先将 P3.7 口置 1（高电位），语句为：“P37＝1”。然后使用 0.5 ms 定时器，使 P3.7 口的高电位持续时间为 0.5 s，语句为：LC，1MS。这两句语句就能使单片机产生出方波中的正脉冲。接着将 P3.7 口置 0（低电位），语句为：“P37＝0”。再使用 0.5 ms 定时器，使 P3.7 口的低电位持续时间为 0.5 ms，语句为：LC，1MS。这两条语句又能使单片机产生出方波中的负脉冲。此时，1 kHz方波信号的一个周期波形的程序编写就结束了，具体语句体现在程序中的第 33 句至 36 句。

一个周期，时值为 1 ms 的信号是无法使蜂鸣器发声的，必须使之延长而形成连续音，也就是形成音律。方法是：将 1 ms 周期、1 kHz 频率的脉冲信号持续数十次至数百次。这种“持续”理念可以使用单片机中的计数器来实现。当产生了 1 周期的 1 kHz 信号，就让计数器加一，如连续累加 200 次，这就产生了一个连续时间为 0.2 s 的、频率为 1 kHz 的信号。程序中的第 37 句～第 39 句体现了以上理念。

当计数器累加工作结束，应及时对计数器进行清“0”，以便该计数器的再次使用。子程序结束后，还一定要有“结束标记”——RET。完成这两个动作的语句为 40 句和 41 句。这样，1 kHz 的音频子程序编写就结束了。

7）1 ms 定时器和 10 ms 定时器（第 42 句～第 49 句）。

从 42 句至 45 句为一组 1 ms 定时器子程序。在该组程序中，作为定时器的内存 R001 的值取决于定时时钟的设定。该程序中定时时钟设定为 TIME＝3，则 R001 的值应为“1”即语句为：“R001＝001”。1 ms 定时器主要为产生 1 kHz 音频信号而设立。由于使用 24 MHz 晶振，所以 1 ms 定时器的实际时值为 0.5 ms。

从 46 句～49 句为一组 10 ms 的定时器子程序。在该组程序中，作为定时器的内存 R002 的值取决于定时时钟的设定。该程序中定时时钟设定为 TIME＝3，则 R002 的值应为“10”即“R002＝010”。10 ms 定时器主要为去抖动而设立。由于使用 24 MHz 晶振，所以 10 ms 定时器 R002 的实际值为 20，即“R002＝020”。

8）程序结束。在程序的最后必须有一句“END”语句，以告诉单片机：程序结束，否则编程器将无法进行检验和写入工作，单片机更无法运行。

（7）图 4—34 电路汇编语言程序清单。以下是图 4—34 电路的汇编语言程序清单，供对照学习之用。

```
[0001]         ORG   0000H
[0002]         AJMP  MAIN
[0003]         ORG   0030H
[0004] MAIN：  MOV P1，#255
[0005]         MOV P3，#001
[0006]    A1： JB P3.0，A1
[0007]         ACALL 10MS
[0008]         JB P3.0，A1
[0009]         INC R3
[0010]  AA1：  CJNE R3，#001，OA1
[0011]         CJNE R3，#002，OA2
[0012]         CJNE R3，#003，OA3
[0013]         AJMP AA1
[0014]  OA1：  ACALL YP
[0015]         JB P3.0，OA1A
[0016]         AJMP OA1
[0017] OA1A：  CJNZ R3，#001，OA1B
[0018]         AJMP AA1
[0019] OA1B：  ACALL YP
[0020]         JB P3.0，OA1A
[0021]         AJMP A1
[0022]  OA2：  CLR P3.7
```

```
[0023]            JB P3.0，A1
[0024]            AJMP OA2
[0025]     OA3：  MOV R3，#001
[0026]            AJMP OA1
[0027]      YP：  SETB P3.7
[0028]            ACALL 0.5MS
[0029]            CLRP 3.7
[0030]            ACALL 0.5MS
[0031]            INC R4
[0032]            CJNZ R4，#200，YP1
[0033]            AJMP YP
[0034]     YP1：  CLR R4
[0035]            RET
[0036]  0.5MS：  MOV R6，#10              (如使用 12 MHz 晶振，则 R6 值为 5)
[0037]      D1：  MOV R7，#50
[0038]      D2：  CJNZ R7，D2
[0039]            CJNZ R6，D1
[0040]            RET
[0041]   10MS：  MOV R6，#200             (如使用 12 MHz 晶振，则 R6 值为 100)
[0042]      D3：  MOV R7，#50
[0043]      D4：  CJNZ R7，D4
[0044]            CJNZ R6，D3
[0045]            RET
[0046]            END
```

4.3.6.3　单片机实现 LED 闪光灯功能的编程练习

如图 4—37 所示是一款单片机的 LED 闪光电路图。

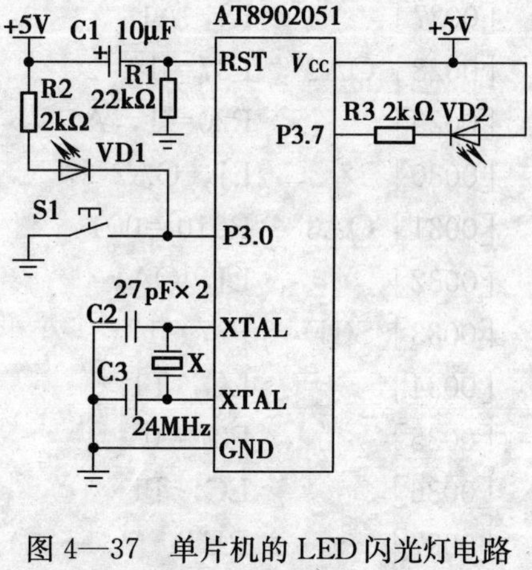


图 4—37　单片机的 LED 闪光灯电路

该电路的功能作用为：当（奇数次）按下 S1，VD2 开始闪光，当（偶数次）按下 S1，VD2 停止闪光。每次 S1 按下，VD1 都亮起。

(1) 图 4—37 电路的单片机程序清单。

以下是图 4—37 电路程序清单：

```
[0001]          INT0=LJ，          (无设定)
[0002]          INT1=LJ，          (无设定)
[0003]          TINT1=LJ，         (无设定)
[0004]          TINT2=LJ，         (无设定)
[0005]          SINT=LJ，          (无设定)
[0006]          AR=000             (存储器全部清 0)
[0007]          TIME=2             (设置定时时钟为 10 ms)
```

```
[0008]        P1=255              (P1 口全部置 1)
[0009]        P3=001              (设定 P3.0 口为输入端)
[0010]        R001=ON             (定时器 R001 被激活)
[0011]        R002=ON             (定时器 R002 被激活)
[0012] A1     P30=1，A1           (如 S1 没有按下，则跳回 A1 处)
[0013]        LC，10MS            (如按下 S1 按钮，则调用 10 ms 子程序)
[0014]        P30=1，A1           (如确实按下 S1，则运行下一句，否则跳到 A1 处)
[0015]        R010+001            (内存 R010 加 1)
[0016] AA1    R010=001，OA1       (如 R010 值为 1，则跳到 OA1 处，否则运行下一句)
[0017]        R010=002，OA2       (如 R010 值为 2，则跳到 OA2 处，否则运行下一句)
[0018]        R010=003，OA3       (如 R010 值为 3，则跳到 OA3 处，否则运行下一句)
[0019]        LJ，A1              (跳回 A1 处)
[0020] OA1    LC，SGD             (调用闪光灯子程序)
[0021]        P30=1，OA1A         (如已放开 S1，则跳到 OA1A 处)
[0022]        LJ，OA1             (如还未放开 S1，则继续调用闪光灯子程序)
[0023] OA1A   R010=001，OA1B      (如内存 R010 值为 001，则跳到 OA1B 处执行)
[0024]        LJ，AA1             (如内存 R010 值不是 001,，则跳到 AA1 处)
[0025] OA1B   LC，SGD             (VD2 继续闪亮)
[0026]        P30=1，OA1A         (如 S1 放开后未按下，则跳到 OA1A 处进行循环)
[0027]        LJ，A1              (否则跳回 A1 处执行)
[0028] OA2    P37=1               (VD2 停止闪亮)
[0029]        P30=1，A1           (如 S1 已放开，则跳回 A1 处)
[0030]        LJ，OA2             (否则跳回 OA2 处)
[0031] OA3    R010=001            (令 R010 内存值为 1)
[0032]        LJ，OA1             (然后跳到 OA1 处运行)
[0033] SGD    P37=1               (闪光灯子程序。先令 P37 口为高电位 1)
[0034]        LC，T1              (调用 250 ms 延时子程序)
[0035]        P37=0               (令 P37 口为低电位 0)
[0036]        LC，T1              (调用 250 ms 延时子程序)
[0037]        RET                 (闪光灯子程序结束)
[0038] T1     R001=000            (250 ms 定时子程序。计数器 R001 清 0)
[0039] T1A    R001=050，T1B       (如计数器 R001 值为 50，就跳到 T1B)
[0040]        LJ，T1A             (计数不为 50，就跳回到 T1A)
```

```
[0041] T1B   RET               (250 ms 延时子程序结束)
[0042] 10MS  R002=000          (10 ms 定时子程序。计数器 R002 清 0)
[0043] T2A   R002=002, T2B     (计数器 R002 值为 2，就跳到 T2B)
[0044]       LJ, T2A           (计数不为 2，就跳回到 T2A)
[0045] T2B   RET               (10 ms 延时子程序全部结束)
[0046]       END               (程序全部结束)
```

（2）程序含义及编程理念

1）初始化后的工作（第 6 句～第 11 句）。

通电后，经过+5 V 电源对 C1 的充电以及 R1 对 C1 的放电作用后，即完成单片机的清零工作，然后进入下面内容。

第一，使用“AR=000”语句，对所有内存清“0”，这一句清 0 语句可以替代几句分别对某个定时器的单独清 0 语句，如 R001=000、R002=000 等。

第二，设置定时器时钟。定时器时钟频率的设定可根据程序中最小时间值来确定，同时还要兼顾到其他时间值。本程序中有一个 10 ms 定时器和一个 250 ms 定时器。10 ms 定时器为去抖动（抗干扰）而设立，250 ms 为闪光灯而设立。兼顾两者，定时器时钟设定为 10 ms较为合适，即为：TIME=2。

第三，确定选用某两个 RAM（内存）作为 1 ms 定时器和 10 ms 定时器。可以作为定时器的 RAM（内存）一共有 80 个，选其中的两个内存，如果选用 R001 和 R002，则应将它们激活，即：R001=ON、R002=ON。内存的被激活意味着那个内存已确定作为定时器使用，否则内存作为计数器。

第四，设定 P1 口值和 P3 口值。图 4—37 所示为一个单片机的闪光灯电路，在电路接通电源后，VD2 应呈熄灭状态，所以 P3.7 口应为高电位。而 VD2 的发光工作是利用 P3.7 口的吸收电流来驱动 VD2 的。VD2 熄灭时的语句为：P37=1。而 P1 口中的所有端口（P1.0～P1.7 口）均不用，所以只要将 P1 口中的 8 个单一口都设定为高电位，即：“P1=255”，就能满足 P1 口的设定要求。

图 4—37 中单片机的输入端为 P3.0 口。要使单片机的某个端口设定为输入端，必须预先将该端口设定为高电位。这样，当单片机在运行时 CPU 才会访问该端口。所以根据图 4—37 电路的需要，将 P3.0 口设定为高电位。设定有两种方法：一是单独对 P3.0 口进行设定，语句为“P30=1”；二是对 P3 口进行总设定，P3.0 口的 8421 码为“1”，则语句为“P3=001”。

2）S1 的按键动作（第 12 句～第 14 句）。

从标号［0012］至标号［0032］为主程序。

当没有按下 S1 时，单片机持续执行第 12 句程序，如已按下 S1，则让单片机判断是不是干扰信号，判断方法是通过 10 ms 的延时作用来进行判断，如在 10 ms 过程中 S1 的控制信号消失了，即说明是干扰信号，如 10 ms 后 S1 的控制信号仍然存在，则说明 S1 的按键动作确实存在，于是运行其以下程序。

3）S1 按下的奇、偶数次判断（第 15 句～第 19 句）。

为了达到使用一个按键实现对 VD2 的控制的目的，要对 S1 的按下次数进行计数，即对 S1 的按键动作进行奇、偶数次的判断。计数器可以在 R003～R080 的 78 个 RAM（内存）

中选择一个，本程序中选择“R010”。当 S1 第一次按下后，R010 进行加“1”，然后让单片机中的中央处理器——CPU 去询问 R010 的值是多少，此时 R010 值应该是“001”。如果 S1 第 2 次按下，则 R010 就有第二次加“1”，然后 CPU 再次询问 R010 的值是多少，应该是“002”。如果 S1 第三次按下，则 R010 进行第三次加“1”，其结果 R010 的值应为“003”。所以每当 S1 按下 1 次，计数器 R010 就加一，单片机中的 CPU 就要询问 R010。从而及时掌握 R010 中的数据，及时根据 R010 的值去执行不同的工作任务。

4）S1 奇数次按下的工作内容（第 20 句～第 27 句及第 31 句和 32 句）。

当 CPU 访问到 R010 值为“001”就开始调用闪光灯子程序，即使 P3.7 口输出一个间隔为 250 ms 的低电位或高电位。低电位使 VD2 正相导通而发光，高电位使 VD2 截止而熄灭，从而产生闪光效果。

当 P3.7 口输出间断的高、低电位，使 VD2 形成闪光效果后，说明 S1 的工作目的已经达到。但是由于单片机的运行速度很快，而人的按键动作与单片机速度相比慢很多。这就给程序的运行带来一个问题：每当按下 S1 后到 S1 做功完成任务，这段时间只要 10 ms 多一点，而人为的按键动作时间要长很多。当 S1 按下后又再次放开时，这段 S1 的做功程序单片机已运行了若干次，也就是 R010 的计数值大于“003”。程序编写中规定：R010 计数值为“001”就闪光；R010 计数值为“002”就停止闪光；而 R010 是一个不明值，那单片机是无法正常运行的。所以，当 S1 每按下 1 次，就要规定 CPU 及时检查 S1 的按键动作有没有结束，如果还没结束（即手还没有放开），则继续调用闪光灯子程序。如 S1 已放开，则再次访问 R010 值是不是“001”，如是“001”则继续调用闪光灯子程序。如果 R010 值不是“001”，则跳到“AA1”处访问 R010 是不是“002”或“003”。接着再次访问 S1 看按键是否再次按下，如果没有再次按下，则继续访问 R010 值及调用闪光灯子程序，进行小循环。如果 S1 再次按下，则跳到“A1”处执行新任务。当单片机运行这种不合理程序时，只能观察到 VD2 的微亮效果，因为 R010＝001 到 R010＝002 之间的时间值只有 10 ms 多一点，这 10 ms 时间就是 S1 第二次按下时的去抖动时间。在这段程序中，增加及时告知单片机有关 S1 按下状况的语句是非常重要的。告知单片机按键状况的语句为［0021］句、［0026］句及偶数次按下中的［0029］句。

当 S1 第 3 次按下，则属于奇数次动作，所以单片机就执行“R010＝001”的工作任务。先使 R010 值为“001”，然后执行“R010＝001”的工作内容。具体语句为：OA3 R010＝001；LJ，OA1。

5）S1 偶数次按下的工作内容（第 28 句～第 30 句）。

当 S1 第 2 次（偶数次）按下后，CPU 访问的结果应是“R010＝002”，于是执行偶数次的工作任务。偶数次的工作任务为：P3.7 口停止输出低电位而输出高电位，即“P37＝1”。

当执行 P17＝1 后，同样要及时告知单片机 S1 的按键动作是否结束，如果还没结束（即手还没有放开），则继续执行“P37＝1”程序。如果 S1 已放开，则偶数次工作任务结束。

6）闪光灯脉冲的产生（第 33 句～第 37 句）。

闪光灯脉冲的产生实际上就是使 P3.7 口输出一个低电位并延时 250 ms；然后使 P3.7 口输出一个高电位并延时 250 ms。低电位使发光二极管 VD2 正向导通而发光，发光时间为 250 ms；高电位使发光二极管 VD2 方向截止，VD2 熄灭。这种亮与灭一直在循环着，所以产生出闪光效果。

7）250 ms 定时器和 10 ms 定时器（第 38 句～第 45 句）。

从第 38 句～第 41 句为一组 250 ms 的定时器子程序。在该组程序中，作为定时器的内存 R001 的值取决于定时时钟的设定。该程序中定时时钟设定为 TIME＝2，即为 10 ms。要达到 250 ms 的定时值，R001 的值应为“25”，即“R001＝025”。250 ms 定时器主要为产生闪光脉冲而设立。由于使用24 MHz主频晶振，使定时器值缩短了一倍，如同样要产生 250 ms的定时值，R001 的值应增加一倍，则为“50”，即“R001＝050”。如使用 12 MHz 主频晶振，则 250 ms 定时值程序为“R001＝025”。

从第 42 句～第 45 句为一组 10 ms 的定时器子程序。在该组程序中，作为定时器的内存 R002 的值取决于定时器时钟频率的设定。该程序中定时器时钟频率设定为 TIME＝2，则 R002 的值应为“2”即“R002＝001”。10 ms 定时器主要为去抖动而设立。由于使用 24 MHz主频晶振，则 10 ms 定时器的程序值为 20，即“R002＝002”。如使用 12 MHz 主频晶振，则 10 ms 定时值程序为“R001＝001”。

8）程序结束。在程序的最后必须有一句“END”语句，以告知单片机：程序结束，否则编程器将无法进行检验和写入工作，单片机更无法运行。

（3）图 4—37 电路汇编语言程序清单。以下是图 4—37 电路的汇编语言程序清单，供对照学习之用。

```
[0001]          ORG    0000H
[0002]          AJMP   MAIN
[0003]          ORG    0030H
[0004] MAIN：   MOV P1，#255
[0005]          MOV P3，#001
[0006]   A1：   JB P3.0，A1
[0007]          ACALL 10MS
[0008]          JB P3.0，A1
[0009]          INC R3
[0010]  AA1：   CJNE R3，#001，OA1
[0011]          CJNE R3，#002，OA2
[0012]          CJNE R3，#003，OA3
[0013]          AJMP AA1
[0014]  OA1：   ACALL SGD
[0015]          JB P3.0，OA1A
[0016]          AJMP OA1
[0017] OA1A：   CJNZ R3，#001，OA1B
[0018]          AJMP AA1
[0019] OA1B：   ACALL SGD
[0020]          JB P3.0，OA1B
[0021]          AJMP A1
[0022]  OA2：   CLR P3.7
```

```
[0023]          JB P3.0，A1
[0024]          AJMP OA2
[0025]  OA3：   MOV R3，#001
[0026]          AJMP OA1
[0027]  SGD：   SETB P3.7
[0028]          ACALL T1
[0029]          CLR P3.7
[0030]          ACALL T1
[0031]          RET
[0032]   T1：   MOV R5，#250
[0033]   D1：   MOV R6，#250
[0034]   D2：   MOV R7，#4          （如使用 12 MHz 晶振，则 R7 值为 2）
[0035]   D3：   CJNZ R7，D3
[0036]          CJNZ R6，D2
[0037]          CJNZ R5，D1
[0038]          RET
[0039] 10MS：   MOV R6，#200        （如使用 12 MHz 晶振，则 R6 值为 100）
[0040]   D4：   MOV R7，#50
[0041]   D5：   CJNZ R7，D5
[0042]          CJNZ R6，D4
[0043]          RET
[0044]          END
```

#### 4.3.6.4 单片机 LED 流水灯电路

图 4—38 所示为一款单片机的 LED 流水灯电路图。

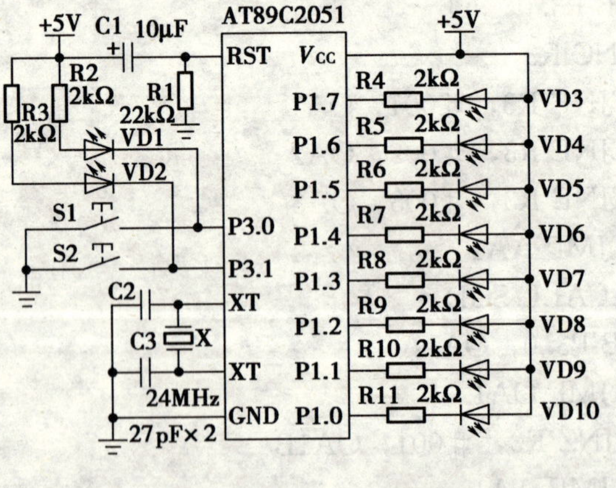


图 4—38 单片机的 LED 流水灯电路图

该电路的功能作用为：当按下 S1，VD1 亮起，同时 VD3～VD10 依次逐一亮起，产生流水效果。当按下 S2，流水效果停止。

（1）图 4—38 电路的程序清单。以下是图 4—38 电路程序清单：

```
[0001]          INT0=LJ，                （无设定）
```

```
[0002]        INT1=LJ,          (无设定)
[0003]        TINT1=LJ,         (无设定)
[0004]        TINT2=LJ,         (无设定)
[0005]        SINT=LJ,          (无设定)
[0006]        AR=000            (存储器全部清 0)
[0007]        TIME=2            (设置定时时钟为 10 ms)
[0008]        P1=255            (P1 口全部置 1)
[0009]        P3=003            (设定 P3.0、P3.1 口为输入端)
[0010]        R001=ON           (定时器 R001 被激活)
[0011]        R002=ON           (定时器 R002 被激活)
[0012] A1     P30=1，A1         (如 S1 没有按下，则跳到 A1 处执行)
[0013]        LC，10MS          (如按下 S1 按钮，则调用 10 ms 子程序)
[0014]        P30=1，A1         (如确实按下 S1，则运行下一句，否则跳到
                                A1 处)
[0015]        LJ，OA1           (跳到 OA1 处执行)
[0016] A2     P31=1，A1         (如 S2 没有按下，则跳回 A1 处)
[0017]        LC，10MS          (如按下 S2 按钮，则调用 10 ms 子程序)
[0018]        P31=1，A1         (如确实按下 S2，则运行下一句，否则跳到
                                A1 处)
[0019]        LJ，OA2           (跳到 OA2 处执行)
[0020] OA1    LC，LSD           (调用流水灯子程序)
[0021]        P30=1，OA1A       (如已放开 S1，则跳到 OA1A 处)
[0022]        LJ，OA1           (如还未放开 S1，则继续调用流水灯子程序)
[0023] OA1A   LC，LSD           (继续调用流水灯子程序)
[0024]        P31=1，OA1A       (如 S2 未按下，则继续流水灯)
[0025]        LJ，A2            (如 S2 按下，则跳到 A2 处执行)
[0026] OA2    P1=255            (流水灯停止)
[0027]        P31=1，A1         (如 S1 已放开，则跳回 A1 处)
[0028]        LJ，OA2           (否则跳回 OA2 处)
[0029] LSD    P1=127            (VD3 亮，其余灭)
[0030]        LC，T1            (调用 250 ms 延时子程序)
[0031]        P1=191            (VD4 亮，其余灭)
[0032]        LC，T1            (调用 250 ms 延时子程序)
[0033]        P1=223            (VD5 亮，其余灭)
[0034]        LC，T1            (调用 250 ms 延时子程序)
[0035]        P1=239            (VD6 亮，其余灭)
[0036]        LC，T1            (调用 250 ms 延时子程序)
[0037]        P1=247            (VD7 亮，其余灭)
[0038]        LC，T1            (调用 250 ms 延时子程序)
```

[0039]		P1=251		(VD8 亮，其余灭)
[0040]		LC，T1		(调用 250 ms 延时子程序)
[0041]		P1=253		(VD9 亮，其余灭)
[0042]		LC，T1		(调用 250 ms 延时子程序)
[0043]		P1=254		(VD10 亮，其余灭)
[0044]		LC，T1		(调用 250 ms 延时子程序)
[0045]		P1=253		(VD9 亮，其余灭)
[0046]		LC，T1		(调用 250 ms 延时子程序)
[0047]		P1=251		(VD8 亮，其余灭)
[0048]		LC，T1		(调用 250 ms 延时子程序)
[0049]		P1=247		(VD7 亮，其余灭)
[0050]		LC，T1		(调用 250 ms 延时子程序)
[0051]		P1=239		(VD6 亮，其余灭)
[0052]		LC，T1		(调用 250 ms 延时子程序)
[0053]		P1=223		(VD5 亮，其余灭)
[0054]		LC，T1		(调用 250 ms 延时子程序)
[0055]		P1=191		(VD4 亮，其余灭)
[0056]		LC，T1		(调用 250 ms 延时子程序)
[0057]		P31=1，LSD1	(如未按下 S2，则结束流水灯子程序)
[0058]		LJ，OA2		(否则跳到 OA2 处继续调用流水灯子程序)
[0059] LSD1	RET		(流水灯子程序结束)
[0060] T1	R001=000	(250 ms 定时子程序。计数器 R001 清 0)
[0061] T1A	R001=050，T1B	(如计数器 R001 值为 50，就跳到 T1B)
[0062]		LJ，T1A		(计数不为 50，就跳回到 T1A)
[0063] T1B	RET		(250 ms 延时子程序结束)
[0064] 10MS	R002=000	(10 ms 定时子程序。计数器 R002 清 0)
[0065] T2A	R002=002，T2B	(计数器 R002 值为 2，就跳到 T2B)
[0066]		LJ，T2A		(计数不为 2，就跳回到 T2A)
[0067] T2B	RET		(10 ms 延时子程序结束)
[0068]		END		(程序全部结束)

(2) 程序含义及编程理念。

1) 初始化后的工作（第 6 句～第 11 句）。

通电后，经过+5 V 电源对 C1 的充电以及 R1 对 C1 的放电作用后，即完成单片机的清零工作，然后进入下面内容。

第一，使用“AR=000”语句，对所有内存清“0”，这一句清 0 语句可以替代若干句分别对某个定时器单独清 0 的语句，如 R001=000、R002=000 等。

第二，根据按键去抖动及延时的需要，设置定时器时钟。定时器时钟频率的设定可根据程序中最小时间值来确定，同时还要兼顾到其他时间值。本程序中有一个是 10 ms 定时器，作为去抖动之用；一个是 250 ms 定时器，作为流水灯的亮与灭延时之用。兼顾两者，定时时钟设定为 10 ms 较为合适，即为：TIME＝2。

第三，确定选用某两个 RAM（内存）作为 10 ms 定时器和 250 ms 定时器。可以作为定时器的 RAM（内存）一共有 80 个，选其中的两个内存，如果选用 R001 和 R002，则应将它们激活，即：R001＝ON、R002＝ON。内存如被激活则意味着该内存已确定作为定时器使用，否则内存作为计数器使用。

第四，设定 P1 口值和 P3 口值。图 4—38 是一个单片机的闪光灯电路，在刚通电后，电路不产生流水灯效果。这就要将 P1 口的各个单一端口都要置高电位“1”，使 P1 口各个回路的发光二极管均截止。对 P1 口的设定，可以采用 P1 口的各个单一端口逐一进行设定的方法，即为：P17＝1、P16＝1、P15＝1、P14＝1、P13＝1、P12＝1、P11＝1、P10＝1。也可以采用对 P1 口进行总设定的方法，即为：P1＝255。本程序中使用的是总设定的设置方法，这种方法效率高，比较科学，通常应采用这种设定方法。

图 4—38 中单片机的输入端有 P3.0 口和 P3.1 口两个端口。在单片机运行前，应将输入端的具体位置告知单片机，这样单片机中的 CPU 在运行时才会去访问这些端口。告知单片机的方法就是在单片机运行前，把需要作为输入端的端口设置成高电位。将其设定为高电位的方法可以是对 P3.0 口和 P3.1 口进行分别设定，即为：P30＝1，P31＝1。也可以进行总设定的方法，将 P3.0 口的 8421 码“1”与 P3.1 口的 8421 码“2”相加等于“3”，即语句为：P3＝003。

2）S1 的按键动作（第 12 句～第 15 句）。

从标号［0012］至标号［0028］为主程序。

当没有按下 S1 时，单片机持续执行第 12 句程序，如已按下 S1，则让单片机判断是不是干扰信号，判断方法是通过 10 ms 的延时作用来进行，如在 10 ms 过程中 S1 的控制信号消失了，即说明是干扰信号，如 10 ms 后 S1 的控制信号仍然存在，则说明 S1 的按键动作确实存在，于是进入下面有关 S1 的工作程序。

3）S1 的工作任务（第 20 句～第 25 句）。

S1 的工作任务是启动流水灯子程序，让 CPU 按照预先编写的程序，使电路中的 8 只发光二极管 VD3～VD10 轮流亮起，而后从 VD10～VD3 反方向轮流亮起，从而产生流水灯效果。当电路产生流水灯效果后，如果 S1 还没有放开，则单片机继续调用流水灯子程序。如果已放开 S1，则电路仍然调用流水灯子程序，形成小闭环，产生流水灯效果。只有当按下按键 S2，流水灯效果才停止，电路才又回到刚接通电源时的状态。

4）S2 的按键动作（第 16 句～第 19 句）。

当按下停止按键 S2，单片机会立即接收到 S2 的控制指令。在编写程序语句时规定，当单片机的 P3.1 口为低电位时，CPU 才认为是控制指令。为了提高电路的抗干扰性能，单片机中的中央处理器——CPU 在接受到 S2 的控制指令后，要对其进行判断。如单片机收到 P3.1 口的有效指令后，接着停止 10 ms 对 P3.1 口的访问，10 ms 后如 P3.1 口的电压值仍是低电位，则 CPU 认为是一次真实的按键动作，于是程序将往下进行。否则 CPU 认为是干扰信号，而不予理会。

5）S2 的工作任务（第 26 句～第 28 句）。

S2 的工作任务是将流水灯效果停止。在单片机没有进行调用流水灯子程序时，S2 的按下是没有意义的，而当单片机不断调用流水灯程序，使电路产生流水灯效果时，按下按键

S2，应能将流水灯效果停止。

6）流水灯子程序（第29句～第59句）。

流水灯子程序的工作任务是将VD3～VD10的8只发光二极管每次点亮一只，并按编号顺序进行逐一点亮。在工作过程中，后面的一只点亮时，前面一只需同步熄灭。当点亮到VD10后，还需根据编号的反方向顺序，即倒回去逐一对发光二极管进行点亮，从而使电路产生流水效果。

从图4—38可以看出，VD3～VD10都是采用灌电流导通的工作方式，即VD3～VD10中的8只发光二极管，它们的正极相连并与+5V电源相连，而每只发光二极管的负极分别与单片机的相关端口相连。当单片机的相关端口为高电位时，使该回路的发光二极管的负极和正极的电位相同，此时发光二极管的电极两端不产生电压差，发光二极管中就没有电流通过，所以该回路的发光二极管不发光。当某个端口为低电位时，就会使该回路的发光二极管两端产生电压差，于是发光二极管中就有电流通过，该发光二极管就发光。

为了使发光二极管发光，需要使发光二极管持续工作一段时间，而使发光二极管持续点亮的途径是在某端口为低电位后，接着调用一个延时子程序，这样该端口的低电位持续时间实际上就是一个调用延时子程序的过程。具体的程序设计如：先使P1.7口为低电位，然后调用0.25 s延时子程序，使P1.7口的低电位持续0.25 s。即程序为：P17=0；LC，T1。但对单一口的单一设定时，必须还要兼顾到其他7个端口的反映，否则会出现效果错误。所以对P1.7口的设定应采用的P1口的总设定的方法进行，这样一个语句就可以照顾到8个端口的工作状态，即为：P1=127；LC，T1。其意就是将P1.7口设为低电位，其余端口都设为高电位。接下去是使VD4亮，其余发光二极管灭，VD4亮的时间仍然是0.25 s。程序为：P1=191；LC，T1。由于VD3的熄灭与VD4的亮起几乎是同时的，所以从视觉的感觉上看到的是一小段亮线，而当8只发光二极管轮流工作就会产生一条亮线，很像是一条流水线。为了使流水效果更加明显，并充分利用8只发光二极管的限有资源，为此当发光二极管从VD3点亮到VD10后又倒回重新逐一点亮，从而形成一条不间断的亮线。

为了提高S2停止按键的作用效果，将S2的按键动作指令安插在流水灯子程序中，这样在流水灯程序中都要询问按键S2的工作状态，这种安排比放在主程序中要好，但也要根据具体的情况而定。

7）250 ms定时器和10 ms定时器（第60句～第67句）。

从第60句～第63句为一组250 ms的定时器子程序。在该程序中，作为定时器的内存R001的值取决于定时时钟的设定。该程序中定时器时钟频率设定为TIME=2，即为10 ms。要达到250 ms的定时值，R001的值应为“25”，即“R001=025”。250 ms定时器主要为产生闪光脉冲而设立。由于使用24 MHz主频晶振，所以“R001=050”的实际值为250 ms。如果使用12 MHz主频晶振，则250 ms定时值程序为“R001=025”。

从第64句～第67句为一组10 ms的定时器子程序。在该组程序中，作为定时器的内存R002的值取决于定时时钟的设定。该程序中定时时钟设定为TIME=2，则R002的值应为“1”即“R002=001”。10 ms定时器主要为去抖动而设立。在使用24 MHz主频晶振时，10 ms定时器的实际值为2，即R002=002。

8）程序结束。在程序的最后必须有一句“END”语句，以告知单片机：程序结束，否则编程器将无法进行检验和写入工作，单片机更无法运行。

（3）图 4—38 电路汇编语言程序清单。以下是图 4—38 电路的汇编语言程序清单，供对照学习之用。

```
         ORG    0000H
         AJMP   MAIN
         ORG    0030H
MAIN：   MOV P1，#255
         MOV P3，#003
A1：     JB P3.0，A1
         ACALL 10MS
         JB P3.0，A1
         AJMP OA1
A2：     JB P3.1，A1
         ACALL 10MS
         JB P3.1，A1
         AJMP OA2
OA1：    ACALL LSD
         JB P3.0，OA1A
         AJMP OA1
OA1A：   ACALL LSD
         JB P3.1，OA1A
         AJMP A2
OA2：    MOV P1，#255
         JB P3.1，A1
         AJMP OA2
LSD：    MOV P1，#127
         ACALL T1
         MOV P1，#191
         ACALL T1
         MOV P1，#223
         ACALL T1
         MOV P1，#239
         ACALL T1
         MOV P1，#247
         ACALL T1
         MOV P1，#251
         ACALL T1
         MOV P1，#253
         ACALL T1
         MOV P1，#254
```

```
[0038]            ACALL T1
[0039]            MOV P1，#253
[0040]            ACALL T1
[0041]            MOV P1，#251
[0042]            ACALL T1
[0043]            MOV P1，#247
[0044]            ACALL T1
[0045]            MOV P1，#239
[0046]            ACALL T1
[0047]            MOV P1，#223
[0048]            ACALL T1
[0049]            MOV P1，#191
[0050]            ACALL T1
[0051]            JB P3.1，LSD1
[0052]            LJMP OA2
[0053]            RET
[0054]      T1：  MOV R5，#250
[0055]      D1：  MOV R6，#250
[0056]      D2：  MOV R7，#4          （如使用12 MHz晶振，则R7值为2）
[0057]      D3：  CJNZ R7，D3
[0058]            CJNZ R6，D2
[0059]            CJNZ R5，D1
[0060]            RET
[0061]   10 MS：  MOV R6，#200        （如使用12 MHz晶振，则R6值为100）
[0062]      D4：  MOV R7，#50
[0063]      D5：  CJNZ R7，D5
[0064]            CJNZ R6，D4
[0065]            RET
[0066]            END
```

## 4.4 单片机多功能控制器的制作技能

运用单片机技术具有控制形式方便、控制性能稳定、硬件电路简洁、系统提升简便等优点，能方便的对电动机及一些工业设备实施控制。本课题就是单片机的一个应用实例。

单片机多功能控制器具有以下功能：

（1）控制电路1——电动机的正、反转运行控制（见图4—39电路）。

（2）控制电路2——电动机的紧急制动控制（见图4—41电路）。

（3）控制电路3——电动机星/三角启动控制（见图4—42电路）。

（4）其他控制功能。

### 4.4.1 单片机多功能控制器（控制电路 1）的工作原理及编程技能

单片机多功能控制器的控制电路 1 是一款采用单片机控制单相交流电动机实现正、反转运行的控制电路，如图 4—39 所示。该电路稍作改动就能对三相电动机进行控制。

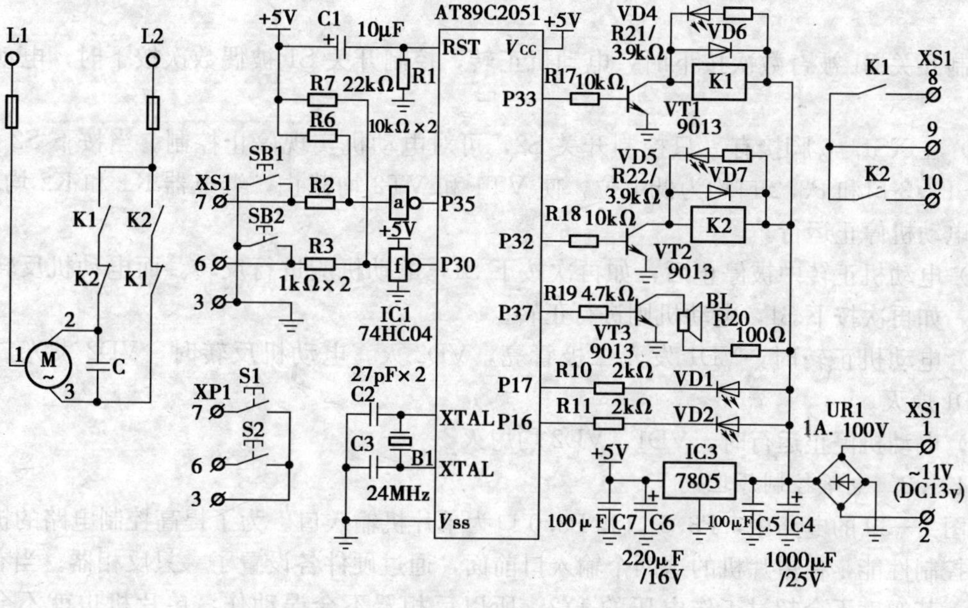


图 4—39 单片机实现电动机正、反转控制电路图

对电动机实施正反转的运行形式，在很多电气设备以及家用电器中得到使用，如在自动洗衣机中电动机的正转与反转等。图 4—39 控制电路不仅能实现对电动机实施正反转控制，也能使电动机进行多周期的多方向运行，及更复杂的运行控制，充分体现了单片机的使用优势和控制特点。

图 4—39 电路的最大特点：一是去掉了体积大、价格高、使用寿命短、安全系数较低的普通电气控制按钮开关，取代它的是轻触按钮开关。所以能很好地适应多功能控制操作面板控制形式的需要，便于实现集中控制。二是通过中间继电器控制电动机供电回路的控制器件——接触器达到控制电动机的目的。这种控制形式的最大优点是：将弱电控制部分与强电的电机运行部分完全的分离，提高了控制部分的工作性能，确保了操作者的人身安全，并能将众多的单一控制开关整合成集中控制形式，提高了控制效率，减少了劳动者的劳动强度，很容易对其实现自动控制。

4.4.1.1 电路的控制方式

图 4—39 电路的控制方式如下：

（1）在接线排 XS1－7 脚接一只控制开关 S1，可对控制电路进行控制。当第一次按下 S1，CPU 令 P3.3 端输出高电位，使 VT1 导通→继电器 K1 吸合→K1 触点闭合→电动机正转。此时主绕组为 1—2 绕组，辅绕组为 2—3 绕组。

当第二次按下 S1，CPU 令 P3.3 口为低电位，0.5 s 后 P3.2 口输出高电位。P3.3 口输出的低电位使 VT1 截止→K1 释放→电动机断电停止正转。P3.2 输出的高电位使 VT2 导通→继电器 K2 吸合→K2 触点闭合，电动机的主绕组发生了变化，为 1—3 绕组，辅绕组为

2—3 绕组，此时电动机反方向运转。

当第三次按下 S1，CPU 令 P3.2 口为低电位，0.5 s 后 P3.3 口为高电位。P3.2 口输出的低电位使 VT2 截止→K2 释放→电动机断电停止反转。P3.3 输出的高电位使 VT1 导通→继电器 K1 吸合→K1 触点闭合，电动机的主绕组接法又回到了先前接法，电动机又正方向运转。

控制开关 S1 被奇数次按下时，电动机正转，控制开关 S1 被偶数次按下时，电动机反转。

(2) 在 XS1－6 脚接有一只控制开关 S2，可对电动机实现停止控制。当按下 S2 开关，CPU 令 P3.3 口和 P3.2 口均为低电位，使 VT1 和 VT2 均截止，继电器 K1 和 K2 均释放，最终使电动机停止运行。

(3) 电动机正转中被停止后，如再次按下 S1，电动机应进行反转。而电动机反转中被停止后，如再次按下 S1，电动机则进行正转。

(4) 电动机正转时，VD1 发光二极管亮，VD2 灭。电动机反转时，VD2 发光二极管亮，VD1 熄灭。

(5) 电动机停止运行时，VD1、VD2 均熄灭。

4.4.1.2 *电路控制原理*

在图 4—39 的电路中，P3.5 口和 P3.0 口为单片机输入口。为了提高控制电路的抗干扰性能和控制性能，在单片机的这两个输入口前面，通过硬件各设置了一只反相器。当有干扰信号时，其幅度不会超过工作电压的 1/2，所以反相器不会误动作，单片机也就不会误运行；当按键开关接触不良时，反相器能起到“放大按键动作”的作用。如由于按键接触不良，使电路的通路形成了阻力，只要输入端电位低于 1/2 工作电压，反相器就能输出接近电源电压的输出电压值，这个电压值是相当稳定的，也就保证了单片机的稳定运行。

(1) 实现 P3.5 口由低电位变成高电位控制原理。在接线排 XS1－7 脚接有一只常开形式的控制开关 S1 以及内部调试开关 SB1。在控制开关与单片机输入端之间有一反向器，反向器的输入端通过电阻 R6 与电源相连，使反向器 IC1－a 输入端在常态时为高电位，反相器输出端为低电位。这一低电位将 P3.5 口的高电位设置强行拉低。在编写程序中已规定 P3.5 口低电位时为无效控制，所以电路不会做出任何反应。当按下 S1 或 SB1，IC1－a 输入端由高电位立刻变成低电位，而 IC1－a 输出端却由低电位变成高电位，在 CPU 的访问过程中，视 P3.5 口高电位为有效控制。这样一次成功的操作就被单片机接受了。

(2) 正转与反转判断原理。当 P3.5 口为高电位时，CPU 首先对 P3.5 出现的高电位次数进行计数。当查出次数为 1 次、3 次、5 次等奇数次时，CPU 发出能使电动机正转的控制信号；当 CPU 查出次数为 2 次、4 次、6 次等偶数次时，CPU 发出使电动机反转的控制信号。

(3) 电动机正、反转控制原理。当按下接线排 XS1－7 脚的外部控制开关 S1，或按下内部调试按钮开关 SB1 时，对地作用通过 R2 将 IC1－a 输入端的高电位拉低成为低电位，经 IC1－a 反相作用后输出高电位，送给 IC2 的 P3.5 口。当 CPU 访问到 P3.5 口为高电位时，视为有效控制。如 P3.5 口出现的高电位是奇数次，则 CPU 令 P3.3 口输出高电位、P3.2 口输出低电位、P1.7 口输出低电位、P1.6 口输出高电位。P3.3 口输出的高电位通过电阻 R17 使 VT1 导通，使继电器 K1 吸合，K1 触点闭合，电动机正转；同时 P1.7 口输出的低电位，使 VD1 正向导通发光，P1.6 口输出的高电位，使 VD2 反相截止而不发光。

当 CPU 访问到 P3.5 口又一次为高电位时，则视为又一次有效控制。如为偶数次，CPU 令 P3.3 口为低电位、P3.2 口为高电位、P1.7 口为高电位、P1.6 口为低电位。P3.3 口输出的低电位使 VT1 截止，于是电动机得电正转；P3.2 口输出的高电位通过电阻 R18 使 VT2 导通，使继电器 K2 吸合，K2 触点闭合，电动机反转；同时 P1.6 口输出的低电位使发光二极管 VD2 正向导通发光，P1.7 口输出的高电位使发光二极管 VD1 反相截止熄灭。

为了防止 K1、K2 继电器触点同时吸合而造成电源电路的短路，在 P3.3 口与 P3.2 口输出状态交替变化时，均要延时 0.5 s，以保证继电器能正常释放。另外在交流供电回路中把 K1、K2 接触器的常闭触点，互相串联在对方接触器磁力线圈供电回路中，起着器件的互锁作用（见图 4—39）。

（4）电动机停止控制原理。在该电路中 P3.0 口作为单片机的停止功能输入口。当按下外部控制开关 S2 或通过内部调试按钮开关 SB2 将 XS1－6 对地短路时，使 R3、R7 组成的分压电路得以形成，于是 IC1－f 输入端由原先的高电位变为低电位，经反相作用后从 IC1－f 输出端输出高电位，送到 IC2 的 P3.0 口。

当 CPU 访问到 P3.0 口为高电位时视为一次有效控制，即是一次“命令停车”控制信号。于是 CPU 令控制电动机的两个控制端关闭控制信号，即 P3.3 口和 P3.2 口均为低电位，使电动机的正转运行或电动机的反转运行均停止。同时关闭电动机正转指示灯 VD1 或反转指示灯 VD2 的信号指示，即 P1.7 口和 P1.6 口均为高电位，使 VD1 或 VD2 熄灭。

4.4.1.3　控制过程与编程构想

（1）正转控制：

S1↓→IC1－a↑→P3.5↑ ──┬→P3.3↑→K1 吸合→电动机正转
　　　　　　　　　　　　　└→P1.7↓→VD1 亮。

编程构思为 P3.5↑ ──┬→P3.2↓→（延时）→P3.3↑
　　　　　　　　　　　└→P1.6↑→P1.7↓。

（2）反转控制：

S1↓→IC1－a↑→P3.5↑ ──┬→P3.2↑→K2 吸合→电动机反转
　　　　　　　　　　　　　└→P1.6↓→VD2 亮。

编程构思为 P3.5↑ ──┬→P3.3↓→（延时）→P3.2↑
　　　　　　　　　　　└→P1.7↑→P1.6↓。

（3）停止控制：

S2↓→IC1－f↑→P3.0↑ ──┬→P3.3↓ 或 P3.2↓（K1 或 K2 释放）
　　　　　　　　　　　　　└→P1.7↑ 或 P1.6↑。

（4）编程构思：

P3.0↑ ──┬→P3.3↓→P3.2↓
　　　　　└→P1.7↑→P1.6↑。

（5）加有“按键提示音”的编程构想：

如果在按下 SB1 或按下 SB2 时有一按键提示音，无疑会给控制操作带来方便，也会增强学习时的效果。下面是加有“按键提示音”的多功能控制器实现电动机正反转的编程构想。

正转：SB1↓→IC1－a↑→P3.5↑→按键音→P1.6↑→P1.7↓→P3.3↑→P3.2↓。

反转：SB1↓→IC1－a↑→P3.5↑→按键音→P1.7↑→P1.6↓→P3.2↑→P3.3↓。

停止：SB2↓→IC1－b↑→P3.0↑→按键音→P1.6↑→P1.7↑→P3.3↓→P3.2↓。

4.4.1.4 单片机运行主程序方框图

如图 4—40 所示是图 4—39 电路的单片机运行主程序方框图。

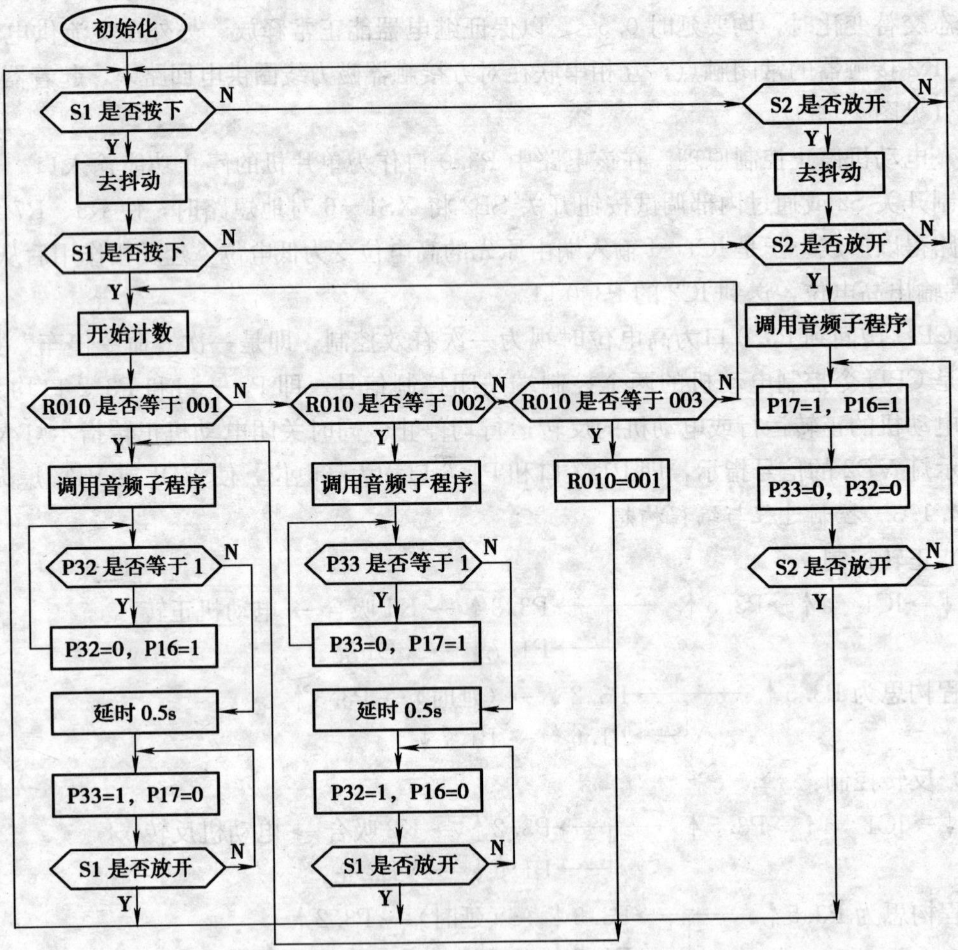


图 4—40 图 4—39 电路的单片机运行主程序方框图

4.4.1.5 单片机程序清单

以下是图 4—39 电路的单片机程序清单：

[0001] INT0＝LJ，

[0002] INT1＝LJ，

[0003] TINT1＝LJ，

[0004] TINT2＝LJ，

[0005] SINT＝LJ，

| | | | |
|---|---|---|---|
| [0006] | | AR＝000 | （将所有 RAM 清 0） |
| [0007] | | TIME＝3 | （设定时钟为 1 ms） |
| [0008] | | R001＝ON | （激活 R001，作定时器使用） |
| [0009] | | R002＝ON | （激活 R002，作定时器使用） |
| [0010] | | R003＝ON | （激活 R003，作定时器使用） |
| [0011] | | P1＝255 | （使 P1 口均设置为高电位） |
| [0012] | | P3＝033 | （设置 P3. 5 口和 P3. 6 口为输入控制端） |
| [0013] | A1 | P35＝1，A1A | （如按下 S1 就跳到 A1A） |
| [0014] | | LJ，A2 | （如 S1 未按下就跳到 A2） |
| [0015] | A1A | LC，10MS | （延时 10 ms 以防干扰） |
| [0016] | | P35＝1，A1B | （如 S1 确实被按下，则跳到 17 句执行） |
| [0017] | | LJ，A2 | |
| [0018] | A1B | R010＋001 | （首先对按下次数进行计数） |
| [0019] | AA1 | R010＝001，OA1 | （如奇数次按下，就跳到 22 句执行） |
| [0020] | | R010＝002，OA2 | （如偶数次按下，就跳到 30 句执行） |
| [0021] | | R010＝003，OA3 | （如再次奇数次按下，就跳到 39 句执行） |
| [0022] | | LJ，AA1 | （否则跳到 AA1 处执行） |
| [0023] | OA1 | LC，YP | （S1 奇数次按下，首先响一声提示音） |
| [0024] | | P16＝1 | （然后使 VD2 不亮） |
| [0025] | | P32＝0 | （并使 VT2 截止，K2 释放） |
| [0026] | | LC，025S | （间隔 0. 25 s 后） |
| [0027] | OA1A | P17＝0 | （使 VD1 指示灯亮起） |
| [0028] | | P33＝1 | （并使 VT1 导通，K1 吸合） |
| [0029] | | P35＝1，OA1A | （如手还按着 S1，则继续执行 OA1 的工作内容） |
| [0030] | | LJ，A2 | （待 S1 放开后，则跳到 A2 处执行） |
| [0031] | OA2 | LC，YP | （S1 偶数次按下，首先响一声提示音） |
| [0032] | | P17＝1 | （VD1 灭） |
| [0033] | | P33＝0 | （使 VT1 截止，K1 释放） |
| [0034] | | LC，025S | （间隔 0. 25 s） |
| [0035] | OA2A | P16＝0 | （VD2 亮起） |
| [0036] | | P32＝1 | （VT2 导通，K2 吸合，电动机反转） |
| [0037] | | P35＝1，OA2A | （如 S1 未放开，则继续执行 OA2A 内容） |
| [0038] | | LJ，A1 | （否则跳回 A1 处） |
| [0039] | OA3 | R010＝001 | （将 R010 值量为"001"） |
| [0040] | | LJ，OA1 | （跳到 OA1 处，执行 OA1 的工作内容） |
| [0041] | A2 | P30＝1，A2A | （如按下 S2 就跳到 A2A 处执行停止程序） |

[0042]	LJ，A1	(如 S2 未按下就跳回 A1 处)
[0043] A2A	LC，10MS	(调 10 ms 延时，以去除干扰或 S2 的接触不良现象)
[0044]	P30=1，A2B	(如 S2 触头按下，就跳到 A2B 处)
[0045]	LJ，A1	(否则跳回 A1 处)
[0046] A2B	LC，YP	(调用音频子程序，使 BL 发出按键提示音)
[0047] A2C	P1=255	(使 VD1、VD2 关)
[0048]	P3=033	(使 VT1、VT2 均截止，K1 或 K2 释放)
[0049]	P30=1，A2C	(如 S1 按键未放开，则继续执行 A2C 的内容)
[0050]	LJ，A1	(否则跳回 A1 处)
[0051] YP	P37=1	(1 kHz 音频子程序。P3.7 口输出高电位)
[0052]	LC，1MS	(P3.7 口的高电位持续时间实际是为 0.5 ms)
[0053]	P37=0	(P3.7 口为低电位)
[0054]	LC，1MS	(P3.7 口的低电位持续时间为 0.5 ms)
[0055]	R011+001	(对一个完整的脉冲进行计数：加 1)
[0056]	R011=100，YP1	(一共累计 100 次，以便形成一个连续的音律)
[0057]	LJ，YP	(如果未到达 100 次，就继续累加)
[0058] YP1	R011=000	(累加 100 次后，将计数器及 011 清 0，以便再用)
[0059]	RET	(子程序结束)
[0060] 1MS	R001=000	(1 ms 定时器。实际是为 0.5 ms 定时器)
[0061] T1A	R001=001，T1B	(R001 清 0 后，开始累加，如累加后为 001，就跳 T1B 处)
[0062]	LJ，T1A	(否则继续累加)
[0063] T1B	RET	(0.5 ms 定时器结束)
[0064] 10MS	R002=000	(10 ms 定时器，首先对 R002 清 0)
[0065] T2A	R002=020，T2B	(使用 24 MHz 晶振时，R002 值应为 020)
[0066]	LJ，T2A	(如 R002 累加不是 20，就继续累加)
[0067] T2B	RET	(定时值为 10 ms 后，子程序运行结束)
[0068] 025S	R003=000	(因使用 24 MHz 晶振，实际为 0.125 s)
[0069] T3A	R003=250，T3B	(如 R003 累加 250 次后，就跳到 T3B 次)
[0070]	LJ，T3A	(否则 R003 继续累加)
[0071] T3B	RET	(子程序结束)
[0072]	END	(程序全部结束)

4.4.1.6 程序含义及编程理念

(1) 初始化后的工作（第 6 句～第 12 句）。

通电后，经过+5 V电源对C1的充电以及R1对C1的放电作用后，即完成单片机的清0工作，然后进入下面内容。

第一，使用“AR=000”语句，对所有内存清“0”，这一句清0语句可以替代几句，分别对某个定时器的单独清0语句，如R001=000、R002=000等。

第二，根据按键去抖动的需要，设置定时器时钟。定时器时钟频率决定着定时器的计数值。根据设计需要，该电路需要产生1 kHz按键提示音，所以需要1 ms的定时器时钟，即为：TIME=3，并使用24 MHz主频。

第三，确定定时器。定时器是单片机中的RAM存储器，将其“激活”而得到。在AT89C2051中有80个RAM存储器，它们既能作为计数器使用，又能作为定时器使用，所以选其中任何一个RAM都可以。如果选用R001和R002，则应将其激活，即：R001=ON，R002=ON。当某个内存被激活，就意味着该内存已确定作为定时器使用，否则内存可作为计数器使用。

第四，设定P1口值和P3口值。图4—39电路在通电后需使K1、K2均释放，即电动机不运行，所以须将P3.3口和P3.2口设定为低电位。VD1和VD2分别是继电器K1和K2的指示灯，它们与P3.3口和P3.2口输出的高电位同步，而当P3.3口为低电位时，必须使P1.7口为高电位，使VD1也不亮。当P3.2口为低电位时，必须使P1.6口为高电位，使VD2也不亮。前面说到：电路在通电后K1、K2均释放。所以P1的设定为：P1=255。

因为在单片机控制电路中，凡是作为输入端的控制端口，都要设置成高电位，以指示单片机中的CPU在运行中及时的访问被设置成高电位的那些端口。所以要对P3.5口和P3.0口进行设定。P3.5口的8421码为“32”，P3.0口的8421码为“1”。最后P3口的总设定为：P3=（032+001）=033。

（2）S1的按键动作（第13句～第17句）。

从标号［0013］至标号［0050］为主程序。

若没有按下控制按键S1，则CPU去访问S2的状态，如已按下按键S1，则必须让单片机去判断是不是干扰信号，判断方法是通过10 ms的延时作用来进行，如在10 ms过程中S1的控制信号消失了，即说明是干扰信号，如10 ms后S1的控制信号仍然存在，即P3.5口仍然是高电位，则说明S1的按键动作确实存在，于是进入下面的程序运行。

（3）S1的奇、偶数次的判断（第18句～第22句）。

CPU在执行S1工作前，先从P3.7口输出按键提示音信号，经VT3放大后推动BL发出提示音。提示音的目的是告诉操作者：S1按键按下有效。

为了达到一个按键实现电动机的正转与反转两个控制的目的，要对S1的按键动作进行奇、偶数次的判断，即对S1的按下数次进行计数。计数器可以在R003～R080的78个RAM（内存）中选择一个，因为R001、R002已被选用。该程序中选择了“R010”作为S1的按下次数的计数器。

当S1第一次按下后，R010进行加“1”，然后单片机中的CPU会询问R010的值是多少，此时R010值应该是“001”。如果S1第二次按下，则R010就第2次进行加“1”，然后

CPU 再次询问 R010 的值是多少，应该是“002”。如果 S1 第三次按下，则 R010 进行第 3 次加“1”，其结果 R010 的值应为“003”。所以每当 S1 按下 1 次，单片机中的 CPU 都要询问 R010 的值，然后根据 R010 值的不同去执行以下不同的工作内容。

（4）S1 奇数次按下的工作内容（第 23 句～第 30 句以及第 39 句和第 40 句）。

当 CPU 访问到 R010 值为“001”后就开始做与其相关的工作。首先从 P3.7 输出按键提示音信号，经 VT3 放大后推动 BL 发声。然后 CPU 使 P1.6 口为高电位，将熄灭 VD2；同时 P3.2 为低电位，使 VT2 截止、K2 释放。延时 0.25 s 后，使 P1.7 口为低电位，使 VD1 亮起；与此同时 P3.3 口为高电位，于是 VT1 导通→K1 吸合→单向交流电机开始正转。

当完成 S1 奇数次按下的工作后，应及时告知单片机此时 S1 的按键动作是否结束。如果还没结束（即手还按着 S1），则继续执行 P17＝0、P33＝1 程序。由于单片机的运行速度只有几微秒，所以当按下 S1 后观察到 VD1 的亮起与 K1 的吸合动作时，单片机已经又开始了新一轮的工作，又会对 R010 进行加“1”，那样的话就会使电路无法工作，就会造成 VD1 只亮几微秒，K1 只动作几微秒后就又继续执行后面的程序。几微秒的工作电压无法点亮 VD1，人的眼睛也无法进行辨认，同样 VT1 几微秒的导通时间也无法使 K1 产生动作。所以及时的告知单片机其 S1 的按下状况是非常重要的。告知单片机按键状况的语句为［0028］句和偶数次工作中的［0036］句。如已放开 S1，则跳到 A1 处。由于 P17＝0、P33＝1 状态没有被改变，所以控制器使电动机继续正转运行。

当 S1 第三次按下，则属于奇数次动作，单片机执行“R010＝001”的工作任务。其方法是：首先使 R010 值为“001”，然后跳到 OA1 处执行“R010＝001”的工作任务。具体语句为：OA3　R010＝001；LJ，OA1。

（5）S1 偶数次按下的工作内容（第 31 句～第 38 句）。

当 S1 第 2 次（偶数次）按下后，CPU 访问的结果应是“R010＝002”，于是执行偶数次的工作任务。偶数次的工作任务为：首先从 P3.7 输出按键提示音信号，经 VT3 放大后推动 BL 发声，以表明 S1 的按键动作有效。然后使 P1.7 口为高电位，将熄灭 VD1；同时 P3.3 为低电位，使 VT1 截止、K1 释放。延时 0.25 s 后，P1.6 口为低电位，使 VD2 亮起；与此同时 P3.2 口为高电位，于是 VT2 导通→K2 吸合→单向交流电机开始反转。

在电动机完成了正转与反转的工作切换后，在程序中同样要有能及时告知单片机 S1 的按键动作状态的程序语句。如果 S1 的按键工作还没有结束（即手还按着 S1），则继续执行 P16＝0、P32＝1 的工作程序。如果 S1 已放开则程序跳到 A1 处。由于此时 P16＝0、P32＝1 的状态不变，所以控制器能使电动机仍然反转工作。

（6）S2 的按键工作（第 41 句～第 45 句）。

如没有按下控制按键 S2，则 CPU 去访问 S1 的状态，如已按下按键 S2，则必须让单片机去判断是不是干扰信号，判断方法是通过 10 ms 的延时作用来进行，如在 10 ms 过程中 S2 的控制信号消失了，即说明是干扰信号，如 10 ms 后 S2 的控制信号仍然存在，即 P3.0 口仍然是高电位，则说明 S2 的按键动作确实存在，然后进入下面的程序运行。

（7）S2 的工作任务（第 46 句～第 50 句）。

CPU 在执行 S2 工作前，先从 P3.7 口输出按键提示音信号，经 VT3 放大后推动 BL 发出提示音。提示音的目的是告诉操作者：S2 按键按下有效。

S2 的工作任务是停止电动机的运行，即：P33＝0、P32＝0。程序中使用了“P3＝003”的语句，效果相同，但语句简略。然后将 VD1、VD2 同步熄灭，实现使 VD1、VD2 熄灭的语句与前者相同，也有两种方法，即：P17＝1、P16＝1 或 P1＝255，取后者较好。S2 工作任务完成后，要及时告知单片机继续观察 S2 的按键动作，如果手还没有放开 S2，则继续 S2 的工作，如手已放开 S2，则跳到 A1 处。此时电路仍然保持电动机的停止状态。

(8) 按键提示音（第 51 句～第 59 句）。

按键提示音信号是一个正半周与负半周脉宽均为 0.5 ms，周期为 1 ms，频率为 1 kHz，占空比 50%的方波信号。

按键音信号从 P3.7 口输出，其形成过程如下：先使 P3.7 口为高电位，并使高电位的延续时间为 0.5 ms（因为 PROG－100 编程器的定时时钟只有 4 挡，即①TIME＝0，定时时钟为 50 ms；②TIME＝1，定时时钟为 5 ms；③TIME＝2，定时时钟为 10 ms；④TIME＝3，定时时钟为 1 ms。而无法产生 0.5 ms 的定时器，也就无法编写出 1 kHz 的按键音信号。为此，将电路中原使用的 12 MHz 主频频率晶振改成 24 MHz 晶振，这样程序中的 1 ms 实际上就是 0.5 ms)。语句为：P37＝1；LC，1MS。从而产生一个脉宽为 0.5 ms 的正脉冲波；接着使 P3.7 口为低电位，低电位的延续时间也为 0.5 ms，这又产生一个负的脉宽为 0.5 ms 的脉冲，语句为：P37＝0；LC，1MS。此时就做出了一个振荡周期为 1 ms，频率为 1 kHz 的脉冲信号。为了使脉冲信号形成音律，接着要使 1 kHz 脉冲信号持续出现 100 次。循环的方法是利用一个计数器，当形成一个脉冲后就对计数器加 1，共进行 100 次，计数结束对计数器进行清 0，语句为：R011＋001；R011＝100，YP1；LJ，YP；YP1 R011＝000。最后就形成了一个频率 1 kHz 响声时值为 0.1 s 的音频信号，即为按键提示音。

(9) 1 ms 定时器与 10 ms 定时器（第 60 句～第 71 句）。

从第 60 句～第 63 句为一组 1 ms 的定时器子程序。在该程序中，定时时钟已设定为 TIME＝3，即 1 ms（因为使用 24 MHz 主频晶振，实际上是 0.5 ms），则 R001 的值应为“1”即，“R001＝001”。

从第 64 句～第 67 句为一组 10 ms 的定时器子程序。在该程序中，定时时钟已设定为 TIME＝3，即 1 ms（因为使用 24 MHz 主频晶振，实际上是 0.5 ms），则 10 ms 时的 R002 的值应为“20”，即“R002＝020”。

从第 68 句～第 71 句为一组 250 ms 的定时器子程序。在该程序中，定时时钟已设定为 TIME＝3，即 1 ms（因为使用 24 MHz 主频晶振，实际上是 0.5 ms），则 250 ms 时的 R003 的值应为“250”，即“R002＝250”，实际该定时器值为 125 ms。

(10) 程序结束。

在程序的最后必须有一句“END”语句，以告知单片机：程序结束，否则编程器无法进行检验和写入工作。

#### 4.4.1.7 图 4—39 电路汇编语言程序清单

下面列出图 4—39 电路的汇编语言程序清单，供对照学习之用。

```
        ORG    0000H
        AJMP   MAIN
        ORG    0030H
MAIN：  MOV P1，#255
        MOV P3，#33
A1：    JNB P3.0，A2
        ACALL 10MS
        JNB P3.0，A2
A1B：   INC R3
AA1：   CJNZ R3，#1，OA1
        CJNZ R3，#2，OA2
        CJNZ R3，#3，OA3
        AJMP AA1
OA1：   ACALL YP
        SETB P1.6
        CLR P3.2
        ACALL 0.25S
OA1A：  CLR P1.7
        SETB P3.3
        JB P3.5，OA1A
        AJMP A2
OA2：   ACALL YP
        SETB P1.7
        CLR P3.3
        ACALL 0.25S
OA2A：  CLR P1.6
        SETB P3.2
        JB P3.5，OA2A
        AJMP A1
OA3：   MOV R3，#1
        AJMP OA1
A2：    JNB P3.1，A1
        ACALL 10MS
        JNB P3.1，A1
        ACALL YP
A2A：   MOV P1，#255
        MOV P3，#3
```

```
[0039]           JB P3.0，A2A
[0040]           LJMP A1
[0041]     YP：  SETB P3.7
[0042]           ACALL 0.5MS
[0043]           CLR P3.7
[0044]           ACALL 0.5MS
[0045]           INC R4
[0046]           CJNZ R4，#100，YP1
[0047]           AJMP YP
[0048]    YP1：  CLR R4
[0049]           RET
[0050] 0.5MS：   MOV R6，#10        （如使用 12 MHz 晶振，则 R6 值为 5）
[0051]     D1：  MOV R7，#50
[0052]     D2：  CJNZ R7，D2
[0053]           CJNZ R6，D1
[0054]           RET
[0055]  10MS：   MOV R6，#200       （如使用 12 MHz 晶振，则 R6 值为 100）
[0056]     D3：  MOV R7，#50
[0057]     D4：  CJNZ R7，D4
[0058]           CJNZ R6，D3
[0059]           RET
[0060]  025S：   MOV R6，#250       （如使用 12 MHz 晶振，则 R6 值为 125）
[0061]     D5：  MOV R7，#250
[0062]     D6：  CJNZ R7，D6
[0063]           CJNZ R6，D5
[0064]           RET
[0065]           END
```

### 4.4.2 单片机多功能控制器（控制电路 2）的工作原理及编程技能

单片机多功能控制器的控制电路 2 是一款单片机控制三相交流电动机实现紧急制动的控制电路。如图 4—41 所示。图 4—41 与图 4—39 相比，其电路图是相同的，只是两个电路的单片机运行程序不同，所以产生不同的电路运行方式和控制效果，使一个控制电路图得到第二种控制功能。使用一种控制电路实现对多种设备的控制是单片机的控制优势之一。

4.4.2.1 *启动控制原理*

P3.5 口为启动控制口，P3.0 口为紧急制动控制口。

当在接线排 XS1－7 脚输入一低电位，输入给 IC1－a，经反相后输出一高电位，送至单片机的 P3.5 口，当 CPU 访问到 P3.5 口为高电位输入则确认为有效控制。于是令 P3.3 口

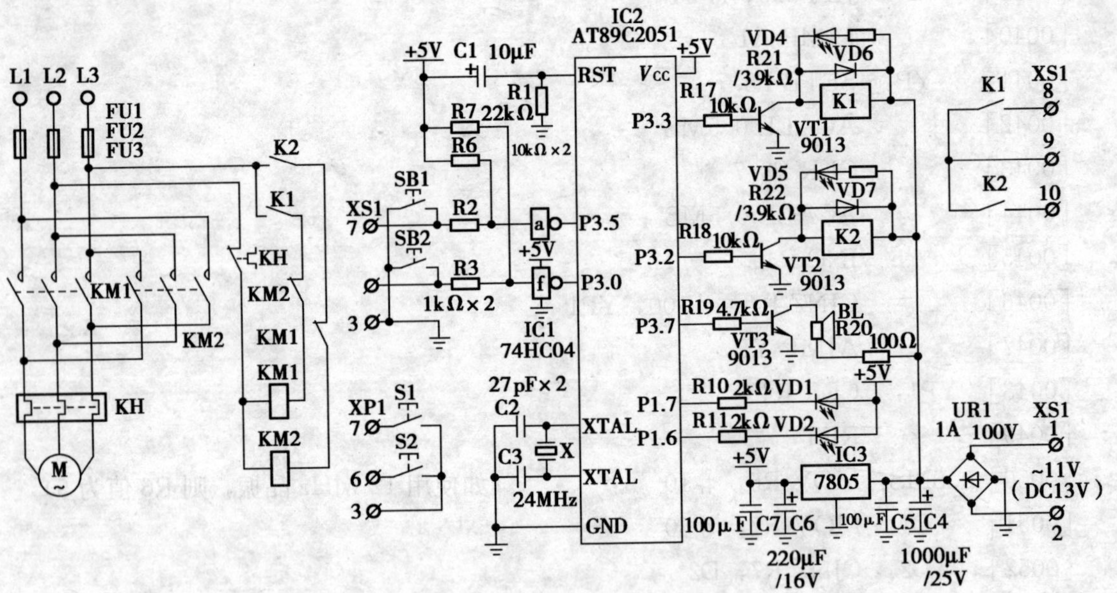


图 4—41　单片机实现电动机紧急制动控制电路图

输出高电位，使 VT1 导通→K1 吸合→电动机开始运行；同时令 P1.7 口为低电位，使 VD1 亮起。在执行以上工作之前，CPU 先要在 P3.7 口输出按键音信号→经过 VT3 放大→驱动 BL 发声，以示按键动作有效。

#### 4.4.2.2　紧急制动控制原理

当在接线排 XS1－6 脚输入一个低电位给 IC1－f，反相后输出一个高电位，送至单片机的 P3.0 口，当 CPU 访问到 P3.0 口为高电位输入则确认为有效控制。于是 CPU 令 P3.3 口输出低电位，使 VT1 截止→K1 释放，电动机失电而惯性正转运行；同时令 P1.7 口为高电位，使 VD1 熄灭。0.2～0.5 s 后，令 P3.2 口输出高电位，使 VT2 导通→K2 吸合→电动机反转运行；同时 P1.6 口输出低电位使 VD2 亮起。由于电动机的反转力矩是在电动机正转惯性中加入，从而使反转力矩瞬间抵消了 M1 的正转惯性，最终达到电动机紧急制动的目的。0.2～0.5 s（即待电动机紧急制动）后，P3.2 口恢复低电位，VT2 截止→K2 释放；P1.6 口恢复高电位→VD2 熄灭。

#### 4.4.2.3　编程构思

(1) 启动：XS1－7↓→IC1－a↑→P3.5↑→

→P3.3↑→VT1 导通→K1 吸合→电动机正转

→P1.7↓→VD1 亮。

(2) 紧急制动：XS1－6↓→IC1－f↑→P3.0↑→

→P3.3↓→VT1 截止→K1 释放→电机惯性正转→0.2～0.5 s 延时

→P1.7↑→VD1 灭。

→P3.2↑→VT2 导通→K2 吸合→电机紧急制动→0.2～0.5 s 延时

→P1.6↓→VD2 亮。

──┬→P3.2↓ → VT2 截止 → K2 释放
  └→P1.6↑ → VD2 灭。

#### 4.4.2.4 画出图 4—41 电路的单片机主程序方框图

参考图 4—39 程序方框图，根据图 4—41 的控制原理及编程构思，自己画出图 4—41 控制电路的单片机主程序方框图，以加深对编程构思的理解。

#### 4.4.2.5 编写单片机运行程序

图 4—41 所示电路的单片机运行程序清单：

```
[0001]          INT0=LJ,
[0002]          INT1=LJ,
[0003]          TINT1=LJ,
[0004]          TINT2=LJ,
[0005]          SINT=LJ,
[0006]          TIME=3
[0007]          AR=000
[0008]          R001=ON
[0009]          R002=ON
[0010]          R003=ON
[0011]          P1=224
[0012]          P3=033
[0013] A0       P33=1，A2B3
[0014]          P32=1，A2B3
[0015]          P31=1，A2B3
[0016] A1       P35=1，A1A
[0017]          LJ，A2
[0018] A1A      LC，10MS
[0019]          P35=1，A1B
[0020] A2       P30=1，A2A
[0021]          LJ，A1
[0022] A2A      LC，10MS
[0023]          P30=1，A2A
[0024]          LJ，A1
[0025] A1B      R010+001
[0026] A1C      R010=001，OA1
[0027]          R010=002，OA2
[0028]          R010=003，OA3
[0029]          R010=004，OA4
[0030]          LJ，A1
```

```
[0031] OA1    LC, YP
[0032] OA1A   P31=1, OA1C
[0033] OA1D   P32=1
[0034]        P16=0
[0035]        P17=1
[0036]        P15=1
[0037]        LC, 05S
[0038]        P33=1
[0039]        P17=0
[0040]        LC, 01S
[0041]        LC, YP
[0042] OA1B   P35=1, OA1B
[0043]        P30=1, OA4
[0044]        LJ, A1
[0045] OA1C   P31=0
[0046]        P15=1
[0047]        LJ, OA1A
[0048] OA2    LC, YP
[0049]        P32=1, OA2A
[0050]        LJ, OA1D
[0051] OA2A   P32=0
[0052]        P16=1
[0053]        LC, 05S
[0054]        P33=0
[0055]        P17=1
[0056]        P31=1
[0057]        P15=0
[0058]        LC, 05S
[0059]        P33=1
[0060]        P17=0
[0061]        LC, 01S
[0062]        LC, YP
[0063] OA2B   P35=1, OA2B
[0064]        P30=1, OA4
[0065]        LJ, A1
[0066] OA3    P31=1, OA3A
[0067]        LJ, OA3B
```

```
[0068] OA3A   P35=1, OA3A
[0069]        LJ, A1
[0070] OA3B   P32=1, OA2
[0071]        LJ, OA1
[0072] OA4    R010=003
[0073]        LJ, OA3
[0074] A2B    LC, YP
[0075]        P33=1, A2B2
[0076] A2B1   P30=1, A2B1
[0077]        LJ, A1
[0078] A2B2   P33=0
[0079]        P17=1
[0080]        LC, 05S
[0081] A2B3   P3=033
[0082]        P1=224
[0083]        P010=000
[0084]        P30=1, A2B1
[0085]        LJ, A1
[0086] YP     P37=1
[0087]        LC, 1MS
[0088]        P37=0
[0089]        LC, 1MS
[0090]        R011+001
[0091]        P011=100, YPA
[0092]        LJ, YP
[0093] YPA    R011=000
[0094]        RET
[0095] 1MS    R001=000
[0096] T1A    R001=001, T1B
[0097]        LJ, T1A
[0098] T1B    RET
[0099] 10MS   R002=000
[0100] T2A    R002=020, T2B
[0101]        LJ, T2A
[0102] T2B    RET
[0103] 01S    R003=000
[0104] T3A    R003=200, T3B
```

```
[0105]          LJ，T3A
[0106] T3B      RET
[0107] 05S      TIME=0
[0108]          R003=000
[0109] T4A      R003=020，T4B
[0110]          LJ，T4A
[0111] T4B      TIME=3
[0112]          RET
[0113]          END
```

### 4.4.3 单片机多功能控制器（控制电路 3）的工作原理及编程技能

单片机多功能控制器的控制电路 3 是一款实现对三相交流电动机进行星/三角启动控制电路，如图 4—42 所示。图 4—42 与图 4—39 相比，其电路图基本相同，只是增加了一只继电器和指示用的发光二极管，但是两个电路产生的控制效果是不同的。

该控制电路在运行时，每个工作状态都有两个继电器吸合。一个继电器的作用是接通 380 V 电源，另一个继电器是改变电动机绕组的接法，使电动机产生不同的转速。

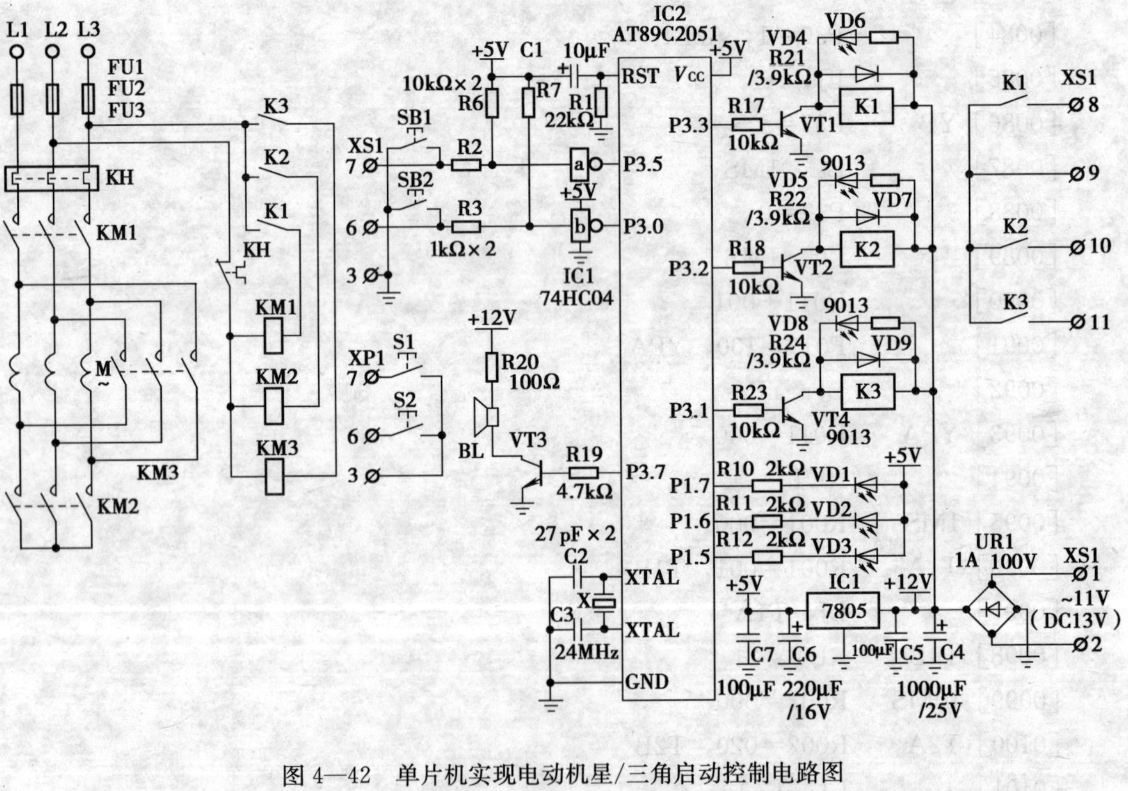


图 4—42 单片机实现电动机星/三角启动控制电路图

当电动机为星形接法时，电动机绕组中产生的磁力线强度较弱，所以电动机转速较慢。当电动机为三角形接法时，电动机绕组中产生的磁力线强度较强，所以电动机转速较快。而低速运转启动时，启动电流比较小，对电动机的影响小，对电网的影响也小；待电动机运转后，再改变电动机绕组接法，以便使电动机达到正常运行速度和力矩。

#### 4.4.3.1 电动机星形启动控制原理

P3.5 口为星形接法（慢速运行）启动控制口，P3.0 口为三角形接法（快速运行）正常运行控制口。

当在接线排 XS1－7 脚输入一低电位，经过 IC1－a 反相后输出一高电位，送至单片机的 P3.5 口，当 CPU 访问到 P3.5 口为高电位输入则确认为有效控制。于是 CPU 令 P3.2 口输出高电位，使 VT2 导通→K2 吸合，通过 KM2 触点将电动机绕组接成星形接法；同时 P1.6 口输出低电位使 VD2 亮起。0.5 s 后 CPU 令 P3.3 口为高电位，使 VT1 导通→K1 吸合，电动机开始低速运行；同时 CPU 令 P1.7 口为低电位使 VD1 亮起。此时由于电动机绕组两端电压为三角形接法的 1/2，所以电动机的转速也较低，也称为启动运行。

#### 4.4.3.2 全速运行（三角形接法）控制原理

当第二次在 XS1－7 脚输入一个低电位时，经过 IC1－a 反相后输出一个高电位，送至单片机的 P3.0 口，当 CPU 访问到 P3.0 口为高电位时，则认为是又一次有效控制。于是首先 CPU 令 P3.3 口输出低电位，使 VT1 截止→K1 释放→切断三相交流电源对电动机的供电；同时使 P1.7 口为高电位让 VD1 熄灭。0.2 s 后令 P3.2 口输出低电位，使 VT2 截止→K2 释放→解除对电动机的星形接法；同时令 P1.7 口为高电位，使 VD1 熄灭。然后令 P3.1 口输出高电位，使 VT3 导通→K3 吸合，于是将电动机的绕组接成三角形接法，同时 P1.5 口输出低电位，使 VD3 亮起。0.2 s 后 CPU 令 P3.3 口输出高电位，使 VT1 导通→K1 吸合→电动机进入正常运行。

#### 4.4.3.3 编程构思

1）星形慢运行启动：XS1－7↓→IC1－a↑→P3.5↑→

→P3.2↑→VT2 导通→K2 吸合→KM2 吸合→电动机星形接法→
→P1.6↓→VD2 亮。

0.2 s 延时 →P3.3↑→VT1 导通→K1 吸合→KM1 吸合→电动机慢速运行
→P1.7↓→VD1 亮。

2）三角形全速运行：XS1－7↓→IC1－a↑→P3.5↑→

→P3.3↓→VT1 截止→K1 释放→电动机失电→0.2 s 延时→
→P1.7↑→VD1 灭。

→P3.2↓→VT2 截止→K2 释放→KM2 释放→电动机解除星形接法
→P1.6↑→VD2 灭。

→P3.1↑→VT3 导通→K3 吸合→KM3 吸合→电动机三角形接法
→P1.5↓→VD3 亮。

→P3.3↑→VT1 导通→K1 吸合→KM1 吸合→电动机全速运行。
→P1.7↓→VD1 亮。

#### 4.4.3.4 画出单片机主程序方框图

参考图 4—39 程序方框图，根据图 4—42 的控制原理及编程构思，自己画出图 4—42 控制电路的单片机主程序方框图。

#### 4.4.3.5 编写单片机运行程序

图 4—42 所示电路的单片机运行程序清单：

```
[0001]        INT0=LJ,
[0002]        INT1=LJ,
[0003]        TINT1=LJ,
[0004]        TINT2=LJ,
[0005]        SINT=LJ,
[0006]        TIME=3
[0007]        AR=000
[0008]        R001=ON
[0009]        R002=ON
[0010]        R003=ON
[0011]        P1=255
[0012]        P3=003
[0013] A1     P35=1, A1A
[0014]        LJ, A2
[0015] A1A    LC, 10MS
[0016]        P35=1, A1B
[0017]        LJ, A2
[0018] A1B    LC, YP
[0019]        P32=1, A1
[0020] A1C    P33=1
[0021]        P17=0
[0022]        P35=1, A1C
[0023]        P30=1, A2B
[0024]        LJ, A1C
[0025] A2     P30=1, A2A
[0026]        LJ, A1
[0027] A2A    LC, 10MS
[0028]        P30=1, A2B
[0029]        LJ, A1
[0030] A2B    LC, YP
[0031]        P33=1, A2C
[0032] A2D    P30=1, A2D
[0033]        LJ, A1
[0034] A2C    P33=0
[0035]        P17=1
[0036]        LC, 1S
[0037]        P32=1
[0038]        P16=0
[0039]        LC, 1S
```

```
[0040]          LC, 1S
[0041]          P32=0
[0042]          P16=1
[0043]          LC, YP
[0044] A2E      P30=1, A2E
[0045]          LJ, A1
[0046] YP       P37=1
[0047]          LC, 1MS
[0048]          P37=0
[0049]          LC, 1MS
[0050]          R011+001
[0051]          R011=100, YP1
[0052]          LJ, YP
[0053] YP1      R011=000
[0054]          RET
[0055] 1MS      R001=000
[0056] T1A      R001=001, T1B
[0057]          LJ, T1A
[0058] T1B      RET
[0059] 10MS     R002=000
[0060] T2A      R002=020, T2B
[0061]          LJ, T2A
[0062] T2B      RET
[0063] 1S       TIME=0
[0064]          R003=000
[0065] T3A      R003=040, T3B
[0066]          LJ, T3A
[0067] T3B      TIME=3
[0068]          RET
[0069]          END
```

## 4.5 单片机多功能控制器的安装技能

### 4.5.1 印制电路板的安装技能

4.5.1.1 熟悉电路图和印制电路板装配图

熟悉图 4—43 所示的单片机实现电动机正、反转控制电路图和图 4—44 所示的单片机多功能控制器元器件安装图。

4.5.1.2 测量筛选元器件

(1) 主要元器件的识别。如图 4—45 所示，IC 的正面朝向自己，标记缺口向上，标记缺口左侧的引脚为第 1 个引脚，引脚的编号按照逆时针顺序排列。

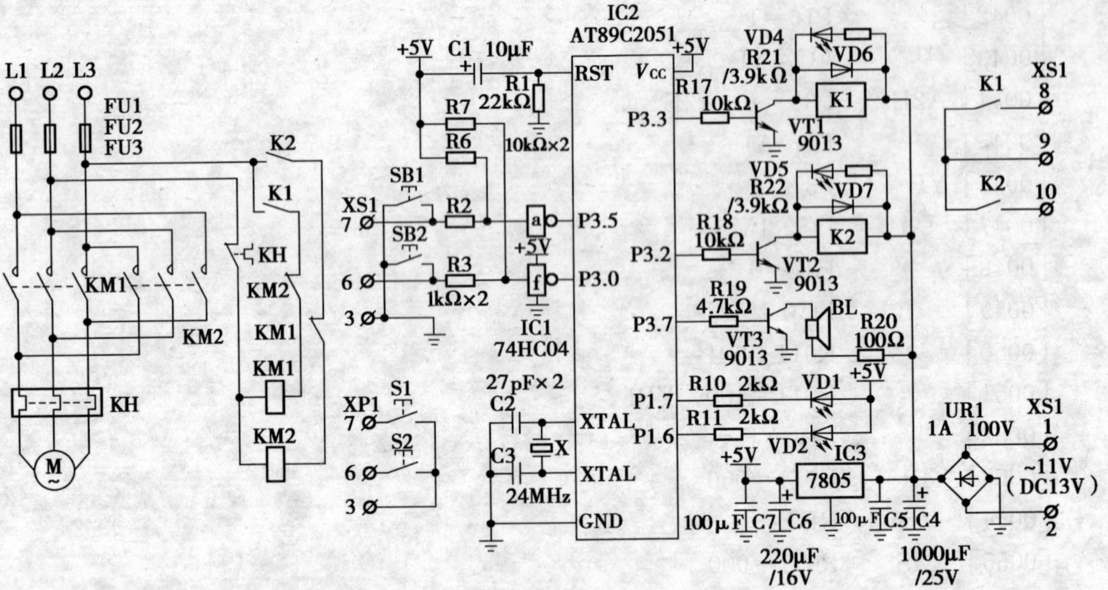


图 4—43 单片机实现电动机正、反转控制电路图

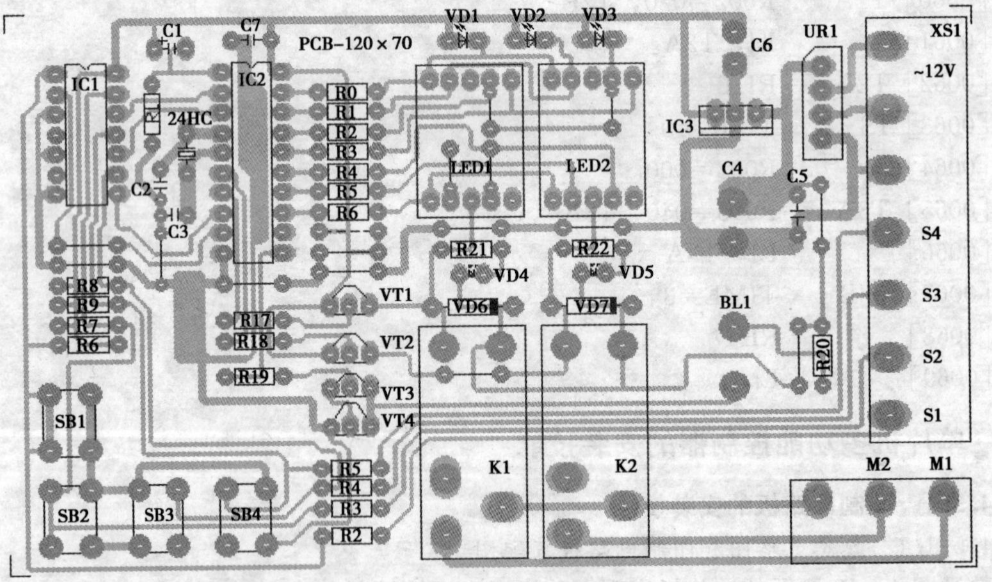


a）

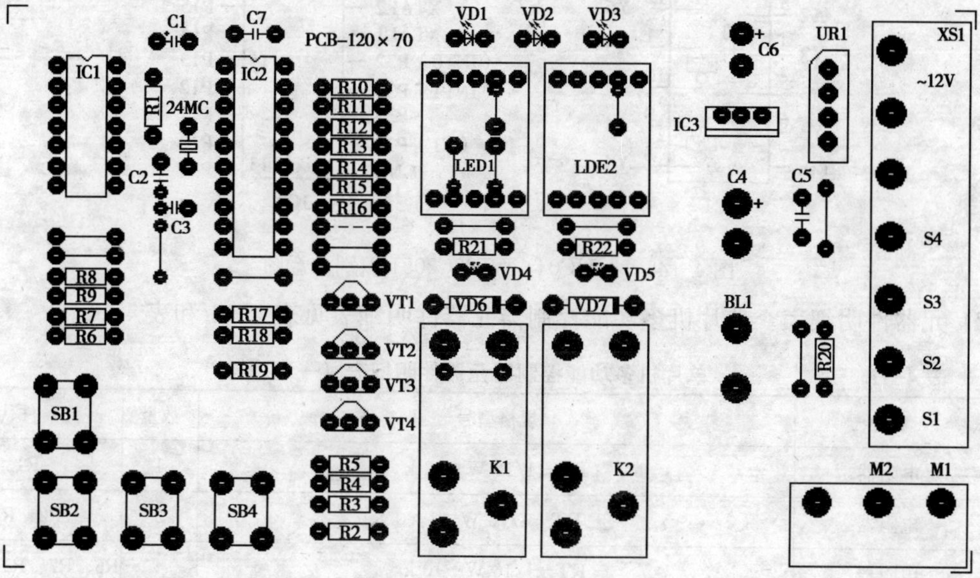


b）

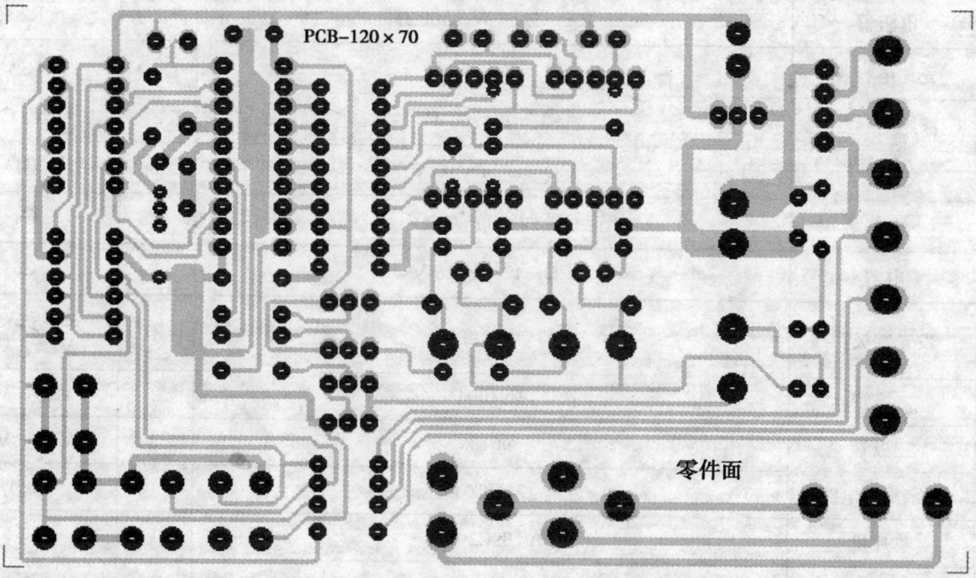


c）

图 4—44　单片机多功能控制器元器件安装图

a）装配图　b）零件板面示意图

c）PCB 板图

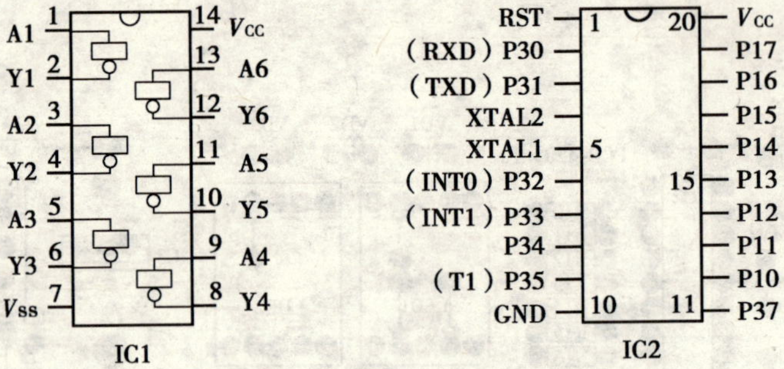


图 4—45　74HC04、AT89C2051 识别示意图

(2) 元器件明细表。单片机多功能控制器元器件明细表见表 4—1 和表 4—2。

**表 4—1　　单片机多功能控制器元器件明细表（一）**

| 序号 | 名称 | 规格型号 | 数量 | 元器件代号 |
|---|---|---|---|---|
| 1 | 电阻器 | RT—1/16 W—22 k | 1 | R1 |
| 2 | 电阻器 | RT—1/16 W—1 k | 2 | R2、R3 |
| 3 | 电阻器 | RT—1/16 W—10 k | 4 | R6、R7、R17、R18 |
| 4 | 电阻器 | RT—1/16 W—2 k | 2 | R10、11 |
| 5 | 电阻器 | RT—1/16 W—4 k7 | 1 | R19 |
| 6 | 电阻器 | RT—1/16 W—3 k9 | 2 | R21、22 |
| 7 | 电阻器 | RT—1/16 W—100 Ω | 2 | R20 |
| 8 | 瓷片电容器 | CC—27P/50 V | 2 | C2、C3 |
| 9 | 涤纶电容器 | CL—104/50 V | 2 | C5、C7 |
| 10 | 电解 | CD—4.7μF/16 V | 1 | C1 |
| 11 | 电解 | CD—2200μF/16 V | 1 | C4 |
| 12 | 电解 | CD—470μF/16 V | 1 | C6 |
| 13 | 发光二极管 | ϕ3—R（红色） | 4 | VD1、VD2、VD4、VD5 |
| 14 | 二极管 | 1N4004 | 2 | VD6、VD7 |
| 15 | 三极管 | 9013 | 3 | VT1～VT3 |
| 16 | 数字集成电路 | 74HC04 | 1 | IC1 |
| 17 | 单片机 | AT89C2051 | 1 | IC2 |
| 18 | 三端稳压器 | LM7805 | 1 | IC3 |
| 19 | 晶振 | 24 MHz | 1 | X |
| 20 | 整流桥堆 | 1 KBP10（KBP101） | 1 | UR1 |
| 21 | 蜂鸣器 | ϕ12/30 Ω | 1 | BL1 |

表 4—2　　单片机多功能控制器元器件明细表（二）

| 序号 | 名称 | 规格型号 | 数量 | 元器件代号 |
| --- | --- | --- | --- | --- |
| 1 | 继电器 | GZR－1/12 V | 2 | K1、K2 |
| 2 | 电源变压器 | 220V：12 V/3 W | 1 | T1 |
| 3 | 轻触按钮 | 6 mm×6 mm×9 mm | 2 | SB1、SB2 |
| 4 | 接线排 | 7.65 mm－10 位 | 1 | XB1 |
| 5 | 专用印制电路板 | 120 mm×70 mm | 1 | |

（3）测量元器件。

（4）对元器件引脚进行成形。

（5）在印制电路板上对元器件进行装配（采用流水装配方式）。

（6）检查焊接质量，剪切元器件过长的引脚。

## 4.6　模拟企业流水线生产的装配技能

为了使技能训练更加贴近企业的生产实际，在进行单片机多功能控制器印制电路板的装配过程中，可以采用流水作业的装配方式进行。由 8 人组成一个装配小组，完成 8 块印制电路板的装配工作。每个装配小组确定一人为组长，负责对全组的管理。全班分成若干个流水线装配工作小组，同时进行作业。

### 4.6.1　各工位装配内容及要求

（1）第 1 装配工位

1）装配内容：

检验印制电路板的质量。

安装 12 根连接线（包括 SB4 位置右侧的一根临时连接线）。

2）装配要求：

检验印制电路板应符合质量要求。

连接线安装平整。

焊点符合要求，无漏焊、虚焊和连焊。误差率不超过 5%。

剪切露出焊点以外的连接线引脚。

（2）第 2 装配工位

1）装配内容：

安装电阻器 R1～R3、R6、R7、R17～R19（该电路中不装 R4、R5、R8、R9）。

2）装配要求：

电阻器安装平整。

焊点符合要求，无漏焊、虚焊和连焊。误差率不超过 5%。

剪切露出焊点以外的元件引脚。

（3）第 3 装配工位

1）装配内容：

安装电阻器 R10、R11、R20～R22，该电路中 R12～R16 不装。

安装二极管 VD6、VD7。

2）装配要求：
电阻器、二极管安装平整。
焊点符合要求，无漏焊、虚焊和连焊。误差率不超过 5%。
剪切露出焊点以外的元件引脚。
（4）第 4 装配工位
1）装配内容：
安装 IC1、IC2 插座。
安装 C2、C3 和晶振。
2）装配要求：
IC 插座安装平整，高度一致。C2、C3、晶振安装高度相仿。
焊点符合要求，无漏焊、虚焊和连焊。误差率不超过 5%。
剪切露出焊点以外的元件引脚。
（5）第 5 装配工位
1）装配内容：
安装 C5、C7、C1、SB1、SB2。
2）装配要求：
接插件安装正直，C5 与 C7 及 SB1、SB2 高度相仿。
焊点符合要求，无漏焊、虚焊和连焊。误差率不超过 5%。
（6）第 6 装配工位
1）装配内容：
安装 VD1～VD5、VT1～VT4。
2）装配要求：
元器件安装正直，VD1～VD5 高度相仿，VT1～VT4 高度相仿。
焊点符合要求，无漏焊、虚焊和连焊。误差率不超过 5%。
剪切露出焊点以外的元器件引脚。
（7）第 7 装配工位
1）装配内容：
安装 C4、C6、BL、IC3、UR1。
2）装配要求：
元器件安装正直。
焊点符合要求，无漏焊、虚焊和连焊。误差率不超过 5%。
剪切露出焊点以外的元器件引脚。
（8）第 8 装配工位
1）装配内容：
安装 K1、K2，安装 10 位接线排。
检查第 1 工位至第 7 工位的装配质量，并进行补焊和质量记录。
2）装配要求：
元器件安装正直。
焊点符合要求，无漏焊、虚焊和连焊。

### 4.6.2 装配生产质量评比

对模拟企业生产的装配流水线工作进行总结和评比，以提高学生的质量意识。

## 4.7 单片机多功能控制器（控制电路1）的调试技能

### 4.7.1 单板调试步骤与方法

印制电路板装配结束后，应对其进行反复检查，只有检查无误后方可进行以下的硬件调试。

单板调试的目的有：检查装配后的元器件质量；检查各控制功能是否符合控制要求。

（1）检查+5 V输出、VT1、VT2、K1、K2。不安装IC1和IC2。在XS1－1与XS1－2接入电源变压器输出的交流11 V电压或直流稳压电输出的13 V电压。将万用表拨到直流25 V测量挡，黑表笔卡接在接线排的XS－3处，用红表笔测量C4正极电压应为15.4 V或11.6 V。然后撤离红表笔，作暂停测量。

将万用表拨到直流10 V测量挡，测量IC3三端稳压集成块的输出端。黑表笔卡接在接线排的XS－3处，用红表笔测量C6正极或VD1、VD2发光二极管的正极（左面的引脚），电压应为4.8 V左右。

检查SB1、SB2的质量。将红表笔接SB1左面的一个引脚万用表显示应为4.6 V左右。当按下SB1，该点电压值变为0 V。将红表笔接SB2左面的一个引脚万用表显示应为4.6 V左右。当按下SB2，该点电压值变为0 V。符合以上状态为正常。

检查VT1、K1和VT2、K2的质量。将万用表拨到直流50 mA挡，红表笔接5 V稳压输出端，黑表笔分别接电阻器R17的左侧引脚（P3.5口）或接电阻器R18的左侧引脚（P3.0口），当接电阻器R17的左侧引脚（P3.5口）时，K1吸合，说明VT1、K1均正常。当接电阻器R18的左侧引脚（P3.0口）时，K2吸合，说明VT2、K2均正常。如果K1或K2不吸合，则改用以下的检查方法：将VT1的发射极与集电极用镊子进行短路，K1应能吸合，则说明K1好，VT1损坏；如K1不吸合则说明K1损坏，VT1可能未损坏。或将VT2的发射极与集电极用镊子进行短路，K2如能吸合，则说明K2好，VT2损坏；如K2不吸合则说明K2损坏，VT2可能未损坏。

（2）检查IC1是否良好。断开电源，插装IC1（74SL04）集成块（集成电路标记缺口向上），接通电源。用红表笔测量IC1－2脚（IC1中的一个反相器的输出端，它与单片机的P3.5口相连）电压值。当没有按下SB1，该点电压值为0 V左右，当按下SB1时该点电压值为4.6 V左右，说明该反相器工作正常。

用红表笔测量IC1－12脚（IC1中另一个反相器的输出端，它与单片机的P3.0口相连）电压值。当没有按下SB2，该点电压值为0 V左右，当按下SB2时该点电压值为4.6 V左右，说明该反相器工作正常。

测量输入回路各控制电压值：

1）测量IC1－1脚电压为＞4.6 V（高电位）、IC1－2脚为0 V（低电位）；按下SB1时，IC1－1脚为0.4 V左右（低电位）、IC1－2脚为＞4.6 V（高电位）。

2）测量IC1－13脚电压为＞4.6 V（高电位）、IC1－12脚为0 V（低电位）；按下SB2时，IC1－13脚为0.4 V左右（低电位）、IC1－12脚为＞4.6 V（高电位）。

3）用手摸IC3的表面，应只能有微微的温度感觉。

（3）总调试。在切断电源的情况下，将 IC2（AT89C2051）单片机（单片机标记缺口向上）插入其插座，接通电源。

（4）观察控制状态

1）按下 SB1 奇数次，K1 吸合（K2 不动作）、VD1 亮（VD2 不亮）。

2）按下 SB1 偶数次，K2 吸合（K1 释放）、VD2 亮（VD1 灭）。

3）按下 SB2，K1、K2 均释放、VD1、VD2 均熄灭。

（5）测量 IC3 输出 5 V 电压值应正常，IC3 表面有微微的温热感。断开电源，对以上单板调试进行自我总结。

（6）测量电动机正、反转单片机控制电路各点电压值：将黑表笔接电路的“地”端（接线排 XS1—3），红表笔接测量各点。测得的电压数据与表 4—3 对照，如数值有较大差异，应立即断开电源，并作认真检查，直至故障排除。

**表 4—3　单片机实现电动机正、反转控制电路各点参考电压值一览表**

| 电路状态 | XS1—7 | IC1—1 输入端 | IC1—2 输出端 | XS1—6 | IC1—13 输入端 | IC1—12 输出端 | P35 |
|---|---|---|---|---|---|---|---|
| 待机状态 | 4.8 V | 4.8 V | 0 V | 4.8 V | 4.8 V | 0 V | 0 V |
| SB1 奇数次按下 | 0.4 V | 0.4 V | 4.8 V | | | | 4.8 V |
| SB1 偶数次按下 | 0.4 V | 0.4 V | 4.8 V | | | | 4.8 V |
| SB2 按下 | | | | 0.4 V | 0.4 V | 4.8 V | |
| 电路状态 | P30 | P33 | VT1—b | VT1—c | K1 | VD4 | P17 |
| 待机状态 | 0 V | 0 V | 0 V | 12 V | 释放 | 灭 | 4.8 V |
| SB1 奇数次按下 | | 2.6 V | 0.7 V | 0 V | 吸合 | 亮 | 0 V |
| SB1 偶数次按下 | | 0 V | 0 V | 12 V | 释放 | 灭 | 4.8 V |
| SB2 按下 | 4.8 V | 0 V | 0 V | 12 V | 释放 | 灭 | 4.8 V |
| 电路状态 | P32 | VT2—b | VT2—c | K2 | VD5 | P16 | P37 |
| 待机状态 | 0 V | 0 V | 12 V | 释放 | 灭 | 4.8 V | 0 V |
| SB1 奇数次按下 | 0 V | 0 V | 12 V | 释放 | 灭 | 4.8 V | BL 响一声 |
| SB1 偶数次按下 | 2.6 V | 0.7 V | 0 V | 吸合 | 亮 | 0 V | BL 响一声 |
| SB2 按下 | 0 V | 0 V | 12 V | 释放 | 灭 | 4.8 V | BL 响一声 |

注：测量值大于 1/2 电源电压视为高电位，小于 1/2 电源电压视为低电位。

### 4.7.2　整机调试步骤与方法

将电动机与控制板进行连接，形成如图 4—43 所示的完整电路。然后按以下步骤调试。

（1）接通电源。

（2）按下 SB1 奇数次时 K1 吸合、VD1 和 VD6 亮起。电动机应正转。

（3）按下 SB1 偶数次时 K2 吸合、VD2 和 VD7 亮起。电动机应反转。

（4）按下 SB2，K1（K2）释放、VD1（VD2）、VD4（VD5）熄灭。电动机应停止运行。

（5）测量单片机多功能控制器各点电压值填于表 4—4 中。

将黑表笔接电路的“地”端（XS1—3），红表笔测量控制电路板上的各点电压，填于表 4—4 中，作为该控制电路板的原始数据。同时边测量边与表 4—3 对照，如数值有较大差异，应立即断开电源，并作认真检查，直至故障排除。

**表 4—4　　单片机多功能控制器各点电压值表**　　V

| 状态 | XS1—7 | IC1—1 | IC1—2 | P3.5 | XS1—6 | IC1—13 | IC1—12 | P3.0 |
|---|---|---|---|---|---|---|---|---|
| SB1↓/↑（奇数） | / | / | / | / | / | / | / | / |
| SB1↓/↑（偶数） | / | / | / | / | / | / | / | / |
| SB2↓/↑ | / | / | / | / | / | / | / | / |
| 状态 | P3.3 | P3.2 | P3.7 | P1.7 | P1.6 | P1.5 | 7805 输入端 | 7805 输出端 |
| SB1↓/↑（奇数） | / | / | / | / | / | / | / | / |
| SB1↓/↑（奇数） | / | / | / | / | / | / | / | / |
| SB2↓/↑ | / | / | / | / | / | / | / | / |

## 4.8　单片机多功能控制器的检修技能

### 4.8.1　故障的检查方法种类

故障检查方法通常有直观检查法、直流电阻检查法、电压测量检查法、电流测量检查法和仪器测量检查法 5 种方法。通过采用以上检查方法检查出故障原因，然后对故障进行修复。

（1）直观检查法。直观检查法就是用眼睛观察元器件，看其是否有错装、漏装、漏焊、虚焊、连焊等现象或是有明显的发热现象。这种检查方法比较方便、直观，通常是检修中首先采用的方法。这种方法同样适合对各类控制电路板的检修。

（2）直流电阻检查法。直流电阻检查法是用万用表的电阻挡测量电路中某两点间的直流阻值的方法。这种检查方法无需将电路接通工作电源，比较安全、方便。

（3）电压测量检查法。电压测量检查法是用万用表来测量各点电压值，然后把测量值与书中给出的标准值相比较，从而找出故障点和故障元器件。电压测量检查法检查故障比较准确，便于分析电路工作原理，所以电压测量检查法的使用比较普遍。

电压测量检查法是以万用表的一根表笔作为基准，另一根表笔进行测量。如一个电路的工作电源电压是以“＋”极性为输入，“－”极性为公共“地”，则测量时万用表的黑表笔接电路的“地”端，红表笔去测量各个测量点。如一个电路的工作电源电压是以“－”极性为输入，“＋”极性为公共“地”，则测量时万用表的红表笔接电路的“地”端，黑表笔去测量需检查的各个测量点的工作电压值。

（4）电流测量检查法。电流测量检查法是在电压测量检查法不能达到检查目的情况下使用，如需测量一个电路的总电流值来判断被测电路工作的正常与否等。

电流测量检查法操作时，需将万用表的两个表笔串联在测量电路中，所以电流测量检查法测量时比电压测量法繁琐。测量时还要了解被测电路中的电流方向，以确定红黑表笔的连接位置。

（5）仪器测量检查法。仪器测量检查法就是用万用表以外的仪器进行测量的方法。仪器测量检查法可以通过仪器的屏幕直观的检查被测点的工作状态，是一种比较精确的测量检查方法，只是用于测量的仪器设备比较昂贵，一般条件下不容易具备这种条件。仪器测量检查法的测量仪器通常有：示波器、频率计、高频信号发生器或低频信号发生器等等。

### 4.8.2 故障检查步骤与方法

#### 4.8.2.1 按下 S1（SB1）电路无动作无反应

（1）测量 IC1－1 脚电压如与表 4—3 不同，故障原因为：

1）XP1－7 或 XS1－7 接触不良或损坏。

2）电阻器 R2 开路。

（2）测量 IC1－1 脚电压正常，IC1－2 脚电压与表 4—3 不同，则故障原因为：

1）IC1 接触不良或损坏。

2）单片机 IC2 损坏。

（3）P33 口或 P32 口无输出电压，故障原因为：

单片机损坏。

（4）P33 口有输出电压，但 K1 不吸合，故障原因为：

1）VT1 损坏。

2）VD6 接反。

3）K1 电磁线圈损坏或电磁线圈引脚虚焊。

（5）P32 口有输出电压，但 K2 不吸合，故障原因为：

1）VT2 损坏。

2）VD7 接反。

3）K2 电磁线圈损坏或电磁线圈引脚虚焊。

（6）K1（或 K2）吸合，但 VD4（或 VD5）不亮，故障原因为：

1）VD4（或 VD5）接反。

2）电阻器 R21（或 R22）装错或虚焊。

（7）VD1（或 VD2）不亮，故障原因为：

1）VD1（或 VD2）接反或损坏。

2）电阻器 R10（或 R11）虚焊或损坏。

#### 4.8.2.2 按下 S2（或 SB2）电路无动作无反应

（1）测量 IC1－13 脚电压如与表 4—3 不同，故障原因为：

1）XP1－6 或 XS1－6 接触不良或损坏。

2）电阻器 R3 开路。

（2）测量 IC1－13 脚电压正常，IC1－12 脚电压与表 4—3 不同，则故障原因为：

1）IC1 接触不良或损坏。

2）单片机 IC2 损坏。

（3）P33 口或 P32 口无输出电压，但 K1 或 K2 不能释放，故障原因为：

1）VT1 损坏或 VT2 损坏。

2）K1 或 K2 损坏。

## 4.9 单片机多功能控制器的总装技能

单片机多功能控制器外形示意图如图 4—46 所示，总装示意图如图 4—47 所示。

调试好的控制电路板就可以对其进行总装。总装的内容与目的如下：

(1) 将调试好的控制电路板固定在 150 mm×120 mm×50 mm 的塑料盒内。

(2) 将 VD1、VD2 连线分别连接到面板上（见图 4—47）。

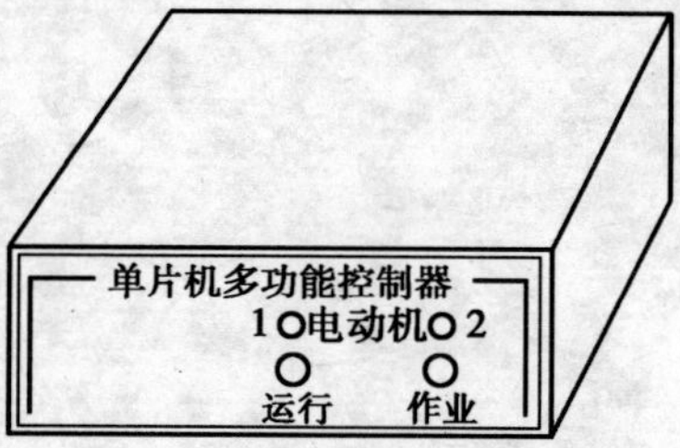


图 4—46 单片多功能控制器外形示意图

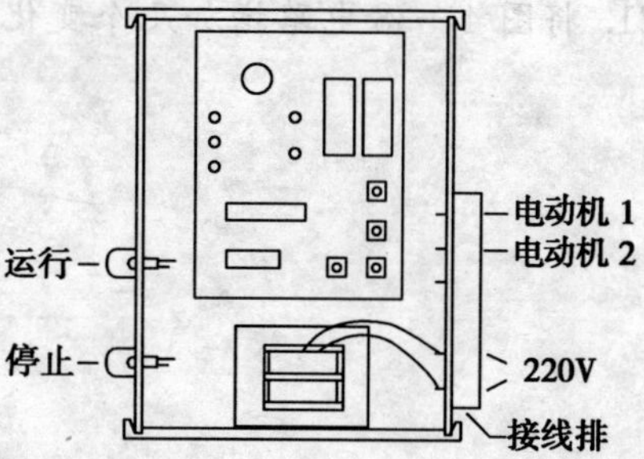


图 4—47 单片多功能控制器总装示意图

(3) 连接手动开、停按钮的连接线。

(4) 将电源变压器 T1 安装在塑料盒内。

(5) 将 5 位接线排安装在机盒的后板上。

(6) 将电源变压器的 220 V 输入端接到接线排上。

(7) 将 K1、K2 的 3 根控制引线接到接线排上。

通过以上内容的学习和专业技能训练，一台实用的电子产品——“单片机多功能控制器”就制作成功了。

## 练 习 题

1. 单片机多功能控制器有哪些性能特点？
2. 画出单片机多功能控制器原理方框图。
3. 画出单片机多功能控制器（电动机正反转、停止）电路图。
4. 画出单片机多功能控制器（电动机紧急制动）电路图。
5. 画出单片机多功能控制器（电动机星/三角启动）电路图。
6. 叙述单片机多功能控制器（电动机正反转、停止）控制原理。
7. 叙述单片机多功能控制器（电动机紧急制动）控制原理。
8. 叙述单片机多功能控制器（电动机星/三角启动）控制原理。
9. 叙述图 4—43 中电阻器 R2、R6 的作用。
10. 写出单片机多功能控制器（电动机正反转、停止）程序设计构想。
11. 画出单片机多功能控制器（电动机正反转、停止）程序设计方框图。
12. 编写单片机多功能控制器（电动机正反转、停止）运行程序。
13. 写出单片机多功能控制器（电动机紧急制动）程序设计构想。
14. 画出单片机多功能控制器（电动机紧急制动）程序设计方框图。

15. 编写单片机多功能控制器（电动机紧急制动）运行程序。
16. 写出单片机多功能控制器（电动机星/三角启动）程序设计构想。
17. 画出单片机多功能控制器（电动机星/三角启动）程序设计方框图。
18. 编写单片机多功能控制器（电动机星/三角启动）运行程序。
19. 电子电路的修理有哪些种类？
20. 如何对单片机多功能控制器电路故障进行修理？
21. 将图 4—38 电路增加几个变化形式，如开幕式、关幕式、跳跃等。

# 课题 5　单片机水塔自动供水控制器的制作技能

## 教学内容

单片机水塔自动供水控制器的制作技能

## 教学目的

(1) 掌握单片机水塔自动供水控制器的性能特点
(2) 掌握单片机水塔自动供水控制器的工作原理
(3) 掌握单片机水塔自动供水控制器的安装技能
(4) 学会编写本课题内容的控制程序技能
(5) 掌握单片机的硬件系统知识
(6) 掌握单片机开发工具的使用技能
(7) 学会单片机指令系统及编程设计技能
(8) 学会单片机控制程序的调试技能

本课题介绍的“单片机水塔自动供水控制器”，是应用单片机技术进行电路设计的一个实例。本教学内容是《中级技能训练模块》中的第三个课题。目的是使学生通过对本课题的学习进一步掌握单片机的性能特点，掌握单片机的识别及检测技能，掌握单片机技术的应用技能，掌握单片机技术在某些自动控制系统中的设计方法，掌握一些传感器的工作原理及使用方法，还要学会本课题——“单片机水塔自动供水控制器”的安装、调试、测量和检修等技能。通过学习，能在工作中直接使用或借鉴，或在此基础上做进一步提高。

## 5.1　单片机水塔自动供水控制器的性能特点

单片机水塔自动供水控制器是一款采用单片机技术设计制作的电子自动控制产品。它可以直接应用于各企事业单位，性能可靠，并具有以下特点。

### 5.1.1　实现自动供水

本控制器可以实现无人管理下的自动运行自动供水。

(1) 当水塔中水量处于低水位时，控制系统令水泵供水；同时黄灯亮起（图 5—2 中的发光二极管 VD1）、蜂鸣器中发出 1 kHz 的高音频报警信号声，以示水塔中水量较低。这是第一工作状态，即“低水位状态”或“低水位区”。

(2) 当水塔中的水量已超过低水位区，进入正常水位区后（见图 5—3），控制系统令黄灯熄灭，绿灯亮起（图 5—2 中的发光二极管 VD2），同时蜂鸣器发出 500 Hz 的音频信号声，水泵继续对水塔供水。这是第二工作状态，为“正常水位状态”或“正常状态”。

(3) 当水塔中的水量增加到预定的最高水位时，绿色指示灯灭，红色指示灯亮起（图5—2 中的 VD3）。此时，蜂鸣器停止发声，水泵也停止供水。这是第三状态，即“满水状态”。

如水塔中的水量使用后又低于满水位时，则控制系统又自动开始进入第二个工作状态，实施对水塔的再次供水。

### 5.1.2 双水泵交替工作

采用双水泵交替对水塔进行供水，优点有：

(1) 双水泵交替工作，能使每只水泵都有一定时间的休息，特别是在夏季的高温环境下，对水泵的降温散热特别有好处。能有效地避免水泵在高温下长时间工作而造成损坏，确保了控制系统的安全运行。

(2) 即使其中一只水泵出现故障，也不会影响控制系统对水塔的正常供水，还能利用一只水泵仍在工作的时间，对故障水泵进行检修或更换。

(3) 设定统一的水泵工作时间。为了使每只水泵不出现超长时间运行，确保水泵的使用安全，给水泵规定了一个工作或休息时间，即采用一只水泵工作一只水泵休息的方式。为此系统对每只水泵的运行时间进行了计算，一到规定时间，水泵与水泵之间就进行工作交换。考虑到水泵在夏季工作的温度比较高，所以本系统将水泵连续供水的工作时间（也就是另一只水泵的休息时间）定为 20 min。这样，水泵 M1 一旦进入工作状态，则水泵 M2 就开始进入 20 min 的休息阶段，而 M2 工作时，M1 在休息。

(4) 累计工作时间设计。如果水泵 M1 工作期间，水塔的水已满，则控制系统令 M1 暂时停止工作，并记下已工作时间。待水塔的水量下降后，系统会令 M1 继续工作剩余的工作时间，直至 M1 运行时间累计为 20 min 再进行工作交换。这样的设计，能使两只水泵一直保持有良好的运行性能，使水塔自动供水控制系统工作更加稳定和可靠。

### 5.1.3 水塔水位状态指示

在该控制器中采用声、光双指示方式表示水塔中的水位状态，方便管理人员及时了解水塔中的水位情况。当黄灯（VD1）亮起、蜂鸣器发出急促的高频音时，表示水塔中无水；当绿灯（VD2）亮起、蜂鸣器发出缓慢的中频声音时，表示水塔的水位在正常范围之内；当红灯（VD3）亮起、蜂鸣器不发声时，表示水塔中的水已满，水泵已停止工作。

### 5.1.4 水泵工作状态显示

该控制器中设置了两只发光二极管，分别表示继电器 K1、K2 的工作状态，也间接地反映出水泵的运行状况。

当 K1 吸合后，VD4 发光，以示水泵 M1 已开始工作。当 K2 吸合时，VD5 发光，以示水泵 M2 已开始工作。

### 5.1.5 手动供水和手动停止操作功能

本控制器中设有手动供水和手动停止操作功能，以方便对系统的调试及故障时的检修。

### 5.1.6 水泵过电流保护

本控制器设有水泵保护功能，当水泵出现故障，水泵的工作电流就会增大，易造成水泵的损坏。利用保护器件动作，使水泵及时断电停止运转，达到保护水泵的目的。同时，单片机控制系统收到保护信号后，也会采取对操作按钮的锁定，起到双保险的作用。

### 5.1.7 控制系统统一机芯

整个控制器的元器件组装在一块电路板上，便于安装、调试和维修。外围元器件如传感器、手动供水按钮和手动停止按钮、电源变压器、接触器 KM1、KM2 和水泵等，均通过接线排与控制电路进行连接，使整个控制系统安装十分方便。

## 5.2 单片机水塔自动供水控制器方框图分析

单片机水塔自动供水控制器方框图如图 5—1 所示。

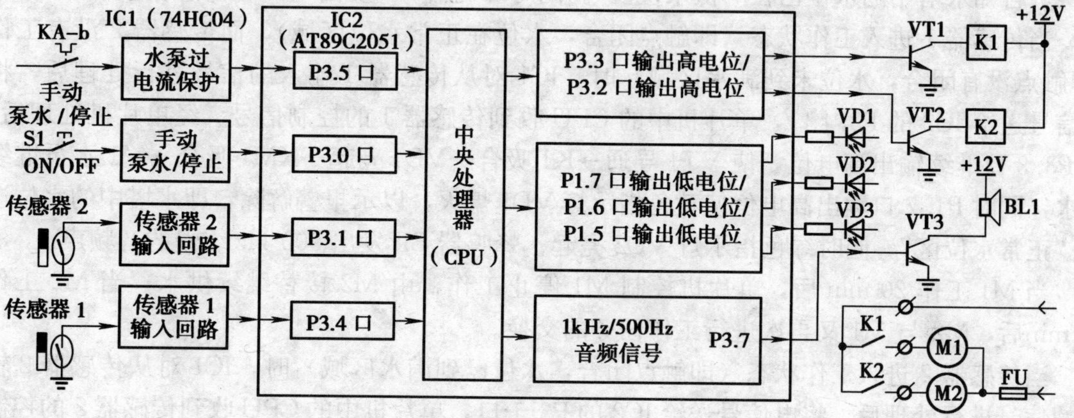


图 5—1 单片机水塔自动供水控制器方框图

从图 5—1 的方框图中可以看出，该控制器主要由一块单片机 IC2（AT89C2051）和一块数字电路 IC1（74HC04）共同完成。

### 5.2.1 IC1 和 IC2 的作用

IC1 是单片机 IC2 的接口电路，分别对“水泵故障紧急停止控制”“手动供水控制、手动停止控制”“传感器 1”和“传感器 2”四个输入回路的各控制信号进行整形、推动，以提高输入信号的抗干扰能力，并满足 IC2 输入端的控制要求。

IC2 对输入信号进行处理，并使相关回路的三极管导通，使该回路继电器吸合，发光二极管亮起，水泵开始工作。

### 5.2.2 手动控制的作用

当按下“手动泵水/停止按钮”S1，经 IC1 对 S1 输入信号的处理后，将控制信号送给 IC2 的 P3.0 口，单片机中的 CPU 收到 S1 的控制信号，并经单片机处理后，在 P3.3 口输出高电位，使 VT1 导通→K1 吸合→KM1 吸合→VD4 亮起→M1 水泵开始工作；同时 P3.2 口也输出高电位，使 VT2 导通→K2 吸合→VD5 亮起→KM2 吸合→M2 水泵也开始供水。在 S1 按下时，BL1 发出一次按键提示音。

当第二次按下“手动泵水/停止按钮”S1，经 IC1 对 S1 输入信号的处理后，将控制信号送给 IC2 的 P3.0 口，单片机中的 CPU 收到 S1 的第二次（偶数次）控制信号，经单片机处理后，令 P3.3 口输出低电位，VT1 截止→K1 释放→VD4 熄灭→KM1 释放→M1 水泵停止供水；同时 P3.2 口也输出低电位，使 VT2 截止→K2 释放→VD5 熄灭→KM2 释放→M2 水泵停止工作。在 S1 按下时，BL1 发出一次提示音。

当第三次（奇数次）按下 S1 按钮时，单片机的工作形式与第一次相同，BL1 也发出一次提示音。

### 5.2.3 传感器 1、2 的作用

当传感器 1 没有工作（即触点没有闭合，水位在低水位区）时，IC1 对从传感器 1 输入的信号进行处理后，将控制信号送给 IC2 的 P3.4 口，单片机中的 CPU 收到传感器 1 的控制信号。经单片机处理后，首先 P3.3 口输出高电位，使 VT1 导通→K1 吸合→VD4 亮起→KM1 吸合→M1 水泵工作开始供水；同时 P1.7 口输出低电位使黄色指示灯 VD1 亮起以示报警，告知水塔中的水位已在“低水位区”。同时蜂鸣器 BL 发出 1 kHz 的急促报警声。

当传感器 1 进入工作状态（即触点闭合，水位在正常水位区域），而传感器 2 没有工作（即触点没有闭合，水位未到满水区域）时，IC1 对从传感器 1 输入的信号进行处理后，将电信号送给 IC2 的 P3.4 口，单片机中的 CPU 收到传感器 1 的控制信号。经单片机处理后，令 P3.3 口继续输出高电位，使 VT1 导通→K1 吸合→VD4 亮起→KM1 吸合→M1 水泵继续供水，同时 P1.7 口输出高电位使黄色指示灯 VD1 熄灭，以示报警解除，即水塔中的水位进入“正常水位区”，同时绿色指示灯 VD2 亮起；蜂鸣器 BL 发出 500 Hz 缓慢的音频声。

当 M1 工作 20 min 后，单片机控制 M1 停止工作，由 M2 接替继续供水；当 M2 工作 20 min后，M2 与 M1 又再次进行工作任务的交换。

当传感器 2 进入工作状态（即触点闭合，水位已到满水区域）时，IC1 对从传感器 2 输入的信号进行处理后，将电信号送给 IC2 的 P3.1 口，单片机中的 CPU 收到传感器 2 的控制信号，经单片机处理后，令 P3.3 口或 P3.2 口为低电位，使 VT1、VT2 均截止→VD4、VD5 均熄灭→KM1、KM2 均释放→M1、M2 水泵均停止工作；P1.5 口输出变化的脉冲电压，使红色指示灯 VD3 闪亮，以示水塔中的水已满。

### 5.2.4 KH－b 触点的作用

当水泵出现故障，水泵的工作电流就增大，于是过流继电器 KH 动作，KH－b 触点闭合，使第一输入端为低电位，经过 IC1 的处理后送给 IC2 的 P3.5 输入口，CPU 收到 P3.5 口的控制信号，即令 P3.3 口、P3.2 口为低电位→继电器 K1、K2 释放→KM1、KM2 释放→M1、M2 停止运行，达到保护水泵的目的。

KH 恢复正常后，电路不会马上进入正常的工作状态且处于自锁状态，只有按下 S1 后，电路才能恢复正常控制状态。

## 5.3 单片机水塔自动供水控制器的控制原理

图 5—2 所示为单片机水塔自动供水控制器电路图。它主要由主电路（电路图的左半部分）和单片机控制电路（电路图的右半部分）两部分组成。主电路部分是做工部分，是水泵的供水工作部分，主电路好比是人的四肢，主电路受单片机电路的控制；单片机电路是自动供水系统的控制中心，好比是人的大脑，它控制着主电路的工作方式和工作状态。单片机水塔自动供水控制器工作性能的好坏，绝大部分由控制电路的工作性能决定。

### 5.3.1 主电路工作原理

主电路中的 K1、K2 两个常开触点，是 K1 和 K2 两个继电器的常开触点。K1、K2 两个常开触点的上方均通过过流继电器（热继电器）KH 的常闭触点与 220 V 电源相连，下方接点分别与接触器 KM1 和 KM2 的电磁线圈相连，电磁线圈的另一端与 220 V 电源的另一

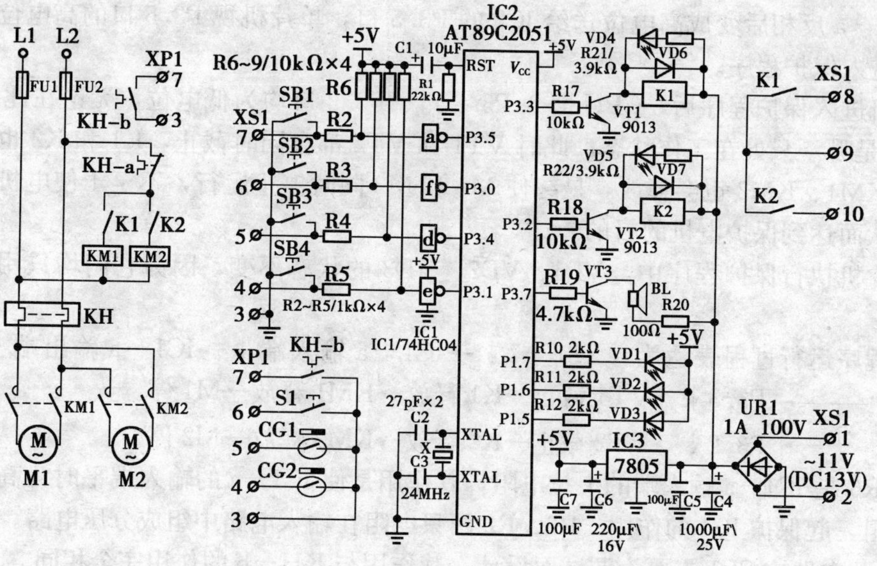


图 5—2　单片机水塔自动供水控制器电路图

相相连。

如果 K1 触点闭合，KM1 就吸合，KM1 触点就闭合，于是 M1 得电开始泵水。其控制路径为：L2→FU2→KH－a→K1（继电器 K1 常开触点）→KM1→FU1→L1。M1 的工作路径为：L1→FU1→KH→M1→KH→FU2→L1。

如果 K2 触点闭合，则 KM2 吸合，KM2 触点闭合，M2 开始泵水。其工作路径为：L2→FU2→KH－a→K2（继电器 K2 常开触点）→KM2→FU1→L1。M2 的工作路径为：L1→FU1→KH→M2→KH→FU2→L1。

如水泵出现故障就会造成工作电流增大，当水泵工作电流增大到过流继电器设定值时，过流继电器中的金属片就产生变形，通过绝缘片推动过流继电器中的两组辅助触点动作。KH－a 常闭触点断开后，切断了接触器 KM1 或 KM2 电磁线圈的供电回路，KM1 或 KM2 释放，M1 或 M2 停止运行，有效地防止了水泵故障的进一步扩大。同时，KH 中的另一组常开触点 KH－b 闭合，使 IC1－a 输入端为低电位，经反相后输出高电位。单片机收到高电位信号后，令 P3.3 口、P3.2 口为低电位，VT1 和 VT2 同时截止，K1 和 K2 同时释放。如果 KH 动作后 KH－a 触点没有断开，此时也能使 KM1 和 KM2 失电释放。单片机软件保护程序的设计，有效地防止了过流继电器 KH 辅助触点可能出现的机械失灵现象对电气设备的损伤，软件保护和机械保护的双重作用，对水泵的保护起到双保险作用。

当电路进入保护状态后，程序则进入自锁程序，即 P3.3 口和 P3.2 口一直为低电位。只有当按下 S1 按钮，给单片机的 P3.0 口输入高电位后，解锁命令才使自锁程序终止。

### 5.3.2　控制电路的工作原理

5.3.2.1　“水泵保护”控制原理

XS1－7 是水泵保护控制信号输入端。当水泵正常时，KH－b 触点一直为常开状态，XS1－7 端呈高电位，经 IC1－a 反相后为低电位，送到 IC2 的 P3.5 口是低电位，所以单片机不启动保护程序。

当水泵出现故障后，KH－b 的常开触点就会闭合，XS1－7 端就会由高电位变成低电位，经 IC1－a 反相后变成高电位送给 IC2 的 P3.5 口，单片机视 P3.5 口的高电位为有效控制，于是进入保护程序。

单片机进入保护程序后，CPU 即令 P3.3 口、P3.2 口均为低电位，无论在此之前 VT1 或 VT2 中是哪一只处在工作状态，此时 VT1 和 VT2 都会同时截止，K1 和 K2 也会同时释放，同时 KM1、KM2 也会释放，最终使 M1 和 M2 同时停止运行，不至于使电机带故障继续工作，从而达到保护电机的目的。

在单片机执行保护程序中，VD1、VD2、VD3 的状态不变，因为它们均只用于水位控制。

保护程序运行过程表达为：XS1－7↓→IC1－a 输入端↓→IC1－a 输出端↑→IC2－P3.5 口↑ → P3.3↓→VT1 截止→K1 释放→KM1 释放→M1 停。
→ P3.2↓→VT2 截止→K2 释放→KM2 释放→M2 停。

电阻 R6 是 IC1－a 输入端的上拉电阻，其作用是使 IC1－a 的输入端平时为高电位。R2 是限流电阻，起保护 IC1 的作用。R6、R2 两只电阻在输入电路中组成分压电路。

图 5—2 电路中 SB1 主要为调试而设计，其作用与 KH－b 的作用完全相同。

5.3.2.2 “手动控制”控制原理

手动控制的控制信号是从接线排 XS1－6 端输入。不在控制状态时 XS1－6 端为高电位，送给单片机 P3.0 口的是低电位，所以单片机不执行手动控制程序。

当按下手动控制按钮 S1，通过 XS1－6 使 IC1－f 输入端变成低电位，经反相后从输出端输出高电位送给 IC2。IC2 的 P3.0 口接收到高电位信号，单片机则进入手动控制程序。

当 S1 奇数次按下时，单片机则进入“手动启动”控制程序。单片机进入“手动启动”控制程序后，单片机中的 CPU 即令 P3.3 口和 P3.2 为高电位，使 VT1 和 VT2 均导通→K1、K2 吸合→KM1、KM2 也吸合→水泵 M1 和 M2 开始运行。

“手动启动”程序表达为：XS1－6↓→IC1－f 输入端↓→IC1－f 输出端↑→IC2－P3.0 口↑ → P3.3↑→VT1 导通→K1、KM1 吸合→M1 运行。
→ P3.2↑→VT2 导通→K2、KM2 吸合→M2 运行。

当 S1 偶数次按下时，单片机则进入“手动停止”控制程序。此时单片机中的 CPU 即令 P3.3 口和 P3.2 均为低电位，使 VT1 和 VT2 均截止→K1、K2 均释放→KM1、KM2 也都释放→水泵 M1 和 M2 停止运行。

“手动停止”程序表达为：XS1－6↓→IC1－f 输入端↓→IC1－f 输出端↑→IC2－P3.0 口↑ → P3.3↓→VT1 截止→K1 释放→KM1 释放→M1 停。
→ P3.2↓→VT2 截止→K2 释放→KM2 释放→M2 停。

电阻 R7、R3 的作用与电阻 R6、R2 的作用相同。

图 5—2 电路中的 SB2 主要为调试而设计，其作用与控制面板上的按钮 S1 功能相同。

5.3.2.3 “传感器 1”控制原理

传感器 1 和传感器 2 是两只干簧继电器，干簧继电器中的两个触点在没有外界磁场时，其内部触点呈常开状态，当受到外界磁场作用时，干簧继电器中的触点就闭合，呈现导通状态。

两只传感器分别安放在塑料管的两端，传感器与传感器之间的距离应根据水塔的高度而定，传感器 2 的高度与水塔的上沿之间的距离不能小于 0.3 m，传感器 1 与水塔底部的距离根据水塔的直径而定，水塔直径小，其高度上移。传感器位置的设定也应参考生产用水量的大小（见图 5—3）。

传感器安放在塑料管中后，3 根引线从上方引出，塑料管两头应进行密封处理，以防止水进入而影响传感器的正常工作。

传感器 1 和传感器 2 在使用中各配两只浮球，分别为上浮球和下浮球。其中下浮球为传感器 1 服务，上浮球为传感器 2 服务。两只浮球的位置同时随水位变化而变化，但每只浮球的活动范围各有不同。下浮球的活动范围在塔底与传感器 1 之间，当水位低于“低水区”时，下浮球随着水位的降低而降低，于是传感器 1 脱离了下浮球中磁铁的磁力作用，内部触点恢复成常开状态；当水位进入正常水位后，下浮球受到传感器 1 上方挡板的阻挡被限位，传感器 1 受下浮球中的磁铁磁力作用，其触点呈闭合（接通）状态。传感器 2 在水位位于低水区或正常水位区时，其内部触点呈现开路状态，当水位达到满水区时，传感器 2 则受到上浮球的磁力作用而使触点闭合，呈现通路状态。

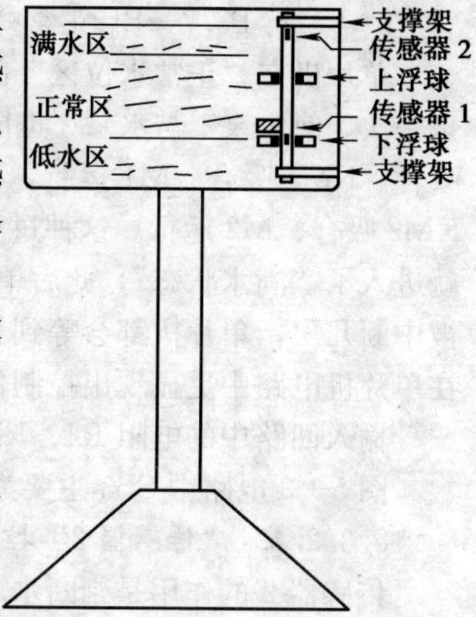

图 5—3　水塔示意图

传感器 1 的作用有二：如判断水位在“低水位”则黄灯亮，则将信息传给单片机，从而使扬声器发出报警声、M1 运行；如判断水位在“正常区”，则 CPU 根据此信息，控制黄灯灭、绿灯亮，报警声变成正常的水泵工作提示声，M1 继续运行。

当水塔中的水位进入“低水区”时，传感器 1 触点呈开路状态，通过接线排 XP1－5 与 XS1－5 的连接，将高电位送给 IC1－d 的输入端，经反相后输出低电位向单片机输入。当单片机的 P3.4 口接受到低电位的控制信号，根据程序设计要求单片机视之为“低水位输入控制信号”，于是令 P1.7 口为低电位，使“黄色”报警指示灯 VD1 亮起；P3.7 口输出 1 kHz 频率的音频信号，通过 VT3 放大后推动 BL 发出急促的报警声；同时 P3.3 口输出的高电位使 VT1 导通，驱动 K1 吸合，又通过 KM1 吸合动作，将 KM1 的触点闭合使水泵 M1 得电运行而开始对水塔进行供水。以上控制过程表达为：传感器 1 触点开路↑→XP1－5↑→XS1－5↑→IC1－d 输入端↑→IC1－d 输出端↓→IC2－P3.4↓→单片机处理后：

→ P3.3↑→VT1 导通→K1 吸合→KM1 吸合→M1 运行。
→ P1.7↓→VD1（黄灯）亮。
→ P3.7→BL“报警”蜂鸣。

当水塔中的水位高于“低水区”进入“正常区”后（见图 5—3），传感器 1 触点呈闭合状态，通过接线排 XP1－5 与 XS1－5 的连接，将 IC1－d 输入端的高电位下拉成低电位，经 IC1－d 反相后输出高电位向单片机输送。当单片机的 P3.4 口接收到 IC1－d 输出的高电位控制信号，根据程序设计要求单片机视高电位为“正常水位控制信号”，于是令 P1.7 口为高电位，使“黄色”报警指示灯 VD1 熄灭，令 P1.6 口为低电位，使“绿色”正常工作指示灯 VD2 亮起；同时 P3.7 口输出 500 Hz 频率慢变化的音频信号，通过 VT3 放大后推动 BL

发出缓慢悦耳的音频声；P3.3 口继续输出高电位，使 VT1 继续导通、K1 和 KM1 继续吸合、水泵 M1 继续运行。以上控制过程表达为：传感器 1 触点闭合↓→XP1－5↓→XS1－5↓→IC1－d 输入端↓→IC1－d 输出端↑→IC2－P3.4↑→单片机处理后：

→ P3.3↑→VT1 导通→K1 吸合→KM1 吸合→M1 运行。
→ P1.7↑→VD1（黄灯）灭→P1.6↓→VD2（绿灯）亮。
→ P3.7→BL 正常蜂鸣。

单片机在“正常水位区”的运行中，每 20 min 就使 P3.3 口与 P3.2 口输出状态交替变化一次，使水泵 1 与水泵 2 也同步交换一次。如原先是 P3.3 口输出高电位、VT1 导通、K1 吸合、KM1 吸合、M1 运行，工作交换后则是 P3.2 口输出高电位、VT2 导通、K2 吸合、KM2 吸合、M2 运行。这种过程将一直进行下去。如果水泵 M1 在工作期间只运行了15 min 就进入了“满水状态”，此后单片机将待水位下落后让 M1 继续运行 5 min。无论 M1 的运行被中断几次，单片机都会等到 M1 的运行时间累计达到 20 min 才进行工作交换。这一性能在单片机电路中更显现出控制优势。

输入回路中的电阻 R4、R8 的作用与电阻 R2、R6 的作用相同。

图 5—2 电路中 SB3 主要为调试而设计，其作用与传感器 1 的功能相同。

5.3.2.4 “传感器 2”控制原理

传感器 2 的作用是判断水塔的水是否已满。如果水已满，则 CPU 根据传感器 2 的信息，使 M1 或 M2 停止、绿灯灭红灯亮、水泵工作提示音停止。

在“正常水位区”以及在“低水区”，传感器 2 内部触点均应呈现常开状态，通过 XP1－4、XS1－4 的连接，经 IC1－e 输送给 IC2 的 P3.1 口的是低电位，此时单片机知道传感器 2 表达的信息是：水位在正常水位区。

当水位进入“满水区”，传感器 2 内部触点呈现通路状态，经过接线排 XP1－4 及 XS1－4的连接，将 IC1－e 输入端的高电位下拉变为低电位，经 IC1－e 反相作用后输出高电位向 IC2 的 P3.1 口输送。单片机收到 P3.1 口的高电位控制信号后，说明传感器 2 送来的是一个“满水”控制信号，即令 P3.3 口、P3.2 口均为低电位，使 VT1、VT2 截止，K1 和 K2 以及 KM1、KM2 都释放，导致 M1 和 M2 失电停止运行；同时 P1.6 口输出高电位，使 VD2 熄灭；P1.5 口输出低电位，使红色满水指示灯 VD3 亮起。P3.7 口停止输出 500 Hz 供水提示音。以上控制过程表达为：传感器 2 触点闭合↓→XP1－4→XS1－4↓→IC1－e 输入端↓→IC1－e 输出端↑→IC2－P3.1↑→单片机处理后：

→ P3.3↓→VT1 截止→K1 释放→KM1 释放→M1 停止。
→ P3.2↓→VT2 截止→K2 释放→KM2 释放→M2 停止。
→ P1.6↑→VD2（绿灯）灭→P1.5↓→VD3（红灯）亮。
→ P3.7↓→BL 停止蜂鸣。

当水位又回落到“正常水位区”，则单片机会根据传感器 2 的控制信号，变更相应的状态。

输入回路中的电阻 R5、R9 的作用与电阻 R2、R6 的作用相同。

图 5—2 中的 SB4 主要为调试而设计，其作用与传感器 2 的功能相同。

5.3.2.5 ＋5 V 稳压电源工作原理

单片机水塔自动供水控制器的电源部分由 IC3、C4、C5、C6、C7 以及整流桥堆 UR1 等组成。目的有二：对输入的 11 V 交流电进行整流，得到＋15.4 V 左右直流电压提供给 K1 和 K2 使用；对＋15.4 V 左右电压进行稳压，输出＋5 V 电压，为 IC1、IC2 等元件提供工作电源。

电源变压器输出的交流 12 V 电压从接线排 SX1 和 SX2 输入，排式整流桥堆 UR1 对交流电进行整流，整流后的直流电通过 C4、C5 进行滤波，既能提高 UR1 的整流效果，又能有效地滤除直流电中的交流成分，以提高直流电源的质量，这样的电源提供给继电器使用比较合适。

AT89C2051 和 74LS04 的工作电源电压范围在 4.5～5.5 V 之间。为了满足其需要，并要保证单片机的工作稳定，要有一个相符合的稳压电路。这一稳压电路由 IC3、C6、C7 组成，经 IC3 稳压后输出＋5 V 电压，再经过 C6、C7 滤波作用，进一步降低了＋5 V 中的纹波系数，为单片机的稳定工作提供了外部条件。

## 5.4 编写单片机水塔自动供水控制器的运行程序

### 5.4.1 根据控制原理编写编程构想

(1)“水泵保护”编程构想

“水泵保护”编程构想为：XS1－7↓→IC1－a 输入端↓→IC1－a 输出端↑→IC2－P3.5 口↑

→ P3.3↓→VT1 截止→K1 释放→KM1 释放→M1 停。

→ P3.2↓→VT2 截止→K2 释放→KM2 释放→M2 停。

(2)“手动启动”编程构想

“手动启动”编写构想为：XS1－6↓→IC1－f 输入端↓→IC1－f 输出端↑→IC2－P3.0 口↑

→ P3.3↑→VT1 导通→K1 吸合→KM1 吸合→M1 运行。

→ P3.2↑→VT2 导通→K2 吸合→KM2 吸合→M2 运行。

(3)“手动停止”编程构想

“手动停止”编写构想为：XS1－6↓→IC1－f 输入端↓→IC1－f 输出端↑→IC2－P3.0 口↑

→ P3.3↓→VT1 截止→K1 释放→KM1 释放→M1 停止。

→ P3.2↓→VT2 截止→K2 释放→KM2 释放→M2 停止。

(4)“传感器 1”编程构想

1)“传感器 1”触点断开时编程构想

传感器 1 触点断开时的编程构想为：传感器 1 触点开路↑→XP1－5↑→XS1－5↑→IC1－d输入端↑→IC1－d 输出端↓→IC2－P3.4↓→单片机处理后：

→ P3.3↑→VT1 导通→K1 吸合→KM1 吸合→M1 运行。

→ P1.7↓→VD1（黄灯）亮。

→ P3.7 输出 500 Hz 信号→VT3 放大→BL“报警”蜂鸣。

2)“传感器 1”触点闭合时编程构想

传感器 1 触点闭合时的编程构想为：传感器 1 触点闭合↓→XP1－5↓→XS1－5↓→IC1－d输入端↓→IC1－d 输出端↑→IC2－P3.4↑→单片机处理后：

→ P3.3↑→VT1 导通→K1 吸合→KM1 吸合→M1 运行。

→ P1.7↑→VD1（黄灯）灭→P1.6↓→VD2（绿灯）亮。

→ P3.7 输出 500 Hz 信号→VT3 放大→BL“正常”蜂鸣。

(5)“传感器 2”编程构想

传感器 2 触点闭合时的编程构想为：传感器 2 触点闭合↓→XP1－4↓→XS1－4↓→IC1－e 输入端↓→IC1－e 输出端↑→IC2－P3.1↑→单片机处理后：

→P3.3↓→VT1 截止→K1 释放→KM1 释放→M1 停止。

→P3.2↓→VT2 截止→K2 释放→KM2 释放→M2 停止。

→P1.5↓→VD2（红灯）亮→P1.6↑→VD1（绿灯）灭。

(6) 20 min 计时编程构想

如水位仍在“正常”区，计时未到 20 min 时，其编程构想为：

20 min 计时器计时 →P3.3↑（P3.2↓）→VT1 导通（VT2 截止）→K1 吸合（K2 释放）→KM1 吸合（KM2 释放）→M1 运行（M2 停止）。

→P1.6↓→VD2（绿灯）亮。

→P3.7↑→BL“正常”蜂鸣。

如水位仍在“正常水位”区，计时到了 20 min 时，其编程构想为：

计时器清“0”→计时重新开始钟 →P3.2↑（P3.3↓）→VT2 导通（VT1 截止）→K2 吸合（K1 释放）→KM2 吸合（KM1 释放）→M1 运行（M2 停止）。

→P1.6↓→VD2（绿灯）亮。

→P3.7↑→BL“正常”蜂鸣。

### 5.4.2 单片机程序编写方框图

图 5—4 所示为单片机水塔自动供水控制器主程序编写方框图。

### 5.4.3 编程指令语句

(1) 传送指令

1) Rn＝Pm （表示 I/O 口内容传给内存）

2) Pmm＝1 (0) （单 I/O 口置“1”或：置“0”）

3) Pm＝K （十进制数传给 I/O 口）

(2) 调用、跳转指令

1) LC，BH （调用 BH 标号处的子程序）

2) RET （子程序返回指令）

3) LJ，BH （跳到 BH 标号处继续运行）

(3) 条件跳转指令

Pmm＝1，BH （如单 I/O 口置 1，则跳到标号处运行，否则运行下一条指令）

(4) 设定指令

1) Rn＝ON （激活 Rn 定时器）

2) TIME＝0 [12÷主频（晶振）×50 000＝定时器时钟 0.05 s]

3) TIME＝1 [12÷主频（晶振）×5 000＝定时器时钟 0.005 s]

4) TIME＝2 [12÷主频（晶振）×10 000＝定时器时钟 0.01 s]

5) TIME＝3 [12÷主频（晶振）×1 000＝定时器时钟 0.001 s]

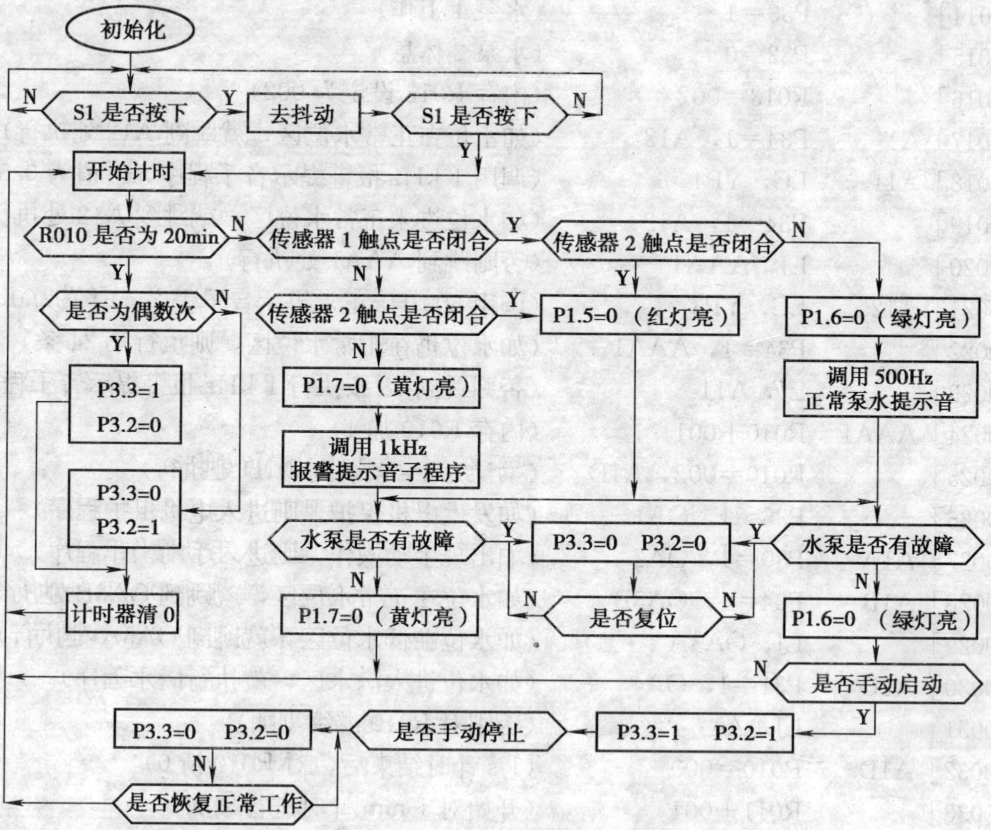


图 5—4　单片机水塔自动供水控制器主程序编写方框图

(5) 运算指令

Rn＋K　　(Rn 内容加某一数值)

### 5.4.4　单片机运行程序

5.4.4.1　单片机水塔自动供水控制器程序清单

| | | |
|---|---|---|
| [0001] | INT0＝LJ, | (无设定) |
| [0002] | INT1＝LJ, | (无设定) |
| [0003] | TINT1＝LJ, | (无设定) |
| [0004] | TINT2＝LJ, | (无设定) |
| [0005] | SINT＝LJ, | (无设定) |
| [0006] | AR＝000 | (存储器全部清 0) |
| [0007] | TIME＝3 | (设置定时时钟为 0.001 s) |
| [0008] | R001＝ON | (定时器 R001 被激活) |
| [0009] | R002＝ON | (定时器 R002 被激活) |
| [0010] | R003＝ON | (定时器 R003 被激活) |
| [0011] | R004＝ON | (定时器 R004 被激活) |
| [0012] | P1＝255 | (P1 口全部为 1) |
| [0013] | P3＝051 | (设定 P3.5、P3.0、P3.4、P3.1 口为输入口) |

```
[0014]        P33=1             (水泵 1 工作)
[0015]        P32=0             (水泵 2 休息)
[0016]        R013=002          (内存 R013 设定为 002)
[0017] A1     P34=1, A12        (如水位在正常水位区,就跳到 A12 处执行)
[0018] A11    LC, YP4           (调用 1 kHz 报警提示音子程序,时值为 0.5 s)
[0019]        P34=1, A12        (如水位进入正常水位区,就跳到 A12 处执行)
[0020]        LJ, AAA1          (否则跳到 AAA1 处执行)
[0021] A12    LC, YP3           (调用 500 Hz 正常提示音子程序,时值为 0.5 s)
[0022]        P34=1, AAA1       (如水位仍在正常水位区,则执行第 24 条)
[0023]        LJ, A11           (否则跳到 18 条执行 1 kHz 报警提示音子程序)
[0024] AAA1   R010+001          (内存 R010 加 1)
[0025]        R010=002, A1D     (累计为 1 s 就跳到 A1D 处执行)
[0026]        P35=1, OA1        (如发生电机保护,则进入电机保护程序)
[0027] A1A    P30=1, OA2        (如出现手动操作,则进入手动操作程序)
[0028] A1B    P34=1, OA3B       (如水位在正常水位区,就跳到 OA3B 处执行)
[0029]        LJ, OA3A          (如水位在低水位区,就跳到 OA3A 处执行)
[0030] A1C    P31=1, OA4        (如水位进入满水区,就执行满水程序)
[0031]        LJ, A1            (否则对 R010 继续累加)
[0032] A1D    R010=000          (1 s 计时结束后,对 R010 清 0)
[0033]        R011+001          (开始对 1 min 计时进行累加)
[0034]        R011=060, A1E     (如计时到 1 min,就跳到 A1E 处执行)
[0035]        LJ, A1            (否则继续进行 1 min 计时)
[0036] A1E    R011=000          (1 min 计时结束后,对 R011 清 0)
[0037]        R012+001          (开始对 20 min 计时累加)
[0038]        R012=020, A1F     (如计时到 20 min,就跳到 A1F 处执行)
[0039]        LJ, A1
[0040] A1F    R012=000          (20 min 计时结束后,对 R012 清 0)
[0041]        R013+001          (对每一次 20 min 进行奇、偶数次计数)
[0042] A1G    R013=001, AA1     (如该 20 min 为奇数次,就跳到 AA1 处执行)
[0043]        R013=002, AA2     (如该 20 min 为偶数次,就跳到 AA2 处执行)
[0044]        R013=003, AA3     (如 R013 值为 003,就跳到 AA3 处执行)
[0045]        LJ, A1
[0046] AA1    P33=0             (如该 20 min 为奇数次,则水泵 1 停止工作)
[0047]        LC, 01S           (0.1 s 延时以待继电器 K1 彻底释放)
[0048]        P32=1             (水泵 2 开始工作)
[0049]        LJ, A1A
[0050] AA2    P32=0             (如该 20 min 为偶数次,则水泵 2 停止工作)
[0051]        LC, 01S           (0.1 s 延时以待继电器 K2 彻底释放)
[0052]        P33=1             (水泵 1 开始工作)
```

```
[0053]          LJ，A1A
[0054] AA3      R013=001
[0055]          LJ，AA1
[0056] OA1      LC，10MS              (通过延时 10 ms 以判断是不是干扰信号)
[0057]          P35=1，OA1A           (如确实出现电机故障，则进入电机保护程序)
[0058]          LJ，A1A               (继续执行其他访问程序)
[0059] OA1A     P33=0                 (进入电机保护程序，使 M1 水泵停止工作)
[0060]          P32=0                 (使 M2 水泵停止工作)
[0061] OA1B     P30=1，OA1C           (按下 S1 则解除电机保护程序，恢复正常工作)
[0062]          LJ，OA1A              (否则继续执行电机保护程序)
[0063] OA1C     P30=1，OA1C           (解除保护程序未结束，则继续该句)
[0064]          LJ，A1G               (结束后，即手松开后就跳到 A1G 处)
[0065] OA2      LC，10MS
[0066]          P30=1，OA2A           (如果 S1 确实按下，则进入手动控制程序)
[0067]          LJ，A1B               (否则跳回 A1B 处)
[0068] OA2A     R014+001              (R014 内容加 1)
[0069] OA2B     R014=001，OA2C        (S1 第一次按下就执行手动启动程序)
[0070]          R014=002，OA2D        (S1 第二次按下就执行手动停止程序)
[0071]          R014=003，OA2E        (S1 第三次按下就执行继续工作程序)
[0072]          R014=004，OA2H        (S1 第四次按下就执行手动启动程序)
[0073]          LJ，OA2B
[0074] OA2C     P33=1                 (P3.3 为高电位，M1 工作)
[0075]          P32=1                 (P3.2 为高电位，M2 工作)
[0076]          P30=1，OA2F
[0077]          LJ，OA2G
[0078] OA2F     LC，YP4               (调用低水位报警提示音)
[0079]          LJ，OA2B
[0080] OA2G     LC，YP4
[0081]          P30=1，OA2A
[0082]          LJ，OA2C
[0083] OA2D     P33=0                 (P3.3 为低电位，M1 停止工作)
[0084]          P32=0                 (P3.2 为低电位，M2 停止工作)
[0085]          P30=1，OA2D
[0086]          LC，50MS
[0087]          P30=1，OA2A
[0088]          LJ，OA2B
[0089] OA2E     R014=000
[0090]          P30=1，OA2E
[0091]          LJ，A1G
```

```
[0092] OA2H   R014=001
[0093]        LJ，OA2C
[0094] OA3A   P1=127          (低水位指示灯 VD1 亮)
[0095]        LJ，A1C         (VD1 亮起后就跳回 A1C 处)
[0096] OA3B   LC，10MS
[0097]        P34=1，OA3C     (如水位仍然在“正常区”，就跳到 OA3C 处)
[0098]        LJ，OA3A        (如水位在“低水区”，就跳到 OA3A)
[0099] OA3C   P1=191          (正常水位指示灯 VD2 亮)
[0100]        LJ，A1C         (VD2 亮起后跳回 A1C 处)
[0101] OA4    LC，10MS
[0102]        P31=1，OA4A     (如水已满，就跳到 OA4A)
[0103]        LJ，A1          (否则跳到程序的开始处)
[0104] OA4A   P1=223          (满水指示灯 VD3 亮)
[0105]        P3=051          (P3.3 和 P3.2 为低电位，M1、M2 停止工作)
[0106]        P31=1，OA4A     (如仍然满水，跳到 OA4A 处)
[0107]        LJ，A1G         (否则跳到 A1G 处)
[0108] YP1    P37=1           (1 kHz 音频子程序，实际时值为 50 ms)
[0109]        LC，1MS
[0110]        P37=0
[0111]        LC，1MS
[0112]        R016+001
[0113]        R016=050，YP1A
[0114]        LJ，YP1
[0115] YP1A   R016=000
[0116]        RET
[0117] YP2    P37=1           (500 Hz 音频子程序，实际时值为 100 ms)
[0118]        LC，1MS
[0119]        LC，1MS
[0120]        P37=0
[0121]        LC，1MS
[0122]        LC，1MS
[0123]        R017+001
[0124]        R017=050，YP2A
[0125]        LJ，YP2
[0126] YP2A   R017=000
[0127]        RET
[0128] YP3    LC，YP2         (正常工作提示音子程序，时值为 0.5 s)
[0129]        LC，YP2
[0130]        LC，01S         (调用 0.1 s 子程序)
```

```
[0131]        LC, 50MS
[0132]        LC, YP2
[0133]        LC, YP2
[0134]        LC, 01S
[0135]        LC, 50MS
[0136]        RET
[0137] YP4    LC, YP1             (低水位报警提示音子程序，时值为 0.5 s)
[0138]        LC, 50MS
[0139]        LC, YP1
[0140]        LC, 01S
[0141]        LC, YP1
[0142]        LC, 50MS
[0143]        LC, YP1
[0144]        LC, 01S
[0145]        RET
[0146] 1MS    R001=000            (1 ms 定时器子程序。使用 24 MHz 晶振时为 0.5 s)
[0147] T1A    R001=001, T1B       (使用 24 MHz 晶振)
[0148]        LJ, T1A
[0149] T1B    RET
[0150] 10MS   R002=000            (10 ms 定时器子程序)
[0151] T2A    R002=020, T2B       (使用 24 MHz 晶振)
[0152]        LJ, T2A
[0153] T2B    RET
[0154] 50MS   R003=000            (50 ms 定时器子程序)
[0155] T3A    R003=100, T3B       (使用 24 MHz 晶振)
[0156]        LJ, T3A
[0157] T3B    RET
[0158] 01S    R004=000            (0.1 s 定时器子程序)
[0159] T4A    R004=200, T4B       (使用 24 MHz 晶振)
[0160]        LJ, T4A
[0161] T4B    RET
[0162]        END
```

5.4.4.2 程序含义及编程理念

(1) 初始化后的工作（第 6 句～第 13 句）。

通电后，经过+5 V 电源对 C1 的充电以及 R1 对 C1 的放电作用后，即完成单片机的清零工作，然后进入下面内容。

第一，使用“AR=000”语句，对所有内存清“0”，这一句清 0 语句可以代替有关作为定时器的内存的分别进行清 0 的几句语句。

第二，设定时器时钟。定时器时钟决定着定时器的计数值。根据设计需要，该电路需要有一个 1 kHz 的音频信号作为按键提示音。要做 1 kHz 按键音就需要一个 0.5 ms 的定时器。这样在使用 24 MHz 主频时，虽然仍然使用 TIME＝3 的时钟设定，但实际得到的是 0.5 ms 的定时值。用 0.5 ms 定时器时钟做去抖动的延时 10 ms 定时器同样适用。

第三，确定定时器。定时器是单片机中的 RAM 存储器，将其“激活”而得到。在 AT89C2051 中有 80 个 RAM 存储器，它们既能作为计数器使用，又能作为定时器使用，所以选其中任何一个 RAM 都可以。选其中某 4 个内存都可以，如果选用 R001、R002、R003 和 R004，则应将其进行激活，即：R001＝ON，R002＝ON，R003＝ON，R004＝ON。当某个内存被激活，就意味着那个内存已确定作为定时器使用，否则内存只作为计数器使用。

第四，设定 P1 口值和 P3 口值。单片机水塔自动供水控制器在通电后需使 K1、K2 均释放，即电动机均不运行，然后根据需要决定 K1、K2 的工作状态；VD1、VD2 和 VD3 也要处于熄灭状态。当进入主程序后 VD1、VD2 和 VD3 的工作状态再根据工作需要而改变。所以通电后可将 P1 口全部设定为高电位。即 P1＝255。

在单片机水塔自动供水控制器电路中 P3.5 口、P3.0 口、P3.4 口和 P3.1 口为输入端，需要将它们设置成高电位，以告诉单片机中的 CPU：这些口是输入口。这样单片机在运行中 CPU 就会及时的访问被设置成高电位的那些端口。将 4 个端口设为高电位可以采用逐一设置的方法，即：P35＝1、P30＝1、P34＝1 和 P30＝1。也可以采用总设定的方法，总设定的设置方法比较方便科学，只要将各个端口的 8421 码的码值加在一起。这 4 个端口的 8421 码值分别为：P3.5 口 8421 码值为“32”；P3.0 口 8421 码值为“1”；P3.4 口 8421 码值为“16”；P3.1 口 8421 码值为“2”。4 个端口的 8421 码值加在一起为“51”，这样 P3 的总设定为：P3＝051，就同时把 P3.3 口和 P3.2 口也设置成了低电位。

(2) M1、M2 水泵工作状态设定（第 14 句～第 16 句）。

进入主程序后，无论水塔中的水量处在什么位置，两只水泵中总要有一个工作，设计时将 M1 水泵设为优先工作。

(3) 水泵 20 min 运行时间设计（第 17 句～第 25 句和第 32 句～第 55 句）。

为了提高 M1、M2 水泵的工作安全系数，将两只水泵设计成轮流工作的运行方式，使两只水泵每 20 min 交替工作一次。

为了产生 20 min 时间值，同时又要在 20 min 时间内处理传感器的动作以及处理手动按键 S1、S2 的动作以及电动机保护动作，所以将对传感器的访问以及对 S1、S2 和电动机保护的访问都安排在 20 min 计时过程中。为了实现 20 min 计时，先要确定一个基准时间值，通过对基准时间值的不断累计（累加）最终达到 20 min 的计时目的。在本程序中利用1 kHz报警提示音或是利用 500 Hz 正常泵水提示音作为基准时间值，它们的时值都设定为 0.5 s。

R010 内存作为秒值（1 s）计时器。以 1 kHz 报警提示音或是 500 Hz 正常泵水提示音的 0.5 s 时值作为基准时间值，通过计数器 R010 进行计数，当 R010 两次计数后即“R010＝002”时，其效果相当于 0.5 s×2＝1 s，完成 1 s 计时任务。如计时不到 1 s 则作以下访问工作：①如单片机 P3.5 口出现高电位，即说明电动机已发生故障，并通过过流器件的动作，使单片机进入电机保护程序。②如单片机 P3.0 口出现高电位，则说明出现手动操作控制，则进入手动操作程序。③如单片机 P3.4 口出现高电位，则说明水塔中的水位在正常水位区，于是就执行“正常水位”的工作程序；如单片机 P3.4 口为低电位，则说明水位在低水位区，于是执行“低水位”的工作程序。④当 P3.1 口出现高电位，则说明水位已到满水区，于是单片机就执行“满水”工作程序。

1 s 计时结束后，就进入 1 min 计时阶段，内存 R011 作为分计时器。每当 R010 完成一次 1 s 计时，R011 就进行加 1，当 R011 计数为 60 时，即完成 1 min 的计时工作，否则继续 1 s 的计时。

1 min 时结束后，就进入 20 min 的计时阶段，R012 内存为 20 min 计时器。每当 R011 完成 1 min 计时后，内存 R012 就进行一次加 1 过程，当 R012 进行 20 次计数后即计时为 20 min。当计时为 20 min 后就要对 M1 与 M2 的工作进行一次交换，即 P3.3 口（或 P3.2 口）由高电位变成低电位→使 VT1（或 VT2）截止→使 K1（或 K2）释放→M1（或 M2）水泵停止工作。

1 s、1 min、20 min 计时器计时结束后，应及时对它们进行清 0，以便再次使用。

(4) 电动机保护控制程序（第 26 句、第 56 句～第 64 句）。

CPU 对 P3.5 口的访问即电动机保护作用安排在 1 s 计时过程中，这样能使电动机发生故障至单片机收到来自 P3.5 口的控制信息的时间只有 0.5 s，提高水泵保护的灵敏度。

当 CPU 接收到 P3.5 口的高电位信号后就进入去干扰过程，去干扰工作是通过 10 ms 的延时过程来鉴别的。如果是干扰信号，在 CPU 停止访问 P3.5 口 10 ms 后再度访问 P3.5 口，则 P3.5 口应为低电位，因为干扰信号的持续时间比较短，一般短于 10 ms。如果 10 ms 过后 P3.5 口仍然是高电位则说明 P3.5 口是控制信号，于是单片机进入电动机保护程序。

进入电动机保护程序后，CPU 即令 P3.3 口、P3.2 口为低电位→VT1、VT2 同时截止→K1、K2 同时释放→水泵 M1 和 M2 同时停止运行。接着 CPU 会访问 S1 的工作状态，如果 S1 没有按下则单片机的保护程序继续；如果 S1 按下则说明电动机故障已经排除，也就解除了单片机对水泵的保护程序。

(5) S1 的操作动作（第 27 句、第 65 句～第 93 句）。

S1 的动作功能有四：一是手动启动功能；二是手动停止功能；三是水泵继续运行（工作）功能；四是电动机保护程序的解除功能。前三项功能是通过对 S1 的按键动作进行计数，然后对计数值进行判断，从而确定去做某项工作。S1 的第四项功能是在出现电动机保护程序后才产生访问效果的，属于电动机保护程序中的闭环式控制方式。

把 CPU 对 S1（手动操作）按键的访问即对 P3.0 口状态的访问安排在 1 s 计时过程中，这样能使 S1 的按键动作至单片机收到 S1 的控制信息的时间只有 0.5 s，有利于提高按键动作的灵敏度，提高按键效果。每当 S1 按下后，单片机都要对控制信号进行判断，以排除干扰信号对控制端口的干扰影响。判断方法就是暂停对 P3.0 口的访问 10 ms，10 ms 后 CPU 会再次访问 P3.0 口是否为高电位。如是高电位，则说明 P3.0 口的高电位信号确实是一个控制信号，然后进行按键次数计数。

当 S1 按键计数器计数为“1”时，单片机开始执行“手动启动”控制程序。首先 CPU 令 P3.7 口输出一个按键音信号，这个按键音信号通过单片机的 P3.7 口输出，经 VT3 放大后，推动 BL 发出按键提示音。然后 CPU 令 P3.3 口、P3.2 口同时输出高电位→使

VT1、VT2 同时导通→使 K1、K2 同时吸合→M1 水泵和 M2 水泵同时工作。“手动启动”任务完成后，CPU 会判断 S1 的按键动作：如 S1 还没有放开则继续执行“P3＝063”程序；如果 S1 已放开，则 CPU 仍然执行“P3＝063”语句，但同时监视着 S1 的再次按下动作。

如 S1 第二次按下，则按键计数器计数值为“2”，此后单片机执行“手动停止”程序。在执行“手动停止”程序之前，CPU 同样令 P3.7 口输出按键音信号，以示 S1 的按键动作有效。然后：令 P3.3 口、P3.2 口同时为低电位→VT1、VT2 同时截止→K1、K2 同时释放→M1水泵和 M2 水泵同时停止工作。“手动停止”任务完成后，CPU 同样会再次判断 S1 的按键动作：如 S1 还没有放开，则继续执行“P3＝051”语句；如果 S1 已放开，则 CPU仍然执行“P3＝051”语句，但必须同时监视着 S1 的再次按下动作，因为“手动启动”和“手动停止”都是调试功能，调试功能均为短时间工作，只有水泵在自动供水控制中的状态才是一个较长时间的稳定状态。从操作程序来看，下一步应该是“继续工作”程序。

当 S1 第三次按下，按键计数器的计数值应为“3”，单片机进入“继续工作”程序。先是 P3.7 口输出一个按键音信号，然后就继续执行 S1 第一次按下之前的工作内容，同时对 S1 按下次数的计数器进行清 0。

(6) 低水位与正常水位的判断及指示（第 28、29 句及第 94 句～第 100 句）。

CPU 对 P3.4 口的访问即对传感器 1 工作状态的访问安排在 1 s 计时过程中，这样能使传感器 1 的动作信号至单片机收到控制信息的时间只有 0.5 s，有利于提高“低水位状态显示”和“正常水位状态显示”的灵敏度。

当传感器 1 的内部触点没有闭合时，即表示水塔的水位在低水位区，此时 P3.4 口为低电位。当 CPU 访问到 P3.4 口为低电位时，CPU 令 P1.7 口为低电位，使 VD1（低水位指示灯）亮起，令 P1.6 口、P1.5 口均为高电位，所以 VD2 和 VD3 不亮。

当传感器 1 的内部触点闭合时，即表示水塔的水位在正常水位区，此时 P3.4 口为高电位。当 CPU 访问到 P3.4 口为高电位时，CPU 令 P1.7 口变为高电位，使 VD1（低水位指示灯）熄灭，令 P1.6 口变为低电位，使 VD2（正常水位指示灯）亮起。

(7) 满水控制程序（第 30、31 句及第 101 句～第 107 句）。

CPU 对 P3.1 口的访问即对传感器 2 工作状态的访问安排在 1 s 计时过程中，这样能使传感器 2 的动作信号至单片机收到控制信息的时间只有 0.5 s，提高了“满水控制”的灵敏度。

当传感器 2 的内部触点闭合时，即表示水塔的水位进入满水区，此时 P3.1 口为高电位。当 CPU 访问到 P3.1 口为高电位时，单片机的 P1.7 口、P1.6 口均变为高电位，VD1（低水位指示灯）和 VD2（正常水位区指示灯）熄灭，而 P1.5 口由先前的高电位变成低电位，VD3（满水指示灯）亮起。

(8) 低水位报警提示音（第 137 句～第 145 句和第 108 句～第 116 句）。

低水位报警提示音信号是一个由两个 1 kHz 的音频信号所组成，两声间的间隔为 0.05 s，每两声为一组合不断地循环而产生报警提示音。每声音频信号是一个占空比 50%的方波信号，方波信号的振荡周期为 1 ms，正半周与负半周脉宽均为 0.5 ms，方波信号的频率为1 kHz。

1 kHz 音频方波信号从 P3.7 口输出，它是这样形成的：先使 P3.7 口为高电位，高电位的延续时间为0.5 ms，产生一个脉宽为0.5 ms的正极性脉冲波；接着P3.7口为低电位，低电位的延续时间也为0.5 ms，又产生一个脉宽为0.5 ms的负极性脉冲波。不难看出最终输出的是一个1 ms周期的1 kHz方波信号。但是在PROG－100编程器中的时钟频率只有四挡：即TIME＝0，时钟频率为50 ms；TIME＝1，时钟频率为5 ms；TIME＝2，时钟频率为10 ms；TIME＝3，时钟频率为1 ms。但单片机中的基准频率是由外部的晶体振荡器决定的，因此只要将基准频率升高一倍，就能在1 ms语句中得到实际为0.5 ms时值的定时器。所以在电路中将晶振改换成24 MHz晶振。这样同样使用：P37＝1；LC，1MS和P37＝0；LC，1MS语句，但却在P3.7口得到一个周期为1 ms、频率为1 kHz的方波信号，作为该电路中的按键提示音。

此时只解决了问题的一半，因为一个持续时间为1 ms的信号是无法推动蜂鸣器BL发出声音来的，为此必须要使该信号形成成音律。方法是：做一个计数器，将P3.7口输出的脉冲进行累加，就是把若干个脉冲进行逻辑性的连接。如果对脉冲信号进行25次累加，这样得到的就是时值为25 ms的脉冲信号。具体语句为：R016＋001；R016＝025，YP1；LJ，YP。还要及时对计数器进行清0，以备程序中多次使用，语句为：YP1　R016＝000。

(9) 正常水位提示音（第128句～第136句和第117句～第127句）。

“正常水位”提示音信号是由两个频率为500 Hz，间隔为0.1 s的音频组合并通过P3.7口输出的。先要产生一个500 Hz的音频信号，然后再把它们进行组合。

先进行500 Hz信号的程序编写：首先在P3.7口输出一高电位，并调用1 ms子程序，从而形成一个脉宽为1 ms的正极性脉冲，然后再让P3.7口输出低电位，同样调用1 ms子程序，于是又形成一个脉宽为1 ms的负脉冲。一个1 ms正脉冲和一个1 ms负脉冲组成了一个周期为2 ms的完整波形，这个波形的频率无疑是500 Hz。但在电路中，已将晶振从原先的12 MHz改成了24 MHz，使电路中的1 ms定时器产生的延时时间缩短了一半，也就是定时器的频率升高了一倍。此时从P3.7口输出的实际上就是一个周期为1 ms、频率为1 kHz的方波脉冲信号，这不符合使用要求。所以在编写500 Hz信号时，应将正、负脉冲的延时时值增加一倍，即使用2 ms子程序。这样从语句上看是一个4 ms、250 Hz的方波信号，但实际使用效果是2 ms、500 Hz的音频信号。

最后将两个500 Hz信号进行组合，最终产生“正常水位”提示音。

(10) 1 ms、10 ms、50 ms、100 ms定时器（第144句～第161句）。

从第144句～第149句为一组1 ms的定时器子程序。在该程序中，定时时钟已设定为TIME＝3，即1 ms（使用24 MHz晶振后，实际上是0.5 ms），则R001的值应为“1”即语句为：“R001＝001”。

从第150句～第153句为一组10 ms的定时器子程序。在该程序中，定时时钟已设定为TIME＝3，即1 ms（使用24 MHz晶振后，实际上是0.5 ms），则10 ms时的R002的值应为“20”，即语句为：“R002＝020”。

从第154句～第157句为一组50 ms的定时器子程序。在该程序中，定时时钟已设定为TIME＝3，即1 ms（使用24 MHz晶振后，实际上是0.5 ms），则50 ms时的R003的值应为“100”，即语句为：“R003＝100”。

从第158句～第161句为一组100 ms的定时器子程序。在该程序中，定时时钟已设定为TIME＝3，即1 ms（因为使用24 MHz晶振，实际上是0.5 ms），则100 ms时的

R003 的值应为“200”即“R003＝200”。100 ms 定时器与 50 ms 定时器共同使用一个内存 R003。

(11) 程序结束。在程序的最后必须有一句“END”语句，以告诉单片机程序结束，否则编程器将无法进行检验和写入工作。

5.4.4.3 单片机水塔自动供水控制器汇编语言程序

下面列出单片机水塔自动供水控制器汇编语言程序，供对照学习之用。

```
[0001]          ORG    0000H
[0002]          AJMP   MAIN
[0003]          ORG    0030H
[0004] MAIN:    MOV   P1，#255
[0005]          MOV   P3，#51
[0006]          MOV   23H，#2
[0007]          SETB  P3.3
[0008]          CLR   P3.2
[0009]   A1:    JNB   P3.4，A12
[0010]  A11:    ACALL  YP4
[0011]          JNB   P3.4，A12
[0012]          ACALL  AAA1
[0013]  A12:    ACALL  YP3
[0014]          JB   P3.4，AAA1
[0015]          AJMP  A11
[0016] AAA1:    INC   A
[0017]          MOV   20H，A
[0018]          CJNZ  20H，#2，A1D
[0019]          JB   P3.5，OA1
[0020]  A1A:    JB   P3.0，OA2
[0021]  A1B:    JB   P3.4，OA3B
[0022]          AJMP  OA3A
[0023]  A1C:    JB   P3.1，OA4
[0024]          AJMP  A1
[0025]  A1D:    CLR  20H
[0026]          INC   A
[0027]          MOV  21H，A
[0028]          CJNZ  21H，#60，A1E
[0029]          AJMP  A1
[0030]  A1E:    CLR  21H
[0031]          INC   A
[0032]          MOV  22H，A
[0033]          CJNZ  22H，#20，A1F
```

```
[0034]         AJMP  A1
[0035]  A1F：  CLR  22H
[0036]         INC  A
[0037]         MOV  23H，A
[0038]  A1G：  CJNZ  23H，#1，AA1
[0039]         CJNZ  23H，#2，AA2
[0040]         CJNZ  23H，#3，AA3
[0041]         AJMP  A1
[0041]  AA1：  CLR  P3.3
[0042]         ACALL  0.1S
[0043]         SETB  P3.2
[0044]         AJMP  A1A
[0045]  AA2：  CLR  P3.2
[0046]         ACALL  0.1S
[0047]         SETB  P3.3
[0048]         AJMP  A1A
[0041]  AA3：  MOV  23H，#1
[0041]         AJMP  A1
[0049]  OA1：  ACALL  10MS
[0050]         JB  P3.5，OA1A
[0051]         AJMP  A1A
[0052] OA1A：  CLR  P3.3
[0053]         CLR  P3.2
[0054] OA1B：  JB  P3.0，A1G
[0055]         ALMP  OA1A
[0056]         AJMP  A1
[0057]  OA2：  ACALL  10MS
[0058]         JB  P3.0，OA2A
[0059]         AJMP  A1B
[0060] OA2A：  INC  A
[0061]         MOV  24H，A
[0062] OA2B：  CJNZ  24H，#1，OA2C
[0063]         CJNZ  24H，#2，OA2D
[0064]         CJNZ  24H，#3，OA2E
[0064]         CJNZ  24H，#4，OA2H
[0065]         AJMP  OA2B
[0066] OA2C：  SETB  P3.3
[0068]         SETB  P3.2
[0069]         JB  P3.0，OA2F
```

```
[0071]          AJMP  O2AC
[0072] OA2F:    ACALL  YP4
[0071]          AJMP  O2AB
[0072] OA2G:    ACALL  YP4
[0069]          JB  P3.0, OA2A
[0071]          AJMP  O2AC
[0073] OA2D:    CLR  P3.3
[0074]          CLR  P3.2
[0075]          JB  P3.0, OA2D
[0079]          ACALL  50MS
[0076]          JB  P3.0, OA2A
[0077]          AJMP  OA2B
[0078] OA2E:    CLR  24H
[0080]          JB  P3.0, OA2E
[0081]          AJMP  A1G
[0078] OA2H:    MOV  24H, #1
[0081]          AJMP  OA1C
[0082] OA3A:    MOV  P1, #127
[0084]          AJMP  A1C
[0085] OA3B:    ACALL  10MS
[0086]          JB  P3.4, OA3C
[0087]          AJMP  OA3A
[0088] OA3C:    MOV  P1, #191
[0089]          AJMP  A1C
[0090]  OA4:    ACALL  10MS
[0091]          JB  P3.1, OA4A
[0092]          AJMP  A1
[0093] OA4A:    MOV  P1, #233
[0095]          MOV  P3, #51
[0097]          JB  P3.1, OA4A
[0098]          LJMP  A1G
[0099]  YP1:    SETB  P3.7
[0100]          ACALL  0.5MS
[0101]          CLR  P3.7
[0102]          ACALL  0.5MS
[0103]          INC  R1
[0104]          CJNZ  R1, #50, YP1A
[0105]          AJMP  YP1
[0106] YP1A:    CLR  R1
```

```
[0107]            RET
[0108]   YP2:     SETB  P3.7
[0109]            ACALL  1MS
[0110]            CLR  P3.7
[0111]            ACALL  1MS
[0112]            INC  R1
[0113]            CJNZ  R1，#50，YP2A
[0114]            AJMP  YP2
[0115]  YP2A:     CLR  R1
[0116]            RET
[0117]   YP3:     ACALL  YP2
[0118]            ACALL  YP2
[0119]            ACALL  01S
[0120]            ACALL  50MS
[0121]            ACALL  YP2
[0122]            ACALL  YP2
[0123]            ACALL  01S
[0124]            ACALL  50MS
[0125]            RET
[0126]   YP4:     ACALL  YP1
[0127]            ACALL  50MS
[0128]            ACALL  YP1
[0129]            ACALL  01S
[0130]            ACALL  YP1
[0131]            ACALL  50MS
[0132]            ACALL  YP1
[0133]            ACALL  01S
[0134]            RET
[0135] 0.5MS:     MOV  R6，#10      (如使用 12 MHz 晶振，则 R6 值为 5)
[0136]    D1:     MOV  R7，#50
[0137]    D2:     CJNZ  R7，D2
[0138]            CJNZ  R6，D1
[0139]            RET
[0140]   1MS:     MOV  R6，#20      (如使用 12 MHz 晶振，则 R6 值为 10)
[0141]    D3:     MOV  R7，#50
[0142]    D4:     CJNZ  R7，D4
[0143]            CJNZ  R6，D3
[0144]            RET
[0145]  10MS:     MOV  R6，#100     (如使用 12 MHz 晶振，则 R6 值为 50)
```

```
[0146]     D5： MOV  R7，#100
[0147]     D6： CJNZ R7，D6
[0148]          CJNZ R6，D5
[0149]          RET
[0150]   50MS： MOV  R6，#200      （如使用 12 MHz 晶振，则 R6 值为 100）
[0151]     D7： MOV  R7，#250
[0152]     D8： CJNZ R7，D8
[0153]          CJNZ R6，D7
[0154]          RET
[0155]    01S： MOV  R5，#20       （如使用 12 MHz 晶振，则 R6 值为 10）
[0156]     D9： MOV  R6，#20
[0157]    D10： MOV  R7，#250
[0158]    D11： CJNZ R7，D11
[0159]          CJNZ R6，D10
[0160]          CJNZ R5，D9
[0161]          RET
[0162]          END
```

5.4.4.4　单片机水塔自动供水控制器运行程序的调试

将以上单片机运行程序逐句输入编程器中，输入完毕后要对已输入编程器中的程序进行检验，以防止遗漏“标号”或出现误输入，影响编程器的正常写入及单片机以后的正常使用。

编程器对单片机的写入时间长短与编程器写入单片机的程序语句的多少有直接关系，语句在 50 句～200 句的写入时间通常为 5～20 s。写入时要耐心等待，切不能在单片机写入未结束就取下单片机，那样会造成编程器或单片机的损坏。如发现在写入 AT89C2051 的过程中出现错误，应及时退出写入操作，检查编程器中的程序，找出错误及时进行修改，然后再对单片机进行写入操作。

将已写入运行程序的 AT89C2051 以及其他相关元器件（除 K1、K2、VD6、VD7、C4、C5、UR1 以外）安装在面包板上，使其他元器件协同 AT89C2051 共同完成对运行程序的调试任务。此时面包板起仿真板的作用。

元器件在面包板上进行安装时，布局要合理。如：IC1、C6、C7 组成的+5 V 稳压部分应安装在面包板的最左边，因为电源输入线在面包板的最左侧，所以稳压部分安装在左边比较好。然后安装 SB1～SB4，再安装 IC 活动插座和其他元器件。

在面包板上进行安装时，元器件比较多，一定要仔细小心。安装好后还要认真检查，以防失误而损坏元器件。

## 5.5　单片机水塔自动供水控制器的安装技能

单片机水塔自动供水控制器，除电源变压器 T1 和传感器组件（包括传感器 1、传感器 2）以外的元器件安装在一块 120 mm×70 mm 的专用印制电路板上，如图 5—5 所示。

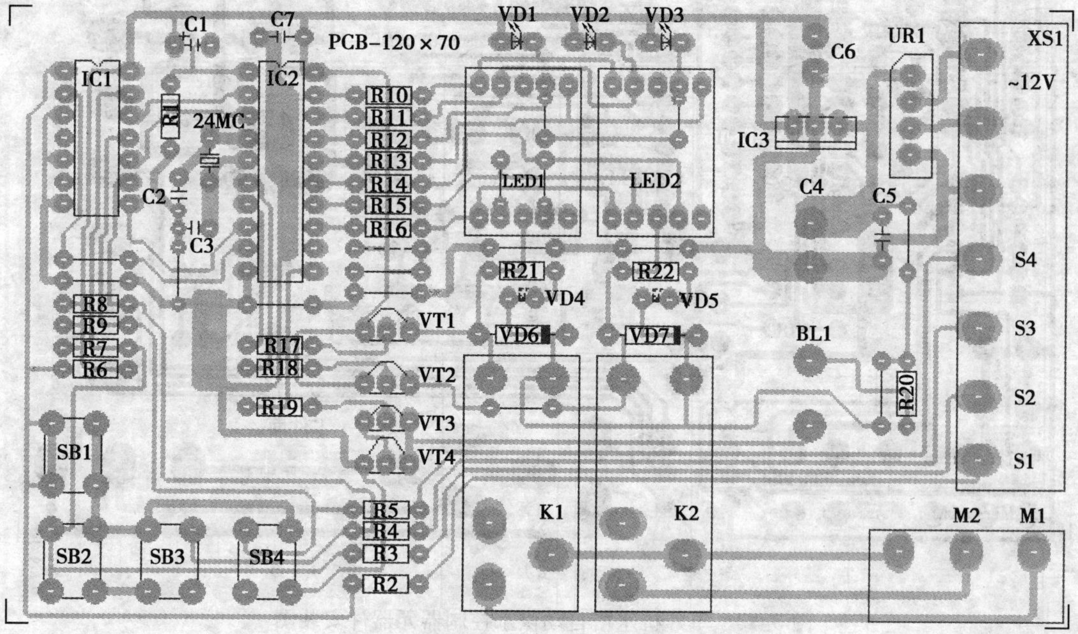
PCB-120×70
C1
C7
VD1
VD2
VD3
C6
UR1
XS1
~12V
IC1
IC2
R1
24MC
R10
R11
R12
R13
R14
R15
R16
LED1
LED2
IC3
C4
C5
C2
C3
R21
R22
VD4
VD5
R8
R9
R7
R6
VT1
VT2
VT3
VT4
VD6
VD7
R17
R18
R19
BL1
R20
S4
S3
S2
S1
SB1
SB2
SB3
SB4
R5
R4
R3
R2
K1
K2
M2
M1

a）

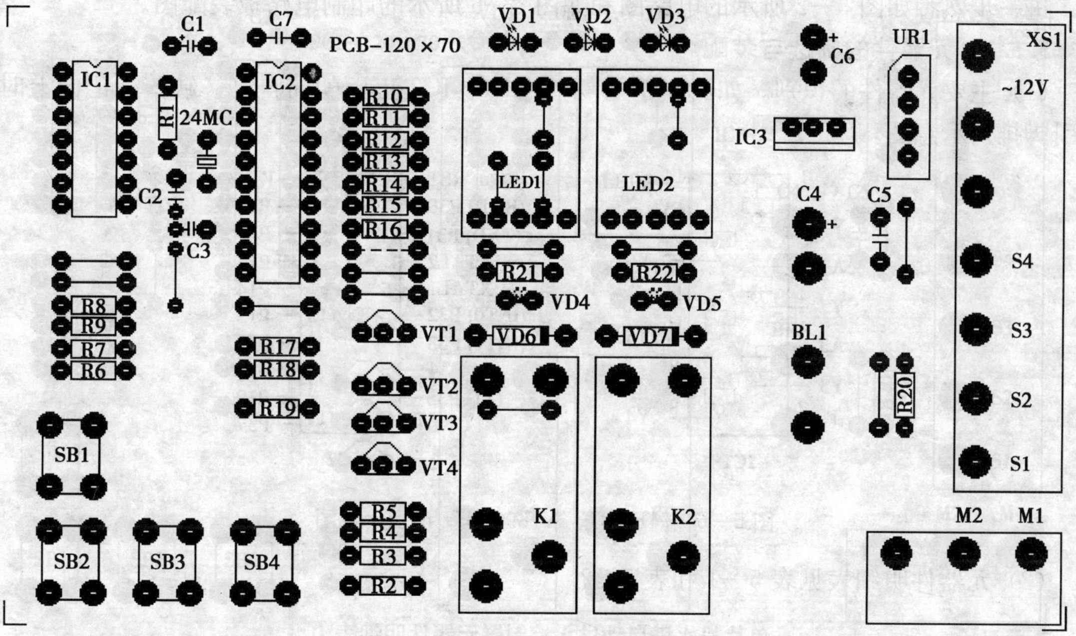
PCB-120×70
C1
C7
VD1
VD2
VD3
C6
UR1
XS1
~12V
IC1
IC2
R1
24MC
R10
R11
R12
R13
R14
R15
R16
LED1
LED2
IC3
C4
C5
C2
C3
R21
R22
VD4
VD5
R8
R9
R7
R6
VT1
VT2
VT3
VT4
VD6
VD7
R17
R18
R19
BL1
R20
S4
S3
S2
S1
SB1
SB2
SB3
SB4
R5
R4
R3
R2
K1
K2
M2
M1

b）

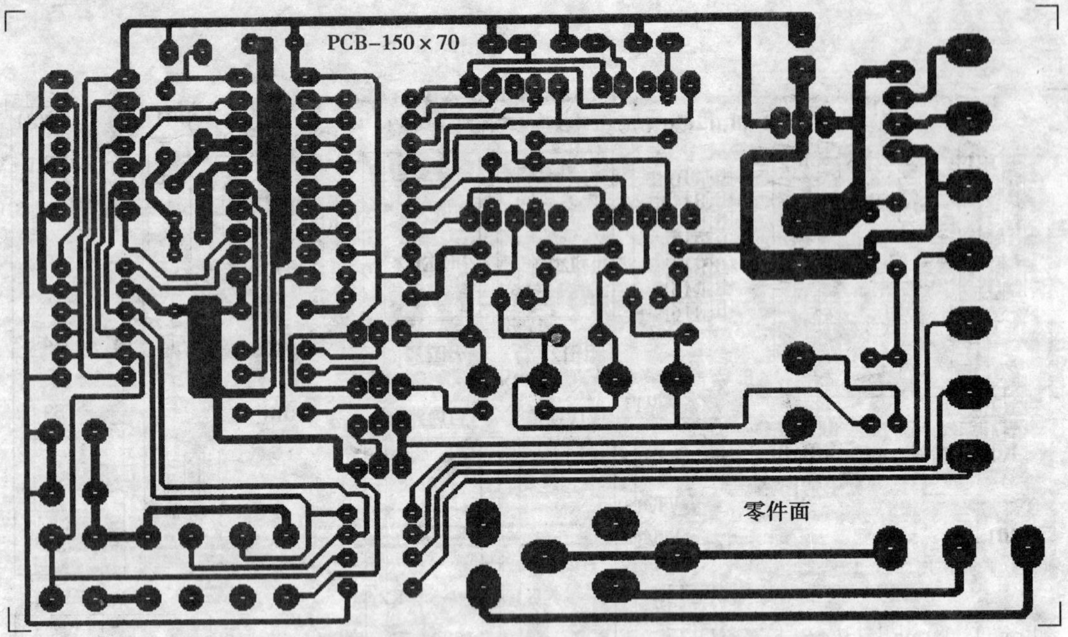


c）

图 5—5　单片机水塔自动供水控制器元器件安装图

a）装配图　b）零件面示意图　c）PCB 板图

**5.5.1　熟悉电路图和印制电路板装配图**

进一步熟悉如图 5—2 所示的电路图和如图 5—5 所示的印制电路板装配图。

**5.5.2　元器件的筛选与装配**

（1）主要元器件的识别。如图 5—6 所示为 IC1、IC2 正面朝向自己，缺口标记向上时，各引脚排列示意图。

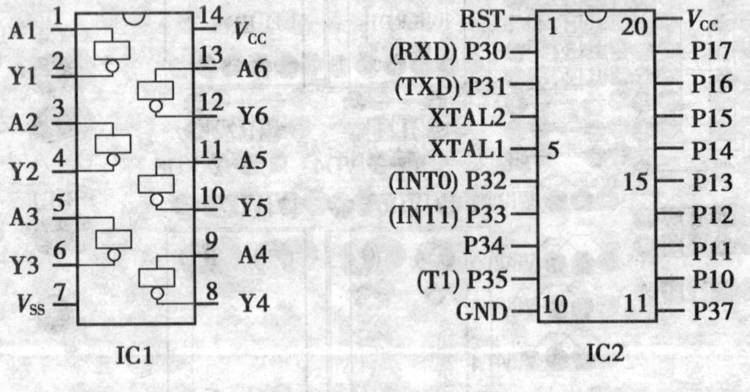


图 5—6　74HC04、AT89C2051 识别示意图

（2）元器件明细表见表 5—1 和表 5—2。

**表 5—1　　单片机水塔自动供水控制器元器件明细表 1**

| 序号 | 名称 | 规格型号 | 数量 | 元器件序号 |
|---|---|---|---|---|
| 1 | 电阻器 | RT—1/16 W—22 k | 1 | R1 |
| 2 | 电阻器 | RT—1/16 W—1 k | 4 | R2～R5 |

续表

| 序号 | 名称 | 规格型号 | 数量 | 元器件序号 |
|---|---|---|---|---|
| 3 | 电阻器 | RT—1/16 W—10 k | 6 | R6～R9、R17、R18 |
| 4 | 电阻器 | RT—1/16 W—2 k | 3 | R10、R11、R12 |
| 5 | 电阻器 | RT—1/16 W—4k7 | 1 | R19 |
| 6 | 电阻器 | RT—1/16 W—3k9 | 2 | R21、22 |
| 7 | 电阻器 | RT—1/16 W—100 Ω | 1 | R20 |
| 8 | 瓷片电容器 | CC—27 P/50 V | 2 | C2、C3 |
| 9 | 涤纶电容器 | CL—104/50 V | 2 | C5、C7 |
| 10 | 电解 | CD—10 μF/16 V | 1 | C1 |
| 11 | 电解 | CD—1000 μF/16 V | 1 | C4 |
| 12 | 电解 | CD—220 μF/16 V | 1 | C6 |
| 13 | 发光二极管 | ϕ3（Y—1 只，G—1 只，R—3 只） | 5 | VD1～5 |
| 14 | 二极管 | 1N4007 | 2 | VD6、VD7 |
| 15 | 三极管 | 9013 | 3 | VT1～3 |
| 16 | 数字集成电路 | 74HC04 | 1 | IC1 |
| 17 | 单片机 | AT89C2051 | 1 | IC2 |
| 18 | 三端稳压器 | LM7805 | 1 | IC3 |
| 19 | 晶振 | 24 MHz | 1 | X |
| 20 | 整流桥堆 | 1KBP10（KBP101） | 1 | UR1 |
| 21 | 蜂鸣器 | ϕ12/30 Ω | 1 | BL1 |

**表 5—2　　　　单片机水塔自动供水控制器元器件明细表 2**

| 序号 | 名称 | 规格型号 | 数量 | 元器件代号 |
|---|---|---|---|---|
| 1 | 继电器 | GZR—1/12 V | 2 | K1、K2 |
| 2 | 电源变压器 | 220 V∶12 V/3 W | 1 | T1 |
| 3 | 轻触按钮 | 6 mm×6 mm×9 mm | 4 | SB1～4 |
| 4 | 接线排 | 7.65 mm—10 位 | 1 | XS1 |
| 5 | 专用印制电路板 | 120 mm×70 mm | 1 | |
| 6 | 传感器组件 | ϕ3 mm×25 mm 干簧管 | 2 | 传感器 1、2 |

（3）测量元器件。用万用表对所有元器件进行仔细的测量，挑选质量符合要求的元器件进行装配焊接。

（4）对元器件引脚进行成形。

（5）在印制电路板上对元器件进行装配（采用流水线作业装配方式）。

（6）检查焊接质量，剪切元器件过长的引脚。

## 5.6 模拟企业流水线生产的装配技能

为了使技能训练更加贴近企业的生产实际，在进行单片机水塔自动供水控制器印制电路板的装配时，可以采用流水作业的装配方式进行。由 8 人组成一个装配小组，完成 8 块印制电路板的装配工作。装配小组确定一人为组长，负责对全组的管理。全班分成若干个流水线装配工作小组，同时进行作业。

### 5.6.1 各工位装配内容及要求

（1）第 1 装配工位

1）装配内容：

检验印制电路板的质量。

安装 11 根连接线。

2）装配要求：

检验印制电路板应符合质量要求。

连接线安装平整。

焊点符合要求，无漏焊、虚焊和连焊。误差率不超过 5%。

剪切露出焊点以外的连接线引脚。

（2）第 2 装配工位

1）装配内容：

安装电阻器 R1～R9、R17～R19。

2）装配要求：

电阻器安装平整。

焊点符合要求，无漏焊、虚焊和连焊。误差率不超过 5%。

剪切露出焊点以外的元件引脚。

（3）第 3 装配工位

1）装配内容：

安装电阻器 R10～R13、R20～R22，在该电路中 R13～R16 不装。

安装 VD6、VD7。

2）装配要求：

二极管、电阻器安装平整。

焊点符合要求，无漏焊、虚焊和连焊。误差率不超过 5%。

剪切露出焊点以外的元件引脚。

（4）第 4 装配工位

1）装配内容：

安装 IC1、IC2 插座。

安装 C2、C3 和晶振。

2）装配要求：

IC 插座安装平整，高度一致。C2、C3、晶振安装高度相仿。

焊点符合要求，无漏焊、虚焊和连焊。误差率不超过 5%。

剪切露出焊点以外的元件引脚。

(5) 第 5 装配工位

1) 装配内容：

安装 C5、C7、C1。

安装 SB1～SB3。

2) 装配要求：

接插件安装正直，C5 与 C7 及 SB1～SB4 高度相仿。

焊点符合要求，无漏焊、虚焊和连焊。误差率不超过 5%。

(6) 第 6 装配工位

1) 装配内容：

安装 VD1～5、VT1～4。

2) 装配要求：

元件安装正直，VD1～5 高度相仿，VT1～4 高度相仿。

焊点符合要求，无漏焊、虚焊和连焊。误差率不超过 5%。

剪切露出焊点以外的元器件引脚。

(7) 第 7 装配工位

1) 装配内容：

安装 C4、C6、BL、IC3、UR1。

2) 装配要求：

元器件安装正直。

焊点符合要求，无漏焊、虚焊和连焊。误差率不超过 5%。

剪切露出焊点以外的元器件引脚。

(8) 第 8 装配工位

1) 装配内容：

安装 K1、K2，安装 10 位接线排。

检查第 1 工位至第 7 工位的装配质量，并进行补焊和质量记录。

2) 装配要求：

元器件安装正直。

焊点符合要求，无漏焊、虚焊和连焊。

### 5.6.2 装配生产质量评比

对模拟企业生产的装配流水线工作进行总结和评比，以提高学生的质量意识。

## 5.7 单片机水塔自动供水控制器电路板的调试技能

### 5.7.1 单板调试步骤与方法

印制电路板装配结束后，应对其进行反复检查，只有检查无误后方可进行以下的硬件调试。

单板调试的目的是：检查装配后的元器件质量；检查各控制功能是否符合控制要求。

(1) 检查+5 V 输出、VT1、VT2、K1、K2。不安装 IC1 和 IC2。在接线排 XS1－1 与 XS1－2 接入电源变压器输出的交流 11 V 电压或直流稳压电输出的 13 V 电压。将万用表拨到直流 25 V 测量挡，黑表笔卡接在接线排的 XS－3 处，用红表笔测量 C4 正极电压应为

15.4 V或11.6 V。然后撤离红表笔，暂停测量。

将万用表拨到直流10 V测量挡，测量IC3三端稳压集成块的输出端。黑表笔卡仍然接在接线排的XS－3处，用红表笔测量C6正极或VD1、VD2发光二极管的正极（左面的引脚），应为4.8 V左右电压。然后撤离红表笔，暂停测量。

检查SB1、SB2的质量。将红表笔接SB1左面的一个引脚应为4.6 V左右。当按下SB1，该点电压值变为0 V。将红表笔接SB2左面的一个引脚应为4.6 V左右。当按下SB2，该点电压值变为0 V。符合以上测量状态为正常。

检查VT1、K1和VT2、K2的质量。将万用表拨到直流50 mA挡，红表笔接5 V稳压输出端，黑表笔分别接电阻器R17的左侧引脚（P3.5口）或接电阻器R18的左侧引脚（P3.0口），当接电阻器R17的左侧引脚（P3.5口）时，K1吸合，说明VT1、K1均正常。当接电阻器R18的左侧引脚（P3.0口）时，K2吸合，说明VT2、K2均正常。如果K1或K2不吸合，则改用以下的检查方法：将VT1的发射极与集电极用镊子进行短路，K1应能吸合，则说明K1正常，VT1损坏；如K1不吸合则说明K1损坏，VT1可能未损坏。或将VT2的发射极与集电极用镊子进行短路，K2应能吸合，则说明K2正常，VT2损坏；如K2不吸合则说明K2损坏，VT2可能未损坏。

（2）检查IC1是否良好。断口电源，插装IC1（74SL04）集成块（集成电路标记缺口向上），接通电源。用红表笔测量IC1－2脚（IC1中一个反相器的输出端，它与单片机的P3.5口相连）电压值。当没有按下SB1，该点电压值为0 V左右，当按下SB1时该点电压值为4.6 V左右，说明该反相器工作正常。

用红表笔测量IC1－12脚（IC1中另一个反相器的输出端，它与单片机的P3.0口相连）电压值。当没有按下SB2，该点电压值为0 V左右，当按下SB2时该点电压值为4.6 V左右，说明该反相器工作正常。

测量输入回路各控制电压值：

1）测量IC1－1脚电压为＞4.6 V（高电位）、IC1－2脚为0 V（低电位）；按下SB1时，IC1－1脚为0.4 V左右（低电位）、IC1－2脚为＞4.6 V（高电位）。

2）测量IC1－13脚电压为＞4.6 V（高电位）、IC1－12脚为0 V（低电位）；按下SB2时，IC1－13脚为0.4 V左右（低电位）、IC1－12脚为＞4.6 V（高电位）。

3）测量IC1－9脚电压为＞4.6 V（高电位）、IC1－8脚为0 V（低电位）；按下SB1时，IC1－9脚为0.4 V左右（低电位）、IC1－8脚为＞4.6 V（高电位）。

4）测量IC1－11脚电压为＞4.6 V（高电位）、IC1－10脚为0 V（低电位）；按下SB2时，IC1－11脚为0.4 V左右（低电位）、IC1－10脚为＞4.6 V（高电位）。

5）用手摸IC3的表面，应只能有微微的温度感觉。

（3）控制电路板的总调试。在切断电源的情况，将IC2（AT89C2051）单片机（单片机标记缺口向上）插入其插座，接通电源。观察控制状态：

1）接通电源，K1（K2）吸合、BL发出1 kHz“无水”提示音。“无水”（黄色）指示灯VD1亮。

2）按下SB1，K1和K2均释放，BL发出1 kHz“报警”提示音。“无水”（黄色）指示灯VD1、“正常”（绿色）指示灯VD2以及“满水”（红色）指示灯VD3的状态根据水位而定。SB1放开后控制状态不变（已自锁）。

3）在按下 SB1 后按下 SB2，K1（K2）吸合，BL 发出 1 kHz“无水”提示音。“无水”（黄色）指示灯 VD1、“正常”（绿色）指示灯 VD2 以及“满水”（红色）指示灯 VD3 的状态根据水位而定。

4）奇数次按下 SB2，K1、K2 均吸合，VD4、VD5 亮。“无水”（黄色）指示灯 VD1、“正常”（绿色）指示灯 VD2 以及“满水”（红色）指示灯 VD3 的状态根据水位而定。

5）奇数次按下 SB2，K1、K2 均释放，VD4、VD5 熄灭，“无水”（黄色）指示灯 VD1、“正常”（绿色）指示灯 VD2 以及“满水”（红色）指示灯 VD3 的状态根据水位而定。

6）按下 SB3，“无水”（黄色）指示灯 VD1 熄灭，“正常”（绿色）指示灯 VD2 亮起；K1（K2）吸合、K2（K1）释放，VD4（VD5）亮、VD5（VD4）灭，BL 发出 500Hz“正常”提示音。

7）按下 SB4，K1、K2 释放，“满水”（红色）指示灯 VD3 亮起，“无水”（黄色）指示灯 VD1、“正常”（绿色）指示灯 VD2 熄灭。BL 无提示音。

（4）断开电源，对以上单板调试过程进行自我总结。

### 5.7.2 测量控制电路板的各点电压值

测量方法：黑表笔接电路的“地”（XS1—3）端，红表笔接测量各点，并将测量值与表 5—3 对照，应相同为正常。

**表 5—3　　单片机水塔自动控制器电路各点参考电压值一览表**　　V

| 电路状态 | XS1—7 | IC1—1 输入端 | IC1—2 输出端 | XS1—6 | IC1—13 输入端 | IC1—12 输出端 | XS1—5 |
|---|---|---|---|---|---|---|---|
| SB1～SB4 未按 | 4.8 | 4.8 | 0 | 4.8 | 4.8 | 0 | 4.8 |
| SB1 按下/放开 | 0/4.8 | 0/4.8 | 4.8/0 | | | | |
| SB2 奇按/偶按 | | | | 0/4.8 | 0/4.8 | 4.8/0 | |
| SB3 按下/放开 | | | | | | | 0/4.8 |
| SB4 按下/放开 | | | | | | | |

| 电路状态 | IC1—9 输入端 | IC1—8 输出端 | XS1—4 | IC1—11 输入端 | IC1—10 输出端 | P35 | P30 |
|---|---|---|---|---|---|---|---|
| SB1～SB4 未按 | 4.8 | 0 | 4.8 | 4.8 | 0 | 0 | 0 |
| SB1 按下/放开 | | | | | | 4.8 | |
| SB2 奇按/偶按 | | | | | | | 4.8 |
| SB3 按下/放开 | 0/4.8 | 4.8/0 | | | | | |
| SB4 按下/放开 | | | 0/4.8 | 0/4.8 | 4.8/0 | | |

| 电路状态 | P34 | P31 | P33 | P32 | P17 | P16 | P15 |
|---|---|---|---|---|---|---|---|
| SB1～SB4 未按 | 0 | 0 | 4.8 (0) | 0 (4.8) | 0 | 4.8 | 4.8 |
| SB1 按下/放开 | | | 0 | 0 | | | |
| SB2 奇按/偶按 | | | 4.8/0 | 4.8/0 | | | |
| SB3 按下/放开 | 4.8 | | 4.8 | 4.8 | 4.8/0 | 0/4.8 | |
| SB4 按下/放开 | | 4.8 | 4.8 | 4.8 | 4.8 | 4.8 | 0 |

续表

| 电路状态 | P37 | VT1－b | VT1－c | VT1－e | VT2－b | VT2－c | VT2－e |
|---|---|---|---|---|---|---|---|
| SB1～SB4 未按 | 0 | 0.7/0 | 0/11 | 0 | 0/0.7 | 11/0 | 0 |
| SB1 按下/放开 | 报警 | 0 | 11 | 0 | 0 | 11 | 0 |
| SB2 奇按/偶按 | 低水/正常 | 0.7/0 | 0/11 | 0 | 0.7/0 | 0/11 | 0 |
| SB3 按下/放开 | 低水/正常 | 0.7 (0) | 0 (0.7) | 0 | 0 (0.7) | 0.7 (0) | 0 |
| SB4 按下/放开 |  | 0 | 11 | 0 | 0 | 11 | 0 |

注：测量值大于 1/2 电源电压视为高电位，小于 1/2 电源电压视为低电位。

### 5.7.3 整机调试方法与步骤

(1) 接通电源。VD1（VD2）亮、VD2（VD1）灭，K1 吸合，VD4 亮、VD5 灭，蜂鸣器 BL 发出 1 kHz“无水”提示音。

(2) 将 KH－b 触点闭合一下（或按下 SB1 调试按钮一次），K1、K2 均释放，控制程序进入自锁状态；如在无水区，则 VD1、VD2 和 VD3 灭。

(3) 奇数次按下手动按钮 S1（或奇数次按下 SB2），K1、K2 均吸合，VD4、VD5 均亮起，如在无水区，则 VD1 亮，VD2 和 VD3 灭。蜂鸣器 BL 发出 1 kHz“无水”提示音提示音。如接入水泵，水泵开始供水。

(4) 偶数次按下手动按钮 S1（或偶数次按下 SB2），K1 和 K2 均释放，VD4 和 VD5 均熄灭，VD1 或 VD2 或 VD3 根据水位情况而改变状态，蜂鸣器 BL 无声。

(5) 让传感器 1 触点闭合（或按下 SB3），VD1 熄灭，VD2 亮，VD3 灭；K1 或 K2 吸合，水泵 1 或水泵 2 运行；蜂鸣器发出 500 Hz“正常”提示音。

(6) 让传感器 2 触点闭合（或按下 SB4），K1、K2 均释放；VD1、VD2 熄灭，VD3 亮起；蜂鸣器停止发声。

### 5.7.4 测量单片机水塔自动控制器动态工作电压值

测量方法是：黑表笔接电路的“地”端，红表笔测量各点。在测量各点电压的同时，将测量结果填于表 5—4 中，这是控制器在正常工作时的原始数据，对以后的修理工作十分有帮助。同时将数据与表 5—3 中的数据进行对照，如发现测量值有较大差异，应立即断开电源，进行认真检查，直至故障排除。

**表 5—4　　测量结果记录表**

| 状态 | XS1－7 | IC1－13 | IC1－12 | XS1－6 | IC1－13 | IC1－12 | XS1－5 | IC1－9 |
|---|---|---|---|---|---|---|---|---|
| SB1↓/↑ | / | / | / | / | / | / | / | / |
| SB2↓奇/↓偶 | / | / | / | / | / | / | / | / |
| SB3↓/↑ | / | / | / | / | / | / | / | / |
| SB4↓/↑ | / | / | / | / | / | / | / | / |
| 状态 | IC1－8 | XS1－4 | IC1－11 | IC1－10 | P35 | P30 | P34 | P31 |
| SB1↓/↑ | / | / | / | / | / | / | / | / |
| SB2↓奇/↓偶 | / | / | / | / | / | / | / | / |

续表

| 状态 | IC1—8 | XS1—4 | IC1—11 | IC1—10 | P35 | P30 | P34 | P31 |
|---|---|---|---|---|---|---|---|---|
| SB3↓/↑ | / | / | / | / | / | / | / | / |
| SB4↓/↑ | / | / | / | / | / | / | / | / |
| 状态 | P17 | P16 | P15 | P33 | P32 | VT1—b | VT2—b | VT1.2—c |
| SB1↓/↑ | / | / | / | / | / | / | / | / |
| SB2↓奇/↓偶 | / | / | / | / | / | / | / | / |
| SB3↓/↑ | / | / | / | / | / | / | / | / |
| SB4↓/↑ | / | / | / | / | / | / | / | / |

注：“↓”表示按钮按下；“↑”表示按钮松开。

## 5.8 单片机水塔自动供水控制器的检修技能

### 5.8.1 电路故障的检查方法与种类

故障检查方法通常有直观检查法、电压测量检查法、电流测量检查法和仪器测量检查法4种方法。通过采用以上检查方法检查出故障原因，然后对故障原因进行修复。

(1) 直观检查法。直观检查法就是用眼睛观察元器件，看其是否有错装、漏装、漏焊、虚焊、连焊等现象。这种检查方法比较简便，通常是检修的第一步。

(2) 电压测量检查法。电压测量检查法就是用万用表来测量各点电压值，然后把测量值与书中给出的标准值相比较，而找出故障点和故障元器件。电压测量检查法检查故障比较准确，便于对电路工作原理的分析，所以电压测量检查法使用比较普遍。

电压测量检查法是以万用表的一根表笔作为基准，另一根表笔进行测量。如一个电路的工作电源电压是以“+”极性为输入，“—”极性为公共“地”，测量时万用表的黑表笔接电路的“地”端，红表笔去测量各个测量点。如一个电路的工作电源电压是以“—”极性为输入，“+”极性为公共“地”，则测量时万用表的红表笔接电路的“地”端，黑表笔去测量需检查的各个测量点的工作电压值。

(3) 电流测量检查法。电流测量法是在电压测量检查法不能达到检查目的条件下使用，如需通过测量一个电路的总电流值，来判断被测电路工作的正常与否等等。

电流测量检查法操作时，需将万用表的两个表笔串联在测量电路中，所以电流测量检查法比电压测量法麻烦。测量时要预先了解被测电路中的电流方向，以确定红黑表笔的连接位置。

(4) 仪器测量检查法。仪器测量检查法可以通过仪器的屏幕直观的检查被测点的工作状态，是一种比较精确的测量检查方法，只是用于测量的仪器设备比较昂贵，一般条件下不容易具备这种条件。仪器测量检查法的测量仪器通常有：示波器、频率计、高频信号发生器、低频信号发生器等。

### 5.8.2 故障检修方框图

检修方框图是故障检修中的引导图，它能表绘出检查故障的切入点和步骤，可以有效地指导检修工作的开展。故障检修方框图如图5—7所示。

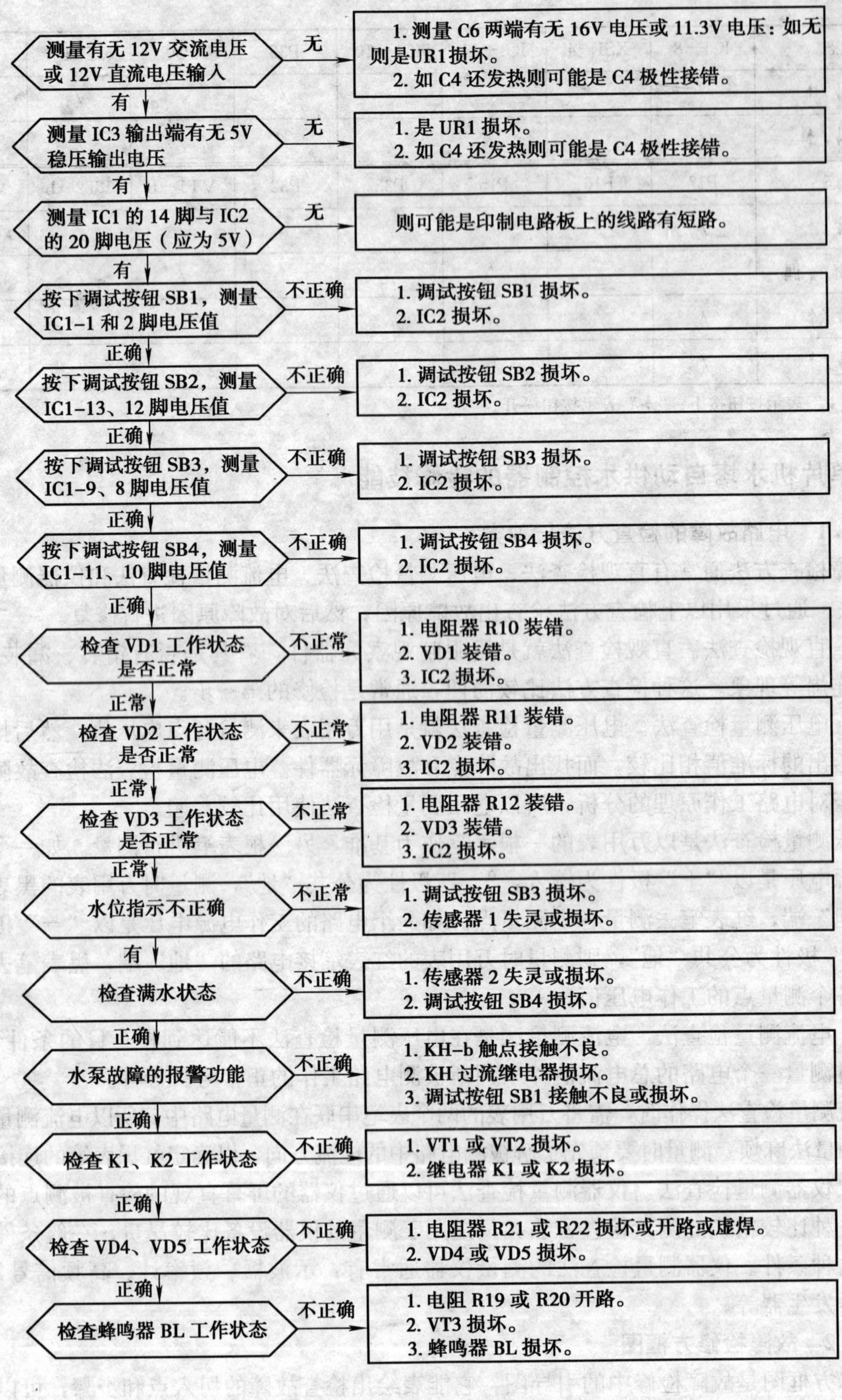
测量有无 12V 交流电压或 12V 直流电压输入
无
1. 测量 C6 两端有无 16V 电压或 11.3V 电压：如无则是UR1损坏。
2. 如 C4 还发热则可能是 C4 极性接错。
有
测量 IC3 输出端有无 5V 稳压输出电压
无
1. 是 UR1 损坏。
2. 如 C4 还发热则可能是 C4 极性接错。
有
测量 IC1 的 14 脚与 IC2 的 20 脚电压（应为 5V）
无
则可能是印制电路板上的线路有短路。
有
按下调试按钮 SB1，测量 IC1-1 和 2 脚电压值
不正确
1. 调试按钮 SB1 损坏。
2. IC2 损坏。
正确
按下调试按钮 SB2，测量 IC1-13、12 脚电压值
不正确
1. 调试按钮 SB2 损坏。
2. IC2 损坏。
正确
按下调试按钮 SB3，测量 IC1-9、8 脚电压值
不正确
1. 调试按钮 SB3 损坏。
2. IC2 损坏。
正确
按下调试按钮 SB4，测量 IC1-11、10 脚电压值
不正确
1. 调试按钮 SB4 损坏。
2. IC2 损坏。
正确
检查 VD1 工作状态是否正常
不正常
1. 电阻器 R10 装错。
2. VD1 装错。
3. IC2 损坏。
正常
检查 VD2 工作状态是否正常
不正常
1. 电阻器 R11 装错。
2. VD2 装错。
3. IC2 损坏。
正常
检查 VD3 工作状态是否正常
不正常
1. 电阻器 R12 装错。
2. VD3 装错。
3. IC2 损坏。
正常
水位指示不正确
不正常
1. 调试按钮 SB3 损坏。
2. 传感器 1 失灵或损坏。
有
检查满水状态
不正确
1. 传感器 2 失灵或损坏。
2. 调试按钮 SB4 损坏。
正确
水泵故障的报警功能
不正确
1. KH-b 触点接触不良。
2. KH 过流继电器损坏。
3. 调试按钮 SB1 接触不良或损坏。
正确
检查 K1、K2 工作状态
不正确
1. VT1 或 VT2 损坏。
2. 继电器 K1 或 K2 损坏。
正确
检查 VD4、VD5 工作状态
不正确
1. 电阻器 R21 或 R22 损坏或开路或虚焊。
2. VD4 或 VD5 损坏。
正确
检查蜂鸣器 BL 工作状态
不正确
1. 电阻 R19 或 R20 开路。
2. VT3 损坏。
3. 蜂鸣器 BL 损坏。

图 5—7　故障检修方框图

### 5.8.3 故障检修步骤与方法

(1）故障现象：闭合 KH－b 或按下 SB1，电路无动作无反应。

1）测量 IC1－1 脚电压如与表 5—3 中不同，故障原因为：

①XP1－7 或 XS1－7 接触不良或损坏。

②电阻器 R2 开路。

③KH－b 触点接触不良。

2）测量 IC1－1 脚电压正常，IC1－2 脚电压与表 5—3 中不同，则故障原因为：

①IC1 接触不良或损坏。

②单片机 IC2 损坏。

3）P33 口或 P32 口不为低电位，故障原因为：单片机损坏。

(2）故障现象：手动供水及停止功能故障。

1）测量 IC1－13 脚电压如与表 5—3 不同，故障原因为：

①XP1－6 或 XS1－6 接触不良或损坏。

②电阻器 R3 开路。

2）测量 IC1－13 脚电压正常，IC1－12 脚电压与表 5—3 中不同，故障原因为：

①IC1 接触不良或损坏。

②单片机 IC2 损坏。

3）手动供水时 K1 或 K2 不吸合，故障原因为：

①单片机损坏。

②VT1 或 VT2 损坏。

③VD6 或 VD7 接反。

④K1、K2 损坏。

⑤KM1、KM2 损坏。

(3）故障现象：水位指示不正确。

1）测量 IC1－9 脚电压如与表 5—3 中不同，故障原因为：

①XP1－5 或 XS1－5 接触不良或损坏。

②电阻器 R4 开路。

2）测量 IC1－9 脚电压正常，IC1－8 脚电压与表 5—3 中不同，则故障原因为：

①IC1 接触不良或损坏。

②单片机 IC2 损坏。

3）VD1 与 VD2 不能正常切换，故障原因为：

①传感器 1 损坏。

②VD1 或 VD2 损坏。

4）感应磁铁（下浮球）失效。

(4）故障现象：水塔水满后供水不停。

1）测量 IC1－11 脚电压如与表 5—3 中不同，故障原因为：

①XP1－4 或 XS1－4 接触不良或损坏。

②电阻器 R5 开路。

2）测量 IC1－11 脚电压正常，IC1－10 脚电压与表 5—3 中不同，故障原因为：

①IC1 接触不良或损坏。

②单片机 IC2 损坏。

3）VD3 不指示，故障原因为：

①传感器 1 损坏。

②VD3 损坏。

③感应磁铁（上浮球）失效或磁铁偏移。

（5）故障现象：蜂鸣器无提示音。

1）VD3 损坏而无蜂鸣器的驱动信号。

2）蜂鸣器损坏。

3）保护电阻 R20 损坏或虚焊。

## 5.9 单片机水塔自动供水控制器的总装技能

调试好的控制电路板就可以对其进行总装。总装的内容与目的如下：

（1）将调试好的控制电路板固定在 150 mm×120 mm×50 mm 的塑料盒内。

（2）将 VD1～VD5 的连线分别连接到面板的 5 只发光二极管上。

（3）连接手动开按钮、手动停按钮的连接线。

（4）将电源变压器 T1 安装在塑料盒内。

（5）将 5 位接线排安装在机盒的后板上。

（6）将电源变压器的 220 V 输入端接到接线排上。

（7）将 K1、K2 的 3 根控制引线接到接线排上。

单片机自动供水控制器外形示意图和总装示意图如图 5—8、图 5—9 所示。

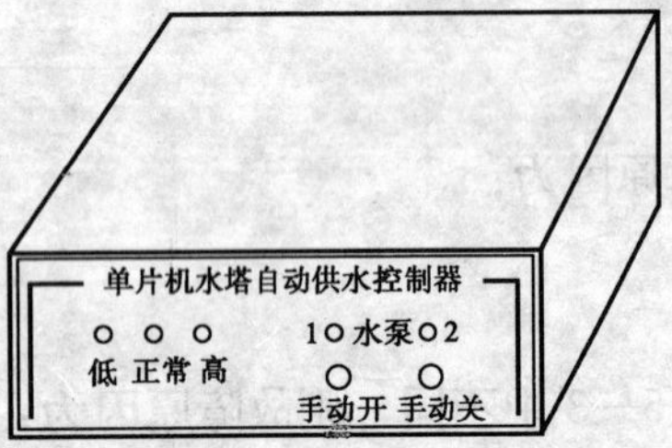


图 5—8 外形示意图

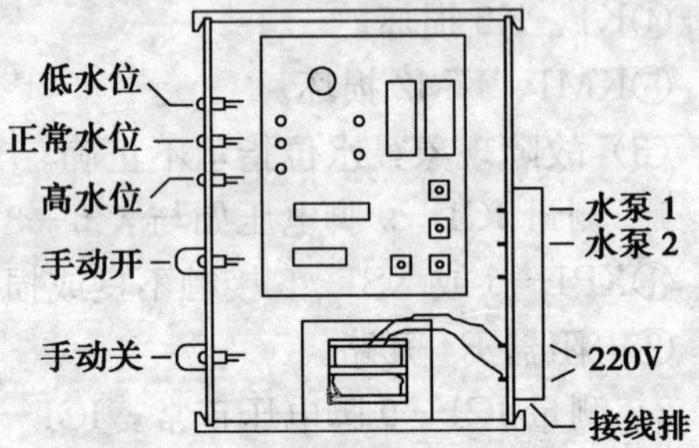


图 5—9 总装示意图

通过以上内容的学习和专业技能训练，一台实用的电子产品——“单片机水塔自动供水控制器”就制作完成了。

## 练 习 题

1. 单片机水塔自动供水控制器的性能特点有哪些？

2. 画出单片机水塔自动供水控制器原理方框图。

3. 画出单片机水塔自动供水控制器电路图。

4. 叙述单片机水塔自动供水控制器水泵保护控制原理。

5. 叙述单片机水塔自动供水控制器的手动控制原理。
6. 叙述单片机水塔自动供水控制器的低水位控制原理。
7. 叙述单片机水塔自动供水控制器的正常水位控制原理。
8. 叙述单片机水塔自动供水控制器的满水位控制原理。
9. 叙述图 5—2 中电阻器 R3、R7 的作用。
10. 详细叙述图 5—2 中传感器 1 的两个作用。
11. 叙述图 5—2 中传感器 2 的作用。
12. 写出单片机水塔自动供水控制器程序设计构想。
13. 画出单片机水塔自动供水控制器程序设计方框图。
14. 编写单片机水塔自动供水控制器的单片机运行程序。
15. 如何对单片机水塔自动供水控制器电路故障进行修理?

# 课题6　单片机其他控制电路的制作技能

## 6.1　单片机计数器的制作技能

图6—1所示为单片机计数器电路图。通过对该内容的学习制作，可以进一步帮助我们理解单片机的控制特性，进一步提高对单片机控制电路原理的分析能力，以及对控制电路的调试和检修等技能。

### 6.1.1　单片机计数器电路图

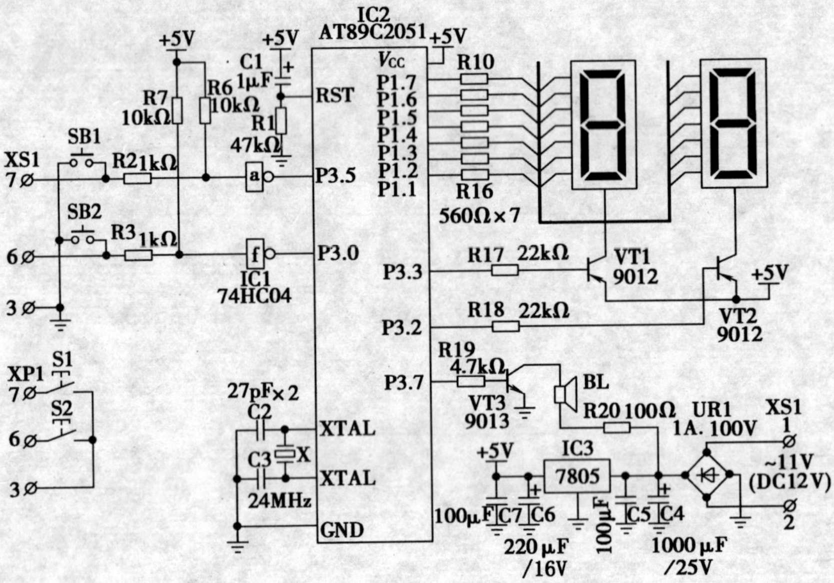


图6—1　单片机计数器电路图

### 6.1.2　单片机计数器的控制功能

(1) S1为计数按钮；SB1为调试按钮，作用与S1相同。S2为清0按钮，SB2为调试按钮，作用与S2相同。

(2) SB1每按下一次，计数值加一并发出1 kHz按键提示音。

(3) 计数器计数范围为0～99。当最大计数值时，按下SB1无效，但每次按下仍有按键音。

(4) 按下SB2，计数值为0。

### 6.1.3　单片机程序设计构想

(1) 计数控制。控制过程：

按下 S1→IC1－a↑→P3.5↑ ──┬→R010＋001→R011＋001→编译 BCD 码→P3.2↓→VT1 导通（显示个位数字）→P3.3↓→VT2 导通（显示十位数）。
└→P3.7↑→VT3→BL（提示音）。

编程构思：P3.5↑ ──┬→R010＋001→R011＋001→编译 BCD 码→P3.2↓→VT1 导通（显示个位数）→P3.3↓→VT2 导通（显示十位数）。
└→P3.7↑。

（2）清 0 控制。控制过程：

按下 S2→IC1－b↑→P3.0↑ ──┬→清除 R010 值→清除 R011 值→编译 BCD 码→P3.2↓→VT1 导通（显示个位数字）→P3.3↓→VT2 导通（显示十位数）。
└→P3.7↑→VT3→BL（提示音）。

编程构思：P3.0↑ ──┬→清除 R010 值→清除 R011 值→编译 BCD 码→P3.2↓→VT1 导通（显示个位数字）→P3.3↓→VT2 导通（显示十位数）。
└→P3.7↑。

### 6.1.4 单片机程序设计方框图

图 6—2 所示为主程序方框图，图 6—3 所示为显示子程序方框图。

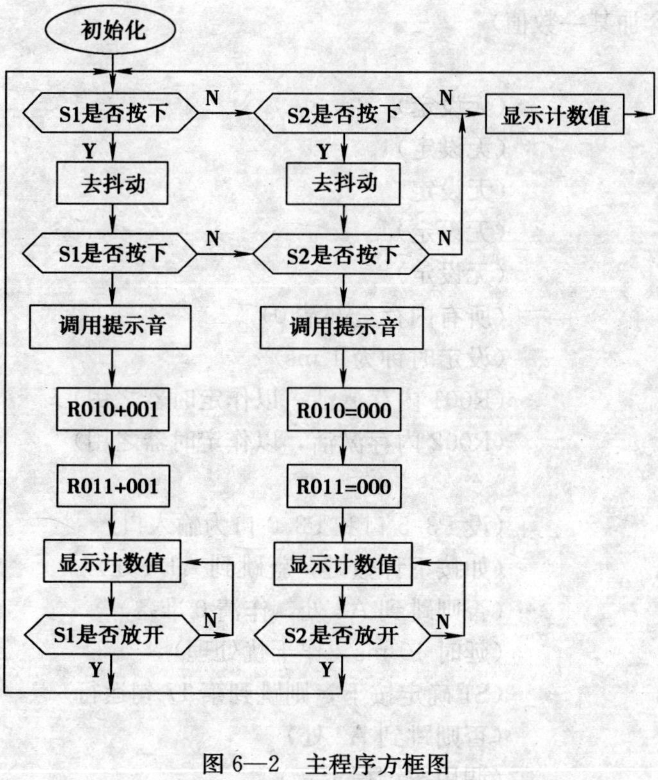


图 6—2 主程序方框图

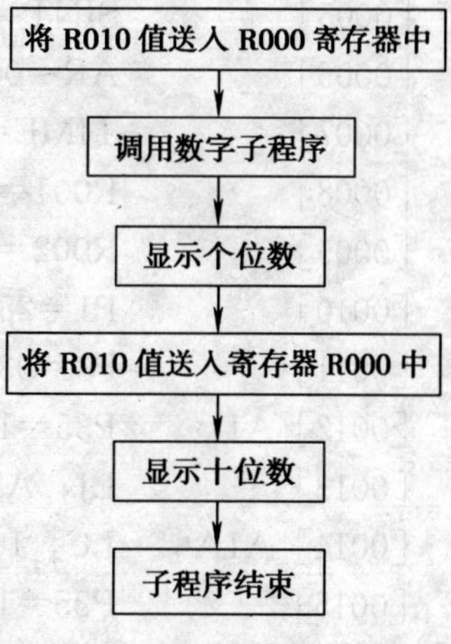


图 6—3 显示子程序方框图

### 6.1.5 编程指令

该电路编程中使用以下编程指令：

(1) 传送指令：

1) Rn＝Pm　　(表示 I/O 口内容传给内存)

2) Pmm＝1 (0)　　(单 I/O 口置“1”或：置“0”)

3) Pm＝K　　(十进制数传给 I/O 口)

(2) 调用、跳转指令：

1) LC，BH　　(调用 BH 标号处的子程序)

2) RET　　(子程序返回指令)

3) LJ，BH　　(跳到 BH 标号处继续运行)

(3) 条件跳转指令：

Pmm＝1，BH　　(如单 I/O 口置 1，则跳到标号处运行，否则运行下一条指令)

(4) 设定指令：

1) Rn＝ON　　[激活 Rn 定时器]

2) TIME＝0　　[12÷主频 (晶振)×50 000＝定时器时钟 0.05 s]

3) TIME＝1　　[12÷主频 (晶振)×5 000＝定时器时钟 0.005 s]

4) TIME＝2　　[12÷主频 (晶振)×10 000＝定时器时钟 0.01 s]

5) TIME＝3　　[12÷主频 (晶振)×1 000＝定时器时钟 0.001 s]

(5) 运算指令：

Rn＋K　　(Rn 内容加某一数值)

### 6.1.6 单片机计数器程序清单

| | | | |
|---|---|---|---|
| [0001] | | INT0＝LJ， | (无设定) |
| [0002] | | INT1＝LJ， | (无设定) |
| [0003] | | TINT1＝LJ， | (无设定) |
| [0004] | | TINT2＝LJ， | (无设定) |
| [0005] | | SINT＝LJ， | (无设定) |
| [0006] | | AR＝000 | (所有内存全部清 0) |
| [0007] | | TIME＝3 | (设定时钟为 1 ms) |
| [0008] | | R001＝ON | (R001 内存激活，以作定时器之用) |
| [0009] | | R002＝ON | (R002 内存激活，以作定时器之用) |
| [0010] | | P1＝255 | |
| [0011] | | P3＝033 | (设 P3.5 口和 P3.0 口为输入口) |
| [0012] | A1 | P35＝1，A1A | (如按下计数键，就跳到 A1A 处) |
| [0013] | | LJ，A2 | (否则跳到 A2 处，作清 0 准备) |
| [0014] | A1A | LC，10MS | (延时 10 ms，作干扰处理) |
| [0015] | | P35＝1，A1B | (S1 确定按下，则跳到第 17 句运行) |
| [0016] | | LJ，A2 | (否则跳到 A2 处) |
| [0017] | A1B | LC，YP | (调用按键提示音) |
| [0018] | | R010＋001 | (个位数的计数器 R010 加 1) |

```
[0019]          R010=009，A1D      （如个位值是“9”，则去向千位值是否是“9”）
[0020] AA1      R010=010，A1C      （如个数值是“10”，就跳到 A1C 处）
[0021] AA2      LC，CC1            （调用显示子程序）
[0022]          P35=1，AA2         （如 S1 未放开，就跳到 AA2 处）
[0023]          LJ，A1             （否则跳回 A1 处）
[0024] A1C      R010=000           （将个位值的计数器清 0，以便再次计数）
[0025]          R011+001           （十位数的计数器 R011 加 1）
[0026] AAA1     LC，CC1            （调用显示子程序）
[0027]          P35=1，AAA1        （如 S1 未放开，就跳到 AAA1 处）
[0028]          LJ，A1             （否则跳回 A1 处）
[0029] A1D      R011=009，A1E      （如十位值也是“9”，则跳到 A1E 处）
[0030]          LJ，AA1            （否则跳到 AA1 处）
[0031] A1E      R010=009           （将个位值的计数器清 0）
[0032]          R011=009           （将十位值的计数器清 0）
[0033]          LC，CC1            （调用显示子程序）
[0034]          P35=1，A1E         （计数值为“99”后，按下 S1 无效）
[0035]          P30=1，A1G         （如按下 S2，则跳到 A1G 处）
[0036]          P35=1，A1F         （否则跳回 A1E 处运行）
[0037]          LJ，A1E
[0038] A1F      LC，YP
[0039]          LJ，A1E
[0040] A1G      LC，YP             （调用按键提示音）
[0041] AA3      R010=000           （将个位值的计数器清 0）
[0042]          R011=000           （将十位值的计数器清 0）
[0043]          LC，CC1
[0044]          P30=1，AA3         （如 S2 未放开，就跳到 AA3 处）
[0045]          LJ，A1
[0046] A2       P30=1，A2A         （如按下 S2，就跳到 A2A 处）
[0047]          LJ，A3             （否则跳回 A2 处）
[0048] A2A      LC，10MS           （延时 10 ms，以便去除干扰信号）
[0049]          P30=1，A2B         （如 S2 确实按下，就跳到 A2B 处）
[0050]          LJ，A3             （否则跳到 A2 处）
[0051] A2B      LC，YP             （调用按键提示音）
[0052] A2C      R010=000           （将个位值的计数器清 0）
[0053]          R011=000           （将十位值的计数器清 0）
[0054]          LC，CC1            （调用显示子程序）
[0055]          P30=1，A2C         （如 S2 未放开，就跳到 A2C 处）
[0056]          LJ，A1             （如 S2 已放开，就跳回 A1 处）
[0057] A3       LC，CC1            （调用显示子程序）
```

```
[0058]        LJ, A1           (跳回 A1 处)
[0059] CC1    R000=R010        (将内存 R010 内容放入特殊内存 R000 中)
[0060]        LC, BBB          (调用数字子程序)
[0061]        P3=041           (显示个位数)
[0062]        LC, 10MS         (个位数显示 10 ms)
[0063]        P3=051           (熄灭个位数)
[0064]        LC, 1MS          (关闭时间为 1 ms)
[0065]        R000=R011        (将内存 R011 内容放入特殊内存 R000 中)
[0066]        LC, BBB          (调用数字子程序)
[0067]        P3=037           (显示十位数)
[0068]        LC, 10MS         (十位数显示 10 ms)
[0069]        P3=051           (熄灭十位数)
[0070]        LC, 1MS          (关闭时间为 1 ms)
[0071]        RET              (显示子程序结束)
[0072] BBB    R000=000, 0      (将 R000 中的值转换成 BCD 码)
[0073]        R000=001, 1      (将 R000 中的值转换成 BCD 码)
[0074]        R000=002, 2      (将 R000 中的值转换成 BCD 码)
[0075]        R000=003, 3      (将 R000 中的值转换成 BCD 码)
[0076]        R000=004, 4      (将 R000 中的值转换成 BCD 码)
[0077]        R000=005, 5      (将 R000 中的值转换成 BCD 码)
[0078]        R000=006, 6      (将 R000 中的值转换成 BCD 码)
[0079]        R000=007, 7      (将 R000 中的值转换成 BCD 码)
[0080]        R000=008, 8      (将 R000 中的值转换成 BCD 码)
[0081]        R000=009, 9      (将 R000 中的值转换成 BCD 码)
[0082]        RET
[0083] 0      P1=129           (在 P1 口显示"0"的 BCD 码)
[0084]        RET
[0085] 1      P1=231           (在 P1 口显示"1"的 BCD 码)
[0086]        RET
[0087] 2      P1=073           (在 P1 口显示"2"的 BCD 码)
[0088]        RET
[0089] 3      P1=067           (在 P1 口显示"3"的 BCD 码)
[0090]        RET
[0091] 4      P1=039           (在 P1 口显示"4"的 BCD 码)
[0092]        RET
[0093] 5      P1=019           (在 P1 口显示"5"的 BCD 码)
[0094]        RET
[0095] 6      P1=017           (在 P1 口显示"6"的 BCD 码)
[0096]        RET
```

```
[0097] 7      P1=199           (在 P1 口显示"7"的 BCD 码)
[0098]        RET
[0099] 8      P1=001           (在 P1 口显示"8"的 BCD 码)
[0100]        RET
[0101] 9      P1=003           (在 P1 口显示"9"的 BCD 码)
[0102]        RET
[0103] YP     P37=1            (1 kHz 音频子程序)
[0104]        LC,1MS
[0105]        P37=0
[0106]        LC,1MS
[0107]        R012+001
[0108]        R012=100,YP1     (音频音响声为 0.1 s 时的值)
[0109]        LJ,YP
[0110] YP1    R012=000
[0111]        RET
[0112] 1MS    R001=000         (1 ms 子程序)
[0113] T1A    R001=001,T1B     (使用 24 MHz 晶振)
[0114]        LJ,T1A
[0115] T1B    RET
[0116] 10MS   R002=000         (10 ms 子程序)
[0117] T2A    R002=020,T2B     (使用 24 MHz 晶振)
[0118]        LJ,T2A
[0119] T2B    RET
[0120]        END              (程序结束)
```

### 6.1.7 程序含义及编程理念

(1) 初始化后的工作（第 6 句～第 11 句）。

通电后，经过+5 V 电源对 C1 的充电以及 R1 对 C1 的放电作用后，即完成单片机的清 0 工作，然后进入下面内容。

第一，使用"AR=000"语句，对所有内存清"0"，这一句清 0 语句可代替若干为定时器的内存分别进行清 0 的清 0 语句。

第二，根据程序的需要，设定时器时钟。定时器时钟决定着定时器的计数值。根据设计需要，该电路需要两个定时器，分别是 0.5 ms 和 10 ms。10 ms 用以编写去抖动程序；0.5 ms 用以编写 1 kHz 的音频信号作为按键提示音。要做 1 kHz 按键音就需要使用 1 ms 的定时器。这样在使用 24 MHz 主频时，当定时器时钟为 1 ms，即 TIME=3 时就能得到实际为 0.5 s 的定时值。1 ms 定时器作去抖动的延时 10 ms 定时器同样适用。

第三，确定定时器。定时器是单片机中的 RAM 存储器，将其"激活"而得到。在 AT89C2051 中有 80 个 RAM 存储器，它们既能作为计数器使用，又能作为定时器使用，所以选其中任何一个 RAM 都可以。选其中某两个内存都可以，如果选用 R001 和 R002，则应将其进行激活，即：R001=ON，R002=ON。当某个内存被激活，就意味着那个内存已确定作为定时器使用，否则内存只作为计数器使用。

第四，设定 P1 口值和 P3 口值。图 6—1 的单片机计数器有 2 个输入（控制）端，7 个输出（工作）端。根据单片机的工作特性规定，作为输入端使用的端口应对其设定成高电位。在图 6—1 中 P3.5 口和 P3.0 口为输入口，应将它们设定为高电位，并将 P3.5 口的 8421 码“32”和 P3.0 口的 8421 码“1”，相加即 32＋1＝33。语句为“P3＝033”。

P1 口的值是依据个位计数器 R010 的值和十位计数器 R011 的值而不断进行变化的。在程序的开始应先关闭 P1 口，即“P1＝255”，使两个数码管都熄灭。在该计数器中因为使用的是共阳数码管，所以单片机与数码管连接的各个端口，在低电位驱动下才能点亮数码管中的相应字符段。又由于单片机 AT89C2051 的灌电流（下拉电流）可达 20 mA，所以对 LED 数码管可以直接驱动，简化了硬件设备。

接通电源（初始化）后，要使计数器显示“00”，就要使个位计数的内存和十位计数的内存中都是“0”值，即“R010＝000、R010＝000”。但由于在程序的开始就对所以内存进行了清 0，即“AR＝000”，已经达到使 R010＝000 和 R011＝000 的设置效果，所以就不必再对 R010 及 R011 清 0。

(2) 数码管的显示过程（第 21 句、第 26 句、第 33 句、第 43 句、第 54 句、第 57 句以及第 59 句～第 102 句）。

进入主程序后，如计数按键 S1（SB1）没有按下，清 0 按键也没有按下，但显示程序却在发挥作用而显示“00”。其数字显示工作过程为：先将个位计数器 R010 值放进特殊寄存器 R000 中，然后将特殊寄存器中的个位十进制数值转换成 BCD 码，并在 P1 口的各个单一口中得以实现，也就是 P1 口最后输出的是反映个位数值的 BCD 码。同时从 P3.2 口输出低电位，使 VT2 导通，从 VT2 集电极输出＋5 V 电压，为个位数码管提供正极性工作电压。当 P1 口的各个单一口出现低电位（下拉驱动）时，使个位数码管的相应字符段形成正向电流，于是个位数码管就有显示。图 6—1 中 IC2 的 P1.7 口与数码管的“g 相连、P1.6 口与“f”相连、P1.5 口与“a”相连、P1.4 口与“b”相连、P1.3 口与“c”相连、P1.2 口与“d”相连、P1.1 口与“e”相连。要使数码管显示“0”，则单片机的 P1.6～P1.1 均要输出低电位，这样数码管的 a～f 字符段的 LED 就有正向电流通过，而 g 段字符没有正向电流通过，于是数码管显示“0”。

当个位数显示 10 ms 后就关闭 P3.2 口，即 P3.2 由低电位变成高电位，VT2 截止后停止了向个位数码管提供正向电源，所以个位数熄灭。当个位数熄灭后，程序将十位计数器 R011 值也放进了特殊寄存器 R000 中，然后再将特殊寄存器中的十位十进制数值转换成 BCD 码，并在 P1 口的各个单一口中得以实现。与此同时 P3.3 口输出低电位，使 VT1 导通，从 VT1 的集电极输出＋5 V 电压作为十位数码管的工作电压。十位数码管的各字符段与单片机相连的端口与个位数码管相同。当单片机的 P1.6～P1.1 均输出低电位时，数码管的 a～f 字符段的 LED 就有正向电流通过，于是十位数码管也显示“0”。

为了使数码管产生连贯的显示效果，采用了对个位数码管和十位数码管进行快速扫描的工作方式，每个数码管的显示时间为 10 ms，个位数码管显示 10 ms 后，通过切断个位数码管阳极电压的方法使个位数熄灭。然后显示十位数码管，点亮时间也为 10 ms，即供给十位数码管的阳极电压时间为 10 ms。这种工作一直进行循环。100 Hz 的扫描显示工作方式，克服了字符的闪烁现象，所以实际上看到的是较为稳定的数字字符。

（3）计数键 SB1 的按下动作过程（第 12 句～第 16 句）。

S1（SB1）按键是计数器的计数键。当按下 SB1，通过电阻器 R2 的下拉作用使 IC1－a 输入端变为低电位，通过 IC1－a 的反相作用其输出端输出高电位，该高电位送给单片机 P3.5 口，作为 P3.5 口的控制信号。当 CPU 访问到 P3.5 口为高电位时，单片机进入控制信号与干扰信号的判断程序。如 10 ms 后 P3.5 口仍为高电位，则排除干扰信号的可能性，于是作再次的询问，如 P3.5 口确实是高电位，则单片机将进入计数程序。在单片机进入计数程序之前，先从 P3.7 口输出按键提示音，以示按键有效，然后再进入计数程序。

（4）计数器的计数过程（第 18 句～第 45 句）。

当 SB1 按下一次，个位计数器就加 1 一次。当个位计数器计数到“9”，随后就询问十位计数器是不是“9”，如果不是“9”就继续询问个位计数器是不是“10”，如不是“10”就继续等待 SB1 的再次按下。在这过程中如 SB1 没有放开，则程序只作显示工作而不作其他工作，如果 SB1 按键已放开，则程序将等待 SB1 的再次按下动作。该设计体现在程序中的第 27 句和第 28 句。

如个位计数器的计数值为“9”，而且十位计数器的计数值也为“9”，则说明此时的计数值为“99”。“99”是本计数器的最终计数值，一旦计数到达“99”，计数器就不再作计数处理。于是程序先对个位计数器和十位计数器进行确定，即 R010＝009、R011＝009。此后单片机对 SB1 的按键动作只输出按键音而不作计数处理。只有对个位计数器和十位计数器进行清 0 后，即计数器的计数值不是“99”时，SB1 的按键动作才能继续得到有效计数。

当 SB1 按下第十次，个位计数器计数值也为“10”，由于十进制数字“10”需要两位显示，即个位显示“0”、十位显示“1”，所以要及时对十位计数器进行进位，并使个位计数器的计数值为 0，采用的办法就是对个位计数器清 0。当完成了个位计数器的清 0 和十位计数器的进位加 1 后，单片机将通过 CPU 的扫描显示方式显示出数字“1”和“0”。

（5）清 0 键 SB2 的按下动作过程（第 46 句～第 51 句）。

SB2 是清 0 按键。当 SB2 被按下，由于 SB2 对地的短路作用，使 R3、R7 组成的分压电路成立，此时该分压电路的下偏电阻的阻值为 1 kΩ，上偏电阻的阻值为 10 kΩ，则分压点电压值为：

$$U_{分}＝下偏电阻值÷(下偏电阻值＋上偏电阻值)×电源电压值$$

即：分压电路的分压值为 0.45 V。

0.45 V 的分压值将 IC1－b 反相器的输入端由原先的高电位变成了低电位，而反相器的输出端则由原先的低电位变成了高电位（4.8 V），这种电压变化是为了适应程序设计的需要。在程序设计中，将 P3.0 口设计为：接受到高电位表示 SB2 按键按下有效，即单片机中的 CPU 当访问到 P3.0 口为高电位时即作为有效控制，否则为无效控制。

当 CPU 访问到 P3.0 口为高电位时，程序就进入按键判断工作，即暂停 10 ms 的访问时间，如延时 10 ms 后 P3.0 口仍然为高电位，则说明是控制信号而不是干扰信号，于是 CPU 作再次按键动作的判断，在确实确定是有效控制后，单片机就进入清 0 程序。

（6）计数器的清 0 过程（第 52 句～第 58 句）。

当 CPU 确认 SB2 按下有效后，先使 P3.7 口输出按键提示音，以示 SB2 按下有效，然后做清 0 工作。

对个位计数器和十位计数器进行清 0，即个位计数器 R010＝000 以及 R010＝000。当清

0 任务完成后还要对 SB2 的按键动作进行观察，如 SB2 还没有放开，则继续运行显示程序；如果 SB2 已经放开，则程序将等待 SB1 计数键的按键动作。这些逻辑理念体现在语句的 55 句和 56 句。

(7) 1 kHz 按键提示音（第 103 句～第 111 句）。

按键提示音信号是一个占空比 50%的方波信号，方波信号的周期为 1 ms，正半周与负半周脉宽均为 0.5 ms，频率为 1 kHz 的方波信号。

1 kHz 音频方波信号从 P3.7 口输出，它的形成是这样的：先使 P3.7 口为高电位，高电位的延续时间为 0.5 ms 因为 PROG－100 编程器的时钟频率只有四挡，即 TIME＝0，时钟频率为 50 ms；TIME＝1，时钟频率为 5 ms；TIME＝2，时钟频率为 10 ms；TIME＝3，时钟频率为 1 ms。这就无法编写 0.5 ms 的定时器，也就无法编写出 1 kHz 的按键音信号。为此将单片机的基准频率由 12 MHz 提高一倍，即使用 24 MHz 晶振，这样程序中的 1 ms 实际上就是 0.5 ms，语句仍然为：P37＝1，LC，1MS。从而产生一个脉宽为 0.5 ms 的正极性脉冲波；接着 P3.7 口为低电位，低电位的延续时间也为 0.5 ms，这又产生一个负极性的脉冲，脉宽也为 0.5 ms，语句为：P37＝0，LC，1MS。此时就完成了一个振荡周期为 1 ms，频率为 1 kHz 的振荡器。为了使脉冲信号形成音律，接着要将 1 kHz 脉冲信号持续 100 次。循环的方法是利用一个计数器，当做出一个脉冲后就将计数器加 1，共进行100 次，计数结束后对计数器进行清 0，语句为：R012＋001；R012＝100，YP1；LJ，YP；YP1　R012＝000。最后就形成了一个频率为 1 kHz 响声时值为 1 ms 的音频信号。

(8) 1 ms、10 ms 定时器（第 112 句～第 119 句）。

从 109 句至 112 句为一组 1 ms 的定时器子程序。在该程序中，定时时钟已设定为 TIME＝3，即 1 ms（因为使用 24 MHz 晶振，实际上是 0.5 ms），则 R001 的值应为“1”即语句为：“R001＝001”。

从 113 句至 116 句为一组 10 ms 的定时器子程序。在该程序中，定时时钟已设定为 TIME＝3，即 1 ms（因为使用 24 MHz 晶振，实际上是 0.5 ms），则 10 ms 时的 R002 的值应为“20”即“R002＝020”。

(9) 程序结束。

在程序的最后必须有一句“END”语句，以告知单片机程序结束，否则编程器将无法进行检验和写入工作，单片机更无法运行。

### 6.1.8　单片机计数器汇编语言程序清单

下面列出单片机计数器汇编语言程序清单，供对照学习之用。

```
[0001]          ORG     0000H
[0002]          AJMP    MAIN
[0003]          ORG     0030H
[0004] MAIN：   MOV P1，#255
[0005]          MOV P3，#33
[0009]    A1：  JNB P3.5，A1A
[0007]          AJMP A2
[0010]   A11：  ACALL 10MS
[0011]          JNB P3.5，A1B
```

```
[0012]          AJMP A2
[0013]    A1B:  ACALL YP
[0014]          MOV A，20H
[0015]          INC A
[0016]          MOV 20H，A
[0017]          CJNZ 20H，#9，A1D
[0018]    AA1:  CJNZ 20H，#10，A1C
[0019]    AA2:  ACALL CC1
[0020]          JB P3.5，AA2
[0021]          AJMP A1
[0022]    A1C:  CLR 20H
[0023]          MOV A，21H
[0024]          INC A
[0025]          MOV 21H，A
[0026]   AAA1:  ACALL CC1
[0027]          JB P3.5，AAAA1
[0028]          AJMP A1
[0029]    A1D:  CJNZ 21H，#9，A1E
[0030]          AJMP AA1
[0031]    A1E:  CLR 20H
[0032]          CLR 21H
[0033]          ACALL CC1
[0034]          JB P3.5，A1E
[0035]          JB P3.0，A1G
[0036]          JB P3.5，A1F
[0037]          AJMP A1E
[0038]    A1F:  ACALL YP
[0039]          AJMP A1E
[0040]    A1G:  ACALL YP
[0041]    AA3:  CLR 20H
[0042]          CLR 21H
[0043]          ACALL CC1
[0044]          JB P3.0，AA3
[0045]          AJMP A1
[0046]     A2:  JB P3.0，A2A
[0047]          AJMP A3
[0048]    A2A:  ACALL 10MS
[0049]          JB P3.0，A2B
[0050]          AJMP A3
```

```
[0051]  A2B: ACALL YP
[0052]       CLR 20H
[0053]       CLR 21H
[0054]  A2C: ACALL CC1
[0055]       JB P3.0, A2C
[0056]       AJMP A1
[0057]   A3: ACALL CC1
[0058]       AJMP A1
[0059]  CC1: MOV A, 20H
[0060]       ACALL BBB
[0061]       MOV P3, #41
[0062]       ACALL 10MS
[0063]       MOV P3, #51
[0064]       ACALL 1ms
[0065]       MOV A, 21H
[0066]       ACALL BBB
[0067]       MOV P3, #37
[0068]       ACALL 10MS
[0069]       MOV P3, #51
[0070]       ACALL 1ms
[0071]       RET
[0072]  BBB: CJNZ A, #0, 0
[0073]       CJNZ A, #1, 1
[0074]       CJNZ A, #2, 2
[0075]       CJNZ A, #3, 3
[0076]       CJNZ A, #4, 4
[0077]       CJNZ A, #5, 5
[0078]       CJNZ A, #6, 6
[0079]       CJNZ A, #7, 7
[0080]       CJNZ A, #8, 8
[0081]       CJNZ A, #9, 9
[0082]       RET
[0083]    0: MOV P1, #129
[0084]       RET
[0085]    1: MOV P1, #231
[0086]       RET
[0087]    2: MOV P1, #73
[0088]       RET
[0089]    3: MOV P1, #67
```

```
        RET
     4: MOV P1, #39
        RET
     5: MOV P1, #19
        RET
     6: MOV P1, #17
        RET
     7: MOV P1, #199
        RET
     8: MOV P1, #1
        RET
     9: MOV P1, #3
        RET
    YP: SETB P3.7
        ACALL 0.5MS
        CLR P3.7
        ACALL 0.5MS
        INC R1
        CJNZ R1, #100, YP1
        AJMP YP
   YP1: CLR R1
        RET
 0.5MS: MOV R6, #10          (如使用12 Mz晶振，则R6值为5)
    D1: MOV R7, #50
    D2: CJNZ R7, D2
        CJNZ R6, D1
        RET
  10MS: MOV R6, #100         (如使用12 MHz晶振，则R6值为50)
    D3: MOV R7, #100
    D4: CJNZ R7, D4
        CJNZ R6, D3
        RET
        END
```

### 6.1.9 单片机控制程序的调试与修改

将以上单片机运行程序逐句输入编程器中，输入完毕后要对已输入编程器中的程序进行检验，以防止出现遗漏“标号”等错误而影响编程器写入工作的正常进行。

编程器对单片机的写入时间的长短与编程器写入单片机的程序语句的多少有直接关系，语句在50句～200句的写入时间通常为5～20 s。写入时要耐心等待，切不能在单片机未写入结束就取下单片机，以防止造成编程器或单片机的损坏。

如发现在写入 AT89C2051 的过程中出现错误，应及时退出写入操作，检查编程器中的程序，找出错误然后进行修改，最后再对单片机进行写入操作。

### 6.1.10 单片机计数器电路板的安装

单片机计数器的元器件安装在一块面积为 120 mm×70 mm 的印制电路板上。PCB 板的安装方法、步骤、要求可参考第 5 课题中的相关内容。

### 6.1.11 控制电路板的单板调试

印制电路板装配结束后，应对其进行反复检查，只有检查无误后方可进行以下的硬件调试。

单板调试的目的：①检查装配后的元器件质量；②检查各控制功能是否符合控制要求。

(1) 检查+5 V 输出电压和 SB1、SB2 接触性能。

不安装 IC1 和 IC2。在接线排 XS1－1 与 XS1－2 接入电源变压器输出的交流 11 V 电压或直流稳压电输出的 13 V 电压。将万用表拨到直流 25 V 测量挡，黑表笔卡接在接线排的 XS－3 处，用红表笔测量 C4 正极电压应为 15.4 V 或 11.6 V。然后撤离红表笔，作暂停测量。

将万用表拨到直流 10 V 测量挡，测量 IC3 三端稳压集成块的输出端。黑表笔卡接在接线排的 XS－3 处，用红表笔测量 C6 正极或 VD1、VD2 发光二极管的正极（左面的引脚），电压应为 4.8 V 左右。

检查 SB1、SB2 的质量。将红表笔接 SB1 左面的一个引脚应为 4.6 V 左右。当按下 SB1，该点电压值变为 0 V。将红表笔接 SB2 左面的一个引脚应为 4.6 V 左右。当按下 SB2，该点电压值变为 0 V。符合以上测量为正常。

(2) 检查 IC1 是否良好。

断口电源，插装 IC1（74SL04）集成块（集成电路标记缺口向上），接通电源。用红表笔测量 IC1－2 脚（IC1 中的一个反相器的输出端，其与单片机的 P3.5 口相连）电压值。当没有按下 SB1 时，该点电压值为 0 V 左右；当按下 SB1 时该点电压值为 4.6 V 左右，说明该反相器工作正常。

用红表笔测量 IC1－12 脚（IC1 中另一个反相器的输出端，与单片机的 P3.0 口相连）电压值。当没有按下 SB2 时，该点电压值为 0 V 左右；当按下 SB2 时该点电压值为 4.6 V 左右，说明该反相器工作正常。

(3) 测量输入回路各控制电压值：

测量 IC1－1 脚电压为>4.6 V（高电位）、IC1－2 脚为 0 V（低电位）；按下 SB1 时，IC1－1 脚为 0.4 V 左右（低电位）、IC1－2 脚为>4.6 V（高电位）。

测量 IC1－13 脚电压为>4.6 V（高电位）、IC1－12 脚为 0 V（低电位）；按下 SB2 时，IC1－13 脚为 0.4 V 左右（低电位）、IC1－12 脚为>4.6 V（高电位）。

用手摸 IC3 的表面，应只能有微微的温热感。

### 6.1.12 控制电路板的总调试

切断电源，将 IC2（AT89C2051）单片机（单片机标记缺口向上）插入其插座，然后接通电源。

(1) 观察各控制状态：根据单片机计数器功能要求进行调试，并观察控制电路板的工作状态是否正常。如果不正常应参考以前课题中的检修方法进行排故与检修。

(2) 测量计数器电路各点电压值。测量方法：

黑表笔接电路的“地”（XS1－3）端，红表笔测量所装配电路板上的各点电压值，并认真记录。同时将测量值与表 6—1 对照，如发现某点电压值有较大差异，应立刻切断电源，停止测量，然后认真检查，待排除故障后再继续对未测试点的测量。

**表 6—1　　单片机计数器电路各点参考电压值一览表**　　V

| 电路状态 | XS1－7 | IC1－1 脚 | IC1－2 脚 | XS1－6 | IC1－13 脚 | IC1－12 脚 | P3.5 口 |
|---|---|---|---|---|---|---|---|
| SB1、SB2 未按 | 4.8 | 4.8 | 0 | 4.8 | 4.8 | 0 | 0 |
| SB1 按下/放开 | 0/4.8 | 0/4.8 | 4.8/0 | 4.8 | 4.8 | 0 | 4.8/0 |
| SB2 按下/放开 | 4.8 | 4.8 | 0 | 0/4.8 | 0/4.8 | 4.8/0 | 0 |
| 电路状态 | P3.0 口 | P3.3 口 | P3.2 口 | VT1－b | VT1－c | VT2－b | VT2－c |
| SB1、SB2 未按 | 0 | 4.0 | 4.0 | 4.1 | 4.8 | 4.1 | 4.8 |
| SB1 按下/放开 | 0 | 4.0 | 4.0 | 4.1 | 4.8 | 4.1 | 4.8 |
| SB2 按下/放开 | 4.8/0 | 4.0 | 4.0 | 4.1 | 4.8 | 4.1 | 4.8 |
| 电路状态 | P1.7 口 | P1.6 口 | P1.5 口 | P1.4 口 | P1.3 口 | P1.2 口 | P1.1 口 |
| SB1、SB2 未按 | 0.7 | 0.7 | 0.7 | 0.7 | 0.7 | 0.7 | 0.7 |
| SB1 按下/放开 | 0.7 | 0.7 | 0.7 | 0.7 | 0.7 | 0.7 | 0.7 |
| SB2 按下/放开 | 0.7 | 0.7 | 0.7 | 0.7 | 0.7 | 0.7 | 0.7 |

注：测量值大于 1/2 电源电压视为高电位，小于 1/2 电源电压视为低电位。

## 6.2　单片机秒计时器制作技能

图 6—4 所示为单片机秒计时器电路图。通过该内容的学习，可以进一步帮助我们学习单片机技术，进一步理解单片机的编程技术要领，并进一步熟悉对单片机电路的装配、调试等技能。

### 6.2.1　单片机秒计时器电路图

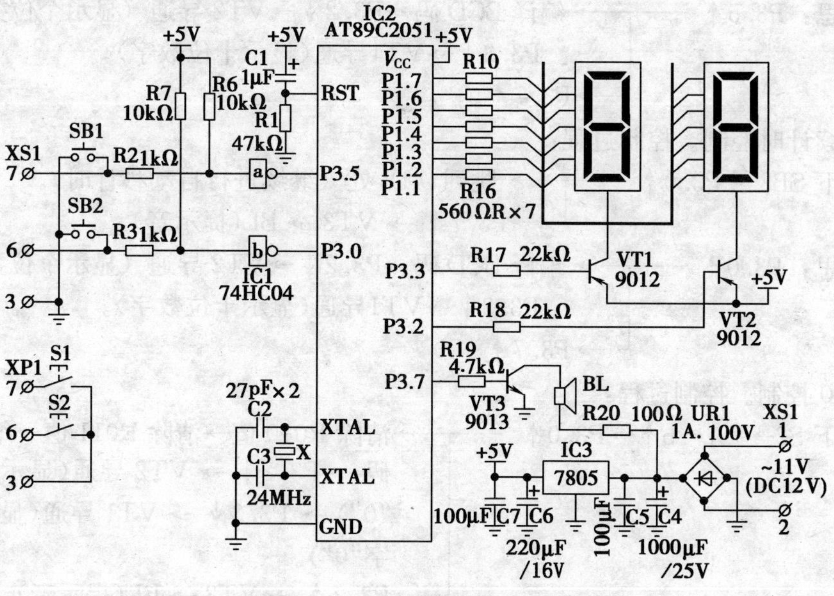


图 6—4　单片机秒计时器电路图

### 6.2.2 单片机秒计时器的控制功能

下面列出单片机秒计时器的控制功能

（1）S1为计时启动按钮；SB1为调试按钮，作用与S1相同。S2为暂停/继续/清0三作用按钮，SB2为调试按钮，作用与S2相同。

（2）按下S1（SB1）按钮，计时开始。

（3）按下S2（SB2）按钮，计时暂停；接着再次（偶数次）按下S2，计时继续，如将SB2连续按下1 s后，计数值清“0”。

（4）计时范围为0～99 s（每1 s显示值变化一次，即自动进位1 s）。

### 6.2.3 单片机程序设计构想

下面列出单片机秒计时器程序设计构想

（1）开始计时控制。控制过程：

按下S1→IC1－a↑→P3.5↑ →R010＋001→R011＋001→编译BCD码→P3.2↓→VT2导通（显示个位数字）→P3.3↓→VT1导通（显示十位数字）。
→P3.7↑→VT3→BL（提示音）。

编程构思：P3.5↑ →R010＋001→R011＋001→编译BCD码→P3.2↓→VT1导通（显示个位数字）→P3.3↓→VT2导通（显示十位数字）。
→P3.7↑→VT3→BL（提示音）。

（2）暂停控制。控制过程：

按下S2↓→IC1－b↑→P3.0↑ →编译BCD码→P3.2↓→VT2导通（显示个位数字）→P3.3↓→VT1导通（显示十位数字）。
→P3.7↑→VT3→BL（提示音）。

编程构思：P3.5↑ →编译BCD码→P3.2↓→VT2导通（显示个位数字）→P3.3↓→VT1导通（显示十位数字）。
→P3.7↑。

（3）继续计时控制。控制过程：

再次按下SB2→P3.0↑ →跳到A1B处（继续进行自动秒计时）。
→P3.7↑→VT3→BL（提示音）。

编程构思：P3.0↑ →编译BCD码→P3.2↓→VT2导通（显示个位数字）→P3.3↓→VT1导通（显示十位数字）。
→P3.7↑。

（4）清0控制。控制过程：

再次按下S2→IC1－b↑→P3.0↑ →清除R010值→清除R011值→编译BCD码→P3.2↓→VT2导通（显示数字“0”）→P3.3↓→VT1导通（显示数字“0”）。
→P3.7↑→VT3→BL（提示音）。

编程构思：

P3.0↑→R012 计数器加 1→R012 值为 50 ——→清除 R010 值→清除 R011 值→编译BCD码→P3.2↓→VT2 导通（显示数字“0”）→P3.3↓→VT1 导通（显示数字“0”）。
　　　　　　　　　　　　　　　　　　　└——→P3.7↑

### 6.2.4　单片机编程指令

该电路编程中使用以下编程指令：

（1）传送指令

1）Rn=Pm　　　（表示 I/O 口内容传给内存）

2）Pmm=1（0）（单 I/O 口置“1”或：置“0”）

3）Pm=K　　　（十进制数传给 I/O 口）

（2）调用、跳转指令

1）LC，BH　　（调用 BH 标号处的子程序）

2）RET　　　（子程序返回指令）

3）LJ，BH　　（跳到 BH 标号处继续运行）

（3）条件跳转指令

Pmm=1，BH　　（如单 I/O 口置 1，则跳到标号处运行，否则运行下一条指令）

（4）设定指令

1）Rn=ON　　　［激活 Rn 定时器）

2）TIME=0　　［12÷主频（晶振）×50 000=定时器时钟 0.05 s］

3）TIME=1　　［12÷主频（晶振）×5 000=定时器时钟 0.005 s］

4）TIME=2　　［12÷主频（晶振）×10 000=定时器时钟 0.01 s］

5）TIME=3　　［12÷主频（晶振）×1 000=定时器时钟 0.001 s］

（5）运算指令

Rn+K　　　　（Rn 内容加某一数值）

### 6.2.5　单片机秒计时器程序清单

下面列出单片机秒计时器程序清单：

```
[0001]    INT0=LJ,      (无设定)
[0002]    INT1=LJ,      (无设定)
[0003]    TINT1=LJ,     (无设定)
[0004]    TINT2=LJ,     (无设定)
[0005]    SINT=LJ,      (无设定)
[0006]    AR=000
[0007]    TIME=3
[0008]    R001=ON
[0009]    R002=ON
[0010]    P1=255        (设 P1 口都为高电位)
[0011]    P3=033        (设 P3.5 口、P3.0 口为输入口)
```

```
[0012] A1     P35=1，A1A        （如计时启动按键按下，就跳到 A1A）
[0013]        LJ，A2            （否则跳到 A2 处）
[0014] A1A    LC，10MS          （延时 10 ms，以便抗干扰）
[0015]        P35=1，AA1        （如 S1 确实按下，就跳到 AA1 处）
[0016]        LJ，A2            （否则跳回 A1 处）
[0017] AA1    LC，YP            （响一声按键音）
[0018] A1B    LC，CC1           （调用显示子程序）
[0019]        R009+001          （R009 计数器加 1）
[0020]        R009=050，A1C     （设定时值为 1 s）
[0021]        P30=1，A2         （如按下 SB2 则暂停或继续或清 0）
[0022]        LJ，A1B
[0023] A1C    R009=000          （将 R009 清 0）
[0024]        R012=000          （同时将长按清 0 的计数器 R012 清 0）
[0025]        LC，YP            （响一声按键音）
[0026]        R010+001          （每秒 R010 就加 1）
[0027]        R010=009，A1F     （如个位是 9，就跳到 A1F 处执行）
[0028] A1D    R010=010，A1E     （秒个位计时器为 10 时，就进位并对其清 0）
[0029]        LJ，A1B
[0030] A1E    R010=000
[0031]        R011+001          （十位计数器加 1）
[0032]        LJ，A1B
[0033] A1F    R011=009，A1G     （如十位也是 9，则跳到 A1G 处执行）
[0034]        LJ，A1D
[0035] A1G    R010=009          （计数终止）
[0036]        R011=009
[0037]        LC，CC1
[0038]        P30=1，A2A        （如按下 S2，就跳到 A2A 处，准备清 0）
[0039]        LJ，A1
[0040] A2     P30=1，A2A        （如按下 S2，就跳到 A2A 处）
[0041]        LJ，A3            （否则跳到 A3）
[0042] A2A    LC，10MS          （延时 10 ms，则清除干扰）
[0043]        P30=1，A2B        （如 S2 确实按下，就跳到 A2B 处）
[0044]        LJ，A3            （否则跳到 A3 处）
[0045] A2B    LC，YP            （响一声按键音）
[0046] A2C    LC，CC1
[0047]        R012+001
[0048]        R012=050，OA2A    （如 SB2 按下超过 1 s，就对秒计时器清 0）
[0049]        P30=1，A2C
[0050]        R012=000          （否则将计时器 R012 清 0）
```

```
[0051] A2A1  LC，CC1          （调用显示子程序）
[0052]       P30=1，A2A2      （如再次按下 SB2，则继续计时）
[0053]       LJ，A2A1         （否则继续暂停）
[0054] A2A2  LC，YP           （第二次按下 SB2，先响一声按键提示音）
[0055] A2A3  LC，CC1
[0056]       P30=1，A2A3      （如果没有放开 SB2，则继续调用显示子程序）
[0057]       LJ，A1B          （如果已放开 SB2，则计时继续）
[0058] OA2A  R012=000         （对 SB2 按键次数计数器清 0）
[0059]       LC，CC1
[0060]       R010=000         （对秒个位计时器清 0）
[0061]       R011=000         （对秒十位计时器清 0）
[0062]       P30=1，OA2A      （如没有放开 SB2，则继续进行清 0）
[0063]       LJ，A1           （如已完成清 0 工作，则计时重新开始）
[0064] A3    LC，CC1
[0065]       LJ，A1
[0066] CC1   R000=R010        （将 R010 值送入 R000 中）
[0067]       LC，BBB          （调用 R000 值）
[0068]       P3=041           （显示个位数）
[0069]       LC，10MS
[0070]       P3=033           （熄灭个位数）
[0071]       R000=R011        （将 R011 值送入 R000 中）
[0072]       LC，BBB          （调用 R000 值）
[0073]       P3=037           （显示十位数）
[0074]       LC，10MS
[0075]       P3=033           （熄灭十位数）
[0076]       RET              （显示子程序结束）
[0077] BBB   R000=000，0      （将 R000 中的值转换成 BCD 码）
[0078]       R000=001，1      （将 R000 中的值转换成 BCD 码）
[0079]       R000=002，2      （将 R000 中的值转换成 BCD 码）
[0080]       R000=003，3      （将 R000 中的值转换成 BCD 码）
[0081]       R000=004，4      （将 R000 中的值转换成 BCD 码）
[0082]       R000=005，5      （将 R000 中的值转换成 BCD 码）
[0083]       R000=006，6      （将 R000 中的值转换成 BCD 码）
[0084]       R000=007，7      （将 R000 中的值转换成 BCD 码）
[0085]       R000=008，8      （将 R000 中的值转换成 BCD 码）
[0086]       R000=009，9      （将 R000 中的值转换成 BCD 码）
[0087]       RET
[0088] 0     P1=126           （在 P1 口显示“0”的 BCD 码）
[0089]       RET
```

```
[0090] 1       P1＝231            （在 P1 口显示"1"的 BCD 码）
[0091]         RET
[0092] 2       P1＝072            （在 P1 口显示"2"的 BCD 码）
[0093]         RET
[0094] 3       P1＝066            （在 P1 口显示"3"的 BCD 码）
[0095]         RET
[0096] 4       P1＝038            （在 P1 口显示"4"的 BCD 码）
[0097]         RET
[0098] 5       P1＝018            （在 P1 口显示"5"的 BCD 码）
[0099]         RET
[0100] 6       P1＝238            （在 P1 口显示"6"的 BCD 码）
[0101]         RET
[0102] 7       P1＝198            （在 P1 口显示"7"的 BCD 码）
[0103]         RET
[0104] 8       P1＝001            （在 P1 口显示"8"的 BCD 码）
[0105]         RET
[0106] 9       P1＝003            （在 P1 口显示"9"的 BCD 码）
[0107]         RET
[0108] YP      P37＝1             （提示音子程序）
[0109]         LC，1MS
[0110]         P37＝0
[0111]         LC，1MS
[0112]         R016＋001          （提示音响声时值设为 0.1 s）
[0113]         R016＝100，YP1
[0114]         LJ，YP
[0115] YP1     R016＝000
[0116]         RET
[0117] 1MS     R001＝000
[0118] T1A     R001＝001，T1B
[0119]         LJ，T1A
[0120] T1B     RET
[0121] 10MS    R002＝000
[0122] T2A     R002＝020，T2B
[0123]         LJ，T2A
[0124] T2B     RET
[0125]         END                （程序结束）
```

### 6.2.6 程序含义及编程理念

（1）初始化后的工作（第 6 句～第 11 句）。

通电后，经过＋5 V 电源对 C1 的充电以及 R1 对 C1 的放电作用后，即完成单片机的清零工作，然后进入下面内容。

第一，使用“AR=000”语句，对所有内存清“0”，这一句清 0 语句可以代替有关作为定时器的内存所需要的分别清 0 的几句语句。

第二，根据定时器的需要，设定时器时钟。定时器时钟决定着定时器的计数值。根据设计需要，该电路需要两个定时器，分别是 0.5 ms 和 10 ms。10 ms 用以编写去抖动程序；0.5 ms 用以编写 1 kHz 的音频信号作为按键提示音。要做 1 kHz 按键音就需要使用 1 ms 的定时器。这样在使用 24 MHz 主频时，当定时器时钟为 1 ms，即 TIME=3 时就能得到实际为 0.5 ms 的定时值。1 ms 定时器做去抖动的延时 10 ms 定时器同样适用。

第三，确定定时器。定时器是单片机中的 RAM 存储器，将其“激活”而得到。在 AT89C2051 中有 80 个 RAM 存储器，它们既能作为计数器使用，又能作为定时器使用，选其中任何一个 RAM 作为定时器都可以，如果选用 R001 和 R002，则应将其进行激活，即：R001=ON，R002=ON。当某个内存被激活，就意味着那个内存已确定作为定时器使用，否则内存只作为计数器使用。

第四，设定 P1 口值和 P3 口值。图 6—4 的单片机秒计时器有 2 个输入（控制）端，7 个输出（工作）端。根据单片机的工作特性规定，作为输入端使用的端口应将其设定成高电位。在图 6—4 中 P3.5 口和 P3.0 口为输入口，应将它们设定为高电位，我们知道 P3.5 口的 8421 码为“32”，P3.0 口的 8421 码为“1”，将这两位数相加即 32+1=33，具体的语句为“P3=033”。

P1 口的值是依据个位计数器的 R010 值和十位计数器的 R011 值而不断进行变化的。在程序的开始应先关闭 P1 口，即“P1=255”，使两个数码管熄灭。在该计数器中使用的是共阳数码管，所以单片机与数码管连接的各个端口，在低电位驱动下才能点亮数码管中的相应字符段。又由于单片机 AT89C2051 的灌电流（下拉电流）可达 20 mA，所以对 LED 数码管可以直接驱动，简化了硬件设备。

接通电源（初始化）后，要使秒计时器显示“00”，就要对个位计时的内存值和十位计时的内存值进行预设定，即“R010=000、R010=000”，由于在程序的开始就对所以内存进行了清 0，即“AR=000”，所以在此就不必再对 R010 及 R011 清 0。

（2）数码管的显示过程（第 18 句、第 37 句、第 46 句、第 51 句、第 55 句、第 59 句、第 64 句以及第 66 句～第 107 句）。

进入主程序后，如计时按键 S1（SB1）没有按下，清 0 按键也没有按下，但显示程序却在发挥作用而显示“00”。秒数字显示工作过程为：先将个位计时器 R010 的“0”值放进特殊寄存器 R000 中，然后将特殊寄存器中的个位十进制数值转换成 BCD 码，并在 P1 口的某些单一口中得以实现，也就是 P1 口最后输出的是反映个位数值的 BCD 码。同时从 P3.2 口输出低电位，使 VT2 导通，从 VT2 集电极输出+5 V 电压，为个位数码管提供正极性工作电压。当 P1 口的某些单一口出现低电位（下拉驱动）作用时，使个位数码管的相应字符段形成正向电流，于是个位数码管就有显示。图 6—4 中 IC2 的 P1.7 口与数码管的“g”相连、P1.6 口与“f”相连、P1.5 口与“a”相连、P1.4 口与“b”相连、P1.3 口与“c”相连、P1.2 口与“d”相连、P1.1 口与“e”相连。要使数码管显示“0”，则单片机的 P1.6～P1.1 均要输出低电位，使数码管的 a～f 字符段的 LED 就有正向电流通过，而 g 段字符没有正向电流通过，于是数码管就显示“0”。

当秒个位数码管显示 10 ms 后就关闭 P3. 2 口，即 P3. 2 由低电位变成高电位，VT2 截止后停止了向秒个位数码管提供正向电源，所以秒个位数熄灭。接着程序将秒十位计时器 R011 中的“0”值也放进了特殊寄存器 R000 中，然后再将特殊寄存器中的秒十位十进制数值转换成 BCD 码，并在 P1 口的各个单一口中得以实现。与此同时 P3. 3 口输出低电位，使 VT1 导通，从 VT1 的集电极输出＋5 V 电压作为十位数码管的工作电压。秒十位数码管的各字符段与单片机相连的端口与个位数码管相同。当单片机 P1. 6～P1. 1 均输出低电位时，数码管的 a～f 字符段的 LED 就有正向电流通过，十位数码管就显示“0”。

为了使数码管产生连贯的显示效果，采用了对个位数码管和十位数码管进行快速扫描的工作方式，设定每个数码管的显示时间为 10 ms。当个位数码管显示 10 ms 后，通过切断个位数码管阳极电压的方法使个位数熄灭。然后再接通十位数码管的阳极电压，十位数码管开始显示，显示的时间也为 10 ms。这种工作一直循环。100 Hz 的扫描显示工作方式，克服了字符的闪烁现象，所以看到的是较为稳定的数字字符。

（3）秒计时键 SB1 的按下动作过程（第 12 句～第 16 句）。

S1（SB1）按键是计时器的启动键。当按下 SB1，通过电阻器 R2 的下拉作用使 IC1－a 输入端变为低电位，通过 IC1－a 的反相作用后输出端输出高电位，该高电位送给单片机 P3. 5 口，作为 P3. 5 口的控制信号。当 CPU 访问到 P3. 5 口为高电位时，单片机进入控制信号与干扰信号的判断程序，当 CPU 确认 P3. 5 口是有效控制后，就进入计时程序。在单片机进入秒计时程序之前，从 P3. 7 口输出一个按键提示音，以示按键有效。

（4）秒计时器的计时过程（第 18 句～第 39 句）。

按下 SB1 按键，秒计时器就开始自动计时。图 6—4 电路计时器的计时步进为 1 s，即每 1 s计时数进一。但是 C－BASIC 语言中没有 1 s 的现成程序，只能通过对某个基准时间进行累计而得到 1 s 时值。为了实现每 1 s 进位的目的，首先取一基准时间，然后对基准时间值进行累计。在本程序中是将显示子程序“CC1”作为基准时间值的。从程序的第 72 句和 77 句可以看出，“CC1”子程序的运行时间值为 20 ms，那基准时间值就是 20 ms。用 1 s÷20 ms＝50，只要对 20 ms 进行累计 50 次就能得到 1 s 的时间值，其程序是第 20 句“R009＝050”。如累计未有 50 次，则继续进行累计，同时还要进行对清 0 按键 SB2 的访问，以便随时对计时清 0。

当秒值产生后，便开始进入秒显示个位计时器的累加工作，即每 1 s 对 R010 计数器加 1。当秒个位计时器计数到“9”，CPU 令询问秒十位计时器是不是“9”，如果不是“9”就继续询问秒个位计时器是不是“10”，如不是“10”就继续进行自动计秒。

当秒个位计时器计时值为“10”后，则对秒十位计时器加 1。因为 10 s 数字需要两位显示，即个位显示“0”、十位显示“1”。为了使个位显示 0，就要使秒个位计时器的计时值为 0，采用的办法就是对秒个位计时器清 0。然后对秒十位计时器加 1，此时秒个位计时器 R010 值为“000”、秒十位计时器 R011 值为“001”。然后将这些值送入显示程序中，最后数码管上显示的就是数字“1”和“0”。

当秒个位计时器的计时值为“9”，而且秒十位计时器的计时值也为“9”，则说明此时的总计时值为“99”，“99”是本计时器的最终计时值，一旦计时到达“99”，计时器就不再作计时处理，并在程序中对秒个位计时器和十位计时器进行预设定值的确定，即 R010＝009、R011＝009。此后单片机不再进行自动计时，显示值为“99”。

(5) 清 0 键 SB2 的按下动作过程（第 40 句～第 44 句）。

SB2 是清 0 按键。当 SB2 被按下，由于它的对地短路作用，使 R3、R7 组成的分压电路成立，此时该分压电路的下偏电阻的阻值为 1 kΩ，上偏电阻的阻值为 10 kΩ，则分压点电压值为：

$$U_{分}=下偏电阻值\div(下偏电阻值+上偏电阻值)\times电源电压值$$

即：分压电路的分压值为 0.45 V。

0.45 V 的分压值将 IC1－b 反相器的输入端由原先的高电位拉低成低电位，而反相器的输出端则由原先的低电位变成了高电位（4.8 V），适应了程序设计的需要。在程序设计中，将 P3.0 口设计为：接收到高电位表示 SB2 按键按下有效。当单片机中的 CPU 当访问到 P3.0 口为高电位时即作为有效控制，否则为无效控制。

当 CPU 访问到 P3.0 口为高电位时，程序就进入按键判断工作，即暂停 10 ms 的访问时间，如延时 10 ms 后 P3.0 口仍然为高电位，则说明是控制信号而不是干扰信号，CPU 作再次按键动作的判断，在确实确定是有效控制后，单片机正式进入清 0 程序。

(6) 计时器的暂停、继续、清 0 过程（第 46 句～第 63 句）。

当 CPU 确认 SB2 按下有效后，先使 P3.7 口输出按键提示音，以示 SB2 按下有效，然后做暂停、继续和清 0 工作。

如第一次按下 SB2 没有超过 1 s，程序就进入暂停状态。只要 SB2 没有再次按下，单片机一直执行暂停程序。语言体现在 51 句～53 句。

如果再次按下 SB2 按键，首先响一声按键提示音，然后继续运行计时程序。语言体现在 55 句～57 句。

如果长时间按下 SB2 超过 1 s，程序进入清 0 过程。这 1 s 时值是由显示子程序“CC1”的运行时间值 20 ms，进行 50 次循环而得到。其语言体现在 46 句～48 句。1 s 后，秒个位计时器 R010 和秒十位计时器 R011 均进行清 0，语句为：R010＝000、R011＝000。当清 0 任务完成后还要对 SB2 的按键动作进行观察，如 SB2 还没有放开，则继续运行显示程序；如果 SB2 已经放开，则程序将等待 SB1 计时键的按键动作。语言体现在 58 句～63 句。

(7) 1 kHz 按键提示音（第 108 句～第 116 句）。

1 kHz 按键提示音信号是一个占空比 50% 的方波信号，方波信号的周期为 1 ms，正半周与负半周脉宽均为 0.5 ms，频率为 1 kHz 的方波信号。

1 kHz 音频方波信号从 P3.7 口输出，它的形成是这样的：先使 P3.7 口为高电位，高电位的延续时间为 0.5 ms。但因为 PROG－100 编程器的时钟频率只有 4 挡，即 TIME＝0，时钟频率为 50 ms；TIME＝1，时钟频率为 5 ms；TIME＝2，时钟频率为 10 ms；TIME＝3，时钟频率为 1 ms。这就无法产生 0.5 ms 的定时器，也就无法编写出 1 kHz 的按键音信号。为此将单片机的基准频率由 12 MHz 高一倍，即使用 24 MHz 振，这样程序中的 1 ms 实际上就是 0.5 ms 语句仍然为：P37＝1；LC，1MS。从而产生一个脉宽为 0.5 ms 的正极性脉冲波；接着 P3.7 口为低电位，低电位的延续时间也为 0.5 ms，这又产生一个负极性的脉冲，脉宽也为 0.5 ms，语句为：P37＝0；LC，1MS。此时就完成了一个振荡周期为 1 ms，频率为 1 kHz 的振荡器。为了使脉冲信号形成音律，接着要使 1 kHz 脉冲信号连续出现 100 次。循环的方法是利用一个计数器，当做出一个脉冲后就将计数器加一，进行 100 次累加后对计数器进行清 0，语句为：R016＋001；R016＝100，YP1；LJ，YP；YP1　R016＝000 。

最后就形成了一个频率为 1 kHz 响声时值为 100 ms 的音频信号。

(8) 1 ms、10 ms 定时器（第 117 句～第 124 句）。

从 117 句至 120 句为一组 1 ms 的定时器子程序。在该程序中，定时时钟已设定为 TIME＝3，即 1 ms（因为使用 24 MHz 晶振，实际上是 0.5 ms），则 R001 的值应为“1”即语句为：“R001＝001”。

从 121 句至 124 句为一组 10 ms 的定时器子程序。在该程序中，定时时钟已设定为 TIME＝3，即 1 ms（因为使用 24 MHz 晶振，实际上是 0.5 ms），则 10 ms 时的 R002 的值应为“20”即“R002＝020”。

(9) 程序结束。在程序的最后必须有一句“END”语句，以告诉单片机：程序结束，否则编程器将无法进行检验和写入工作，单片机更无法运行。

### 6.2.7 单片机秒计时器汇编语言程序清单

下面列出单片机秒计时器汇编语言程序清单，供对照学习之用。

```
[0001]         ORG   0000H
[0002]         AJMP MAIN
[0003]         ORG   0030H
[0004] MAIN：  MOV P1，#255
[0005]         MOV P3，#33
[0006]   A1：  JNB P3.5，A1A
[0007]         AJMP A2
[0008]  A1A：  ACALL 10MS
[0009]         JNB P3.5，AA1
[0010]         AJMP A2
[0011]  AA1：  ACALL YP
[0012]  A1B：  ACALL CC1
[0013]         MOV A，19H
[0014]         INC A
[0015]         MOV 19H，A
[0016]         CJNZ 19H，#50，A1C
[0017]         JB P3.0，A2
[0018]         AJMP A1B
[0019]  A1C：  CLR 19H
[0020]         CLR 22H
[0021]         ACALL YP
[0022]         MOV A，20H
[0023]         INC A
[0024]         MOV 20H，A
[0025]         CJNZ 20H，#9，A1F
[0026]  A1D：  CJNZ 20H，#10，A1E
[0027]         AJMP A1B
```

```
[0028]  A1E:  CLR 20H
[0029]        MOV A, 21H
[0030]        INC A
[0031]        MOV 21H, A
[0032]        AJMP A1B
[0033]  A1F:  CJNZ 20H, #9, A1G
[0034]        AJMP A1D
[0035]  A1G:  CLR 20H
[0036]        CLR 21H
[0037]        ACALL CC1
[0038]        JB P3.0, A2A
[0039]        AJMP A1
[0040]  A2:   JB P3.0, A2A
[0041]        AJMP A3
[0042]  A2A:  ACALL 10MS
[0043]        JB P3.0, A2B
[0044]        AJMP A3
[0045]  A2B:  ACALL YP
[0046]  A2C:  ACALL CC1
[0047]        MOV A, 22H
[0048]        INC A
[0049]        MOV 22H, A
[0050]        CJNZ 22H, #50, OA2A
[0051]        JB P3.0, A2C
[0052]        CLR 22H
[0053]  A2C1: ACALL CC1
[0054]        JB P3.0, A2C2
[0055]        AJMP A2C1
[0056]  A2C2: ACALL YP
[0057]  A2C3: ACALL CC1
[0058]        JB P3.0, A2C3
[0059]        AJMP A1B
[0060]  OA2A: CLR 22H
[0061]        ACALL CC1
[0062]        CLR 20H
[0063]        CLR 21H
[0064]        JB P3.0, OA2A
[0065]        AJMP A1
[0066]  A3:   ACALL CC1
```

```
[0067]          AJMP A1
[0068]   CC1：  MOV A，20H
[0069]          ACALL BBB
[0070]          MOV P3，#41
[0071]          ACALL 10MS
[0072]          MOV P3，#51
[0073]          ACALL 1ms
[0074]          MOV A，21H
[0075]          ACALL BBB
[0076]          MOV P3，#37
[0077]          ACALL 10MS
[0078]          MOV P3，#51
[0079]          ACALL 1 ms
[0080]          RET
[0081]   BBB：  CJNZ A，#0，0
[0082]          CJNZ A，#1，1
[0083]          CJNZ A，#2，2
[0084]          CJNZ A，#3，3
[0085]          CJNZ A，#4，4
[0086]          CJNZ A，#5，5
[0087]          CJNZ A，#6，6
[0088]          CJNZ A，#7，7
[0089]          CJNZ A，#8，8
[0090]          CJNZ A，#9，9
[0091]          RET
[0092]     0：  MOV P1，#129
[0093]          RET
[0094]     1：  MOV P1，#231
[0095]          RET
[0096]     2：  MOV P1，#73
[0097]          RET
[0098]     3：  MOV P1，#67
[0099]          RET
[0100]     4：  MOV P1，#39
[0101]          RET
[0102]     5：  MOV P1，#19
[0103]          RET
[0104]     6：  MOV P1，#17
[0105]          RET
```

```
[0106]        7：MOV P1，#199
[0107]           RET
[0108]        8：MOV P1，#1
[0109]           RET
[0110]        9：MOV P1，#3
[0111]           RET
[0112]      YP：SETB P3.7
[0113]           ACALL 0.5MS
[0114]           CLR P3.7
[0115]           ACALL 0.5MS
[0116]           INC R1
[0117]           CJNZ R1，#100，YP1
[0118]           AJMP YP
[0119]     YP1：CLR R1
[0120]           RET
[0121]  0.5MS：MOV R6，#10      （如使用 12 MHz 晶振，则 R6 值为 5）
[0122]      D1：MOV R7，#50
[0123]      D2：CJNZ R7，D2
[0124]           CJNZ R6，D1
[0125]           RET
[0126]   10MS：MOV R6，#100     （如使用 12 MHz 晶振，则 R6 值为 50）
[0127]      D3：MOV R7，#100
[0128]      D4：CJNZ R7，D4
[0129]           CJNZ R6，D3
[0130]           RET
[0131]           END
```

### 6.2.8 单片机控制程序的调试与修改

单片机控制程序的调试与修改，是一项很重要的工作。以便及时发现编程过程中出现的失误，并及时进行纠正。

将以上单片机运行程序逐句输入编程器中，输入完毕后还要使用“检验”语句，对已输入到编程器中的各条程序语句进行检验，以找出编写过程中的遗漏“标号”或错句等现象，从而防止编程错误影响编程器的正常写入工作，以及以后单片机的正常运行。

编程器对单片机的写入时间的长短与编程器写入单片机的程序语句的多少有直接关系，语句在 50 句～200 句的写入时间通常为 5～20 s。写入时要耐心等待，切不能在单片机未写入结束就取下单片机，那样会造成编程器或单片机的损坏。

如发现在写入 AT89C2051 的过程中出现错误，应及时退出写入操作，检查编程器中的程序，找出错误然后进行修改，最后再对单片机进行写入操作。

### 6.2.9 单片机秒计时器电路板的安装

单片机秒计时器的元器件安装在一块面积为 120 mm×70 mm 的印制电路板上。PCB 板安装方法、步骤、要求可参考第5课题中的相关内容。

### 6.2.10 控制电路板的单板调试和整机调试

控制电路板装配完成后，还要对控制电路板进行单板调试和整机调试

(1) 单板调试步骤与方法。印制电路板装配结束后，应对其进行反复检查，只有检查无误后方可进行以下的硬件调试。

单板调试的目的有两个：一是检查装配后的元器件质量；二是检查各控制功能是否符合控制要求。

1）检查+5 V输出电压。不安装IC1和IC2。在XS1－1与XS1－2接入电源变压器输出的交流11 V电压或直流稳压电输出的13 V电压。将万用表拨到直流25 V测量挡，黑表笔卡接在接线排的XS－3处，用红表笔测量C4正极电压应为15.4 V或11.6 V。然后撤离红表笔，暂停测量。

将万用表拨到直流10 V测量挡，测量IC3三端稳压集成块的输出端。黑表笔卡接在接线排的XS－3处，用红表笔测量C6正极或VD1、VD2发光二极管的正极（左面的引脚），应为4.8 V左右电压。

检查SB1、SB2的质量。将红表笔接SB1左面的一个引脚应为4.6 V左右。当按下SB1，该点电压值变为0 V。将红表笔接SB2左面的一个引脚应为4.6 V左右。当按下SB2，该点电压值变为0 V。符合以上测量值为正常。

2）检查IC1是否良好。断口电源，插装IC1（74SL04）集成块（集成电路标记缺口向上），接通电源。用红表笔测量IC1－2脚（IC1中的一个反相器的输出端，其与单片机的P3.5口相连）电压值。当没有按下SB1，该点电压值为0 V左右；当按下SB1时该点电压值为4.6 V左右，说明该反相器工作正常。

用红表笔测量IC1－12脚（IC1中另一个反相器的输出端，与单片机的P3.0口相连）电压值。当没有按下SB2，该点电压值为0 V左右；当按下SB2时该点电压值为4.6 V左右，说明该反相器工作正常。

3）测量输入回路各控制电压值：

测量IC1－1脚电压为>4.6 V（高电位）、IC1－2脚为0 V（低电位）；按下SB1时，IC1－1脚为0.4 V左右（低电位）、IC1－2脚为>4.6 V（高电位）。

测量IC1－13脚电压为>4.6 V（高电位）、IC1－12脚为0 V（低电位）；按下SB2时，IC1－13脚为0.4 V左右（低电位）、IC1－12脚为>4.6 V（高电位）。

用手摸IC3的表面，应只有微微的温热感。

(2) 整机调试步骤与方法。切断电源，将IC2（AT89C2051）单片机（单片机标记缺口向上）插入其插座，接通电源。

1）观察各控制状态。根据单片机计数器功能要求进行调试，并观察控制电路板的工作状态是否正常。如果不正常应参考以前课题中的检修方法进行排故与检修。

2）测量秒计时器电路各点电压值。测量方法：黑表笔接电路的“地”（XS1－3）端，红表笔测量所装配的电路板上的各点电压值，并认真记录。同时将测量值与表6—2对照，如发现某点电压值有较大差异，应立刻切断电源，停止测量，然后认真检查。待排除故障后再继续对未测试点的测量。

表 6—2　　单片机秒计时器电路各点参考电压值一览表　　V

| 电路状态 | XS1—7 | IC1—1 输入端 | IC1—2 输出端 | XS1—6 | IC1—13 输入端 | IC1—12 输出端 | P35 |
|---|---|---|---|---|---|---|---|
| SB1、SB2 未按 | 4.8 | 4.8 | 0 | 4.8 | 4.8 | 0 | 0 |
| SB1 按下/放开 | 0/4.8 | 0/4.8 | 4.8/0 | 4.8 | 4.8 | 0 | 4.8/0 |
| SB2 按下/放开 | 4.8 | 4.8 | 0 | 0/4.8 | 0/4.8 | 4.8/0 | 0 |

| 电路状态 | P30 | P33 | P32 | VT1—b | VT1—c | VT2—b | VT2—c |
|---|---|---|---|---|---|---|---|
| SB1、SB2 未按 | 0 | 4.0 | 4.0 | 4.1 | 4.8 | 4.1 | 4.8 |
| SB1 按下/放开 | 0 | 4.0 | 4.0 | 4.1 | 4.8 | 4.1 | 4.8 |
| SB2 按下/放开 | 4.8/0 | 4.0 | 4.0 | 4.1 | 4.8 | 4.1 | 4.8 |

| 电路状态 | P17 | P16 | P15 | P14 | P13 | P12 | P11 |
|---|---|---|---|---|---|---|---|
| SB1、SB2 未按 | 0.7 | 0.7 | 0.7 | 0.7 | 0.7 | 0.7 | 0.7 |
| SB1 按下/放开 | 0.7 | 0.7 | 0.7 | 0.7 | 0.7 | 0.7 | 0.7 |
| SB2 按下/放开 | 0.7 | 0.7 | 0.7 | 0.7 | 0.7 | 0.7 | 0.7 |

注：测量值大于 1/2 电源电压视为高电位，小于 1/2 电源电压视为低电位。

## 6.3　单片机秒倒计时器制作技能

图 6—5 所示为单片机倒计时器电路，通过对该内容的学习，帮助我们进一步加深对单片机性能的理解，进一步熟练单片机的编程和调试、修改技能，以及单片机电路的装配、调试和检测修理技能。

### 6.3.1　单片机秒倒计时器电路图

单片机秒倒计时器电路图如图 6—5 所示。

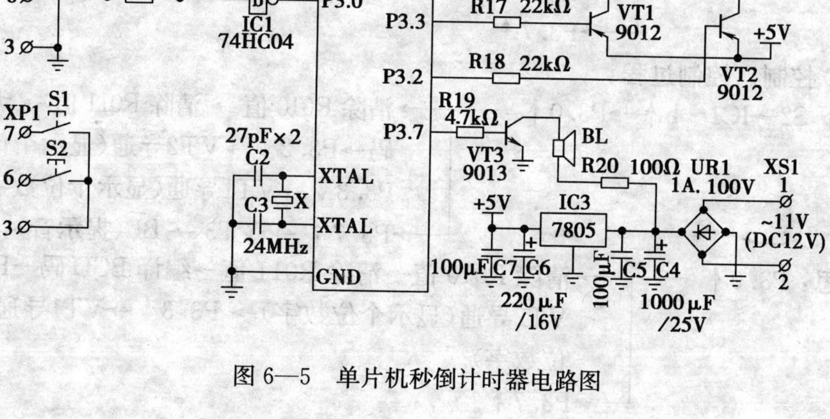


图 6—5　单片机秒倒计时器电路图

### 6.3.2 单片机秒倒计时器的控制功能

单片机秒倒计时器有以下控制功能。

（1）S1 为倒计时启动按钮；SB1 为调试按钮，作用与 S1 相同。S2 为暂停/继续/清 0 三作用按钮，SB2 为调试按钮，作用与 S2 相同。

（2）按下 S1（SB1）按钮，倒计时开始。

（3）按下 S2（SB2）按钮，计时暂停；接着再次（偶数次）按下 S2，计时继续，如连续将 SB2 按下 1 s 后，计数值清“0”。

（4）倒计时范围为 99～0 s（每 1 s 显示值变化一次，即减 1）。

### 6.3.3 单片机秒倒计时器程序设计构想

（1）倒计时。控制过程：

按下 S1↓→IC1－a↑→P3.5↑ →R010－001→R011－001→编译 BCD 码→P3.2↓→VT2 导通（显示个位数字）→P3.3↓→VT1 导通（显示十位数字）。
　　　　→P3.7↑→VT3→BL（提示音）。

编程构想：P3.5↑ →R010－001→R011－001→编译 BCD 码→P3.2↓→VT1 导通（显示个位数字）→P3.3↓→VT2 导通（显示十位数字）。
　　　　→P3.7↑→VT3→BL（提示音）。

（2）暂停控制。控制过程：

按下 S2↓→IC1－b↑→P3.0↑ →编译 BCD 码→P3.2↓→VT2 导通（显示个位数字）→P3.3↓→VT1 导通（显示十位数字）。
　　　　→P3.7↑→VT3→BL（提示音）。

编程构想：P3.5↑ →编译 BCD 码→P3.2↓→VT2 导通（显示个位数字）→P3.3↓→VT1 导通（显示十位数字）。
　　　　→P3.7↑。

（3）继续倒计时控制。控制过程：

再次按下 S2→P3.0↑ →跳到 A1B 处（继续进行自动秒倒计时）。
　　　　→P3.7↑→VT3→BL（提示音）。

编程构想：P3.0↑ →编译 BCD 码→P3.2↓→VT2 导通（显示个位数字）→P3.3↓→VT1 导通（显示十位数字）。
　　　　→P3.7↑。

（4）清 0 控制。控制过程：

再次按下 S2→IC1－b↑→P3.0↑ →清除 R010 值→清除 R011 值→编译 BCD 码→P3.2↓→VT2 导通（显示个位数字）→P3.3↓→VT1 导通（显示十位数字）。
　　　　→P3.7↑→VT3→BL（提示音）。

编程构想：P3.0↑ →清除 R010 值→清除 R011 值→编译 BCD 码→P3.2↓→VT2 导通（显示个位数字）→P3.3↓→VT1 导通（显示十位数字）。
　　　　→P3.7↑。

### 6.3.4　单片机秒倒计时器的编程指令

（1）传送指令：

1）Rn=Pm　　（表示 I/O 口内容传给内存）

2）Pmm=1（0）　（单 I/O 口置“1”或：置“0”）

3）Pm=K　　（十进制数传给 I/O 口）

（2）调用、跳转指令：

1）LC，BH　　（调用 BH 标号处的子程序）

2）RET　　（子程序返回指令）

3）LJ，BH　　（跳到 BH 标号处继续运行）

（3）条件跳转指令：

Pmm=1，BH　（如单 I/O 口置 1，则跳到标号处运行，否则运行下一条指令）

（4）设定指令：

1）Rn=ON　　（激活 Rn 定时器）

2）TIME=0　　[12÷主频（晶振）×50 000=定时器时钟 0.05 s]

3）TIME=1　　[12÷主频（晶振）×5 000=定时器时钟 0.005 s]

4）TIME=2　　[12÷主频（晶振）×10 000=定时器时钟 0.01 s]

5）TIME=3　　[12÷主频（晶振）×1 000=定时器时钟 0.001 s]

（5）运算指令：

Rn+K　　（Rn 内容加某一数值）

Rn−K　　（Rn 内容减某一数值）

### 6.3.5　单片机秒倒计时器程序清单

单片机秒倒计时器运行程序清单如下：

| | | | |
|---|---|---|---|
| [0001] | | INT0=LJ， | （无设定） |
| [0002] | | INT1=LJ， | （无设定） |
| [0003] | | TINT1=LJ， | （无设定） |
| [0004] | | TINT2=LJ， | （无设定） |
| [0005] | | SINT=LJ， | （无设定） |
| [0006] | | AR=000 | |
| [0007] | | TIME=3 | |
| [0008] | | R001=ON | |
| [0009] | | R002=ON | |
| [0010] | | P1=255 | |
| [0011] | | P3=033 | |
| [0012] | | R010=009 | （使个位值为“9”） |
| [0013] | | R011=009 | （使十位值为“9”） |
| [0014] | A1 | P35=1，A1A | |
| [0015] | | LJ，A2 | |
| [0016] | A1A | LC，10MS | |
| [0017] | | P35=1，A1B | |

```
[0018]        LJ，A2
[0019] A1B    LC，YP
[0020] A1C    LC，CC1
[0021]        R009+001
[0022]        R009=050，A1D        (每 1 s，就进行倒计时)
[0023]        P30=1，A2
[0024]        LJ，A1C
[0025] A1D    R009=000
[0026]        R012=000
[0027]        R010-001             (对秒个位值减 1)
[0028]        R010=000，A1E        (如秒个位值是 0，就跳到 A1E 处)
[0029]        LJ，A1C
[0030] A1E    R011=000，A1F        (如秒十位值也是 0，就跳到 A1F 处执行)
[0031]        R011-001             (对秒十位值减 1)
[0032]        R010=009
[0033]        LJ，A1C
[0034] A1F    LC，CC1
[0035]        R010=000
[0036]        R011=000
[0037]        P30=1，OA2A
[0038]        LJ，A1F
[0039] A2     P30=1，A2A
[0040]        LJ，A3
[0041] A2A    LC，10MS
[0042]        P30=1，A2B
[0043]        LJ，A3
[0044] A2B    LC，YP
[0045] A2C    LC，CC1
[0046]        R012+001
[0047]        R012=050，0A2A       (如 SB2 连续按下 1 s，则进入清 0 程序)
[0048]        P30=1，A2C           (如连续按下 SB2，就进入 1 s 计时中)
[0049]        R012=000             (如放开 SB2，则对 1 秒计时器 R012 清 0)
[0050] A2C1   LC，CC1              (调用显示子程序)
[0051]        P30=1，A2C2          (如再次按下 SB2，则进入继续计时程序)
[0052]        LJ，A2C1             (否则继续暂停)
[0053] A2C2   LC，YP               (当第二次按下 SB2，响一声按键提示音)
[0054] A2C3   LC，CC1
[0055]        P30=1，A2C3          (如果没有放开 SB2，则连续调用显示子程序)
[0056]        LJ，A1C              (如果已放开 SB2，则计时继续)
```

```
[0057] OA2A   R012=000        (对 1 s 计时器进行清 0)
[0058]        LC，CC1
[0059]        R010=009        (对秒个位计时器设置为 9)
[0060]        R011=009        (对秒十位计时器设置为 9)
[0061]        P30=1，OA2A     (如没有放开 SB2，则继续进行清“0”置 9)
[0062]        LJ，A1          (如已放开 SB2，则等待再一次的倒计时)
[0063] A3     LC，CC1
[0064]        LJ，A1
[0065] CC1    R000=R010
[0066]        LC，BBB
[0067]        P3=041
[0068]        LC，10MS
[0069]        P3=033
[0070]        R000=R011
[0071]        LC，BBB
[0072]        P3=037
[0073]        LC，10MS
[0074]        P3=033
[0075]        RET
[0076] BBB    R000=000，0
[0077]        R000=001，1
[0078]        R000=002，2
[0079]        R000=003，3
[0080]        R000=004，4
[0081]        R000=005，5
[0082]        R000=006，6
[0083]        R000=007，7
[0084]        R000=008，8
[0085]        R000=009，9
[0086]        RET
[0087] 0      P1=126
[0088]        RET
[0089] 1      P1=231
[0090]        RET
[0091] 2      P1=072
[0092]        RET
[0093] 3      P1=066
[0094]        RET
[0095] 4      P1=038
```

```
[0096]          RET
[0097] 5        P1=018
[0098]          RET
[0099] 6        P1=238
[0100]          RET
[0101] 7        P1=198
[0102]          RET
[0103] 8        P1=001
[0104]          RET
[0105] 9        P1=003
[0106]          RET
[0107] YP       P37=1
[0108]          LC，1MS
[0109]          P37=0
[0110]          LC，1MS
[0111]          R016+001
[0112]          R016=100，YP1
[0113]          LJ，YP
[0114] YP1      R016=000
[0115]          RET
[0116] 1MS      R001=000
[0117] T1A      R001=001，T1B
[0118]          LJ，T1A
[0119] T1B      RET
[0120] 10MS     R002=000
[0121] T2A      R002=020，T2B
[0122]          LJ，T2A
[0123] T2B      RET
[0124]          END
```

### 6.3.6 程序含义及编程理念

单片机秒倒计时器的程序含义及编程理念如下：

(1) 初始化后的工作（第 6 句～第 13 句）。

通电后，经过+5 V 电源对 C1 的充电以及 R1 对 C1 的放电作用后，即完成单片机的清 0 工作，然后进入下面内容。

第一，使用“AR=000”语句，对所有内存清“0”，这一句清 0 语句可以代替若干分别清 0 的语句。

第二，设定定时器时钟。定时器时钟决定着定时器的计数值。该电路需要有两个定时器，分别是 0.5 ms 和 10 ms。10 ms 用以编写去抖动程序；0.5 ms 用以编写 1 kHz 的音频信号作为按键提示音。要做 1 kHz 按键音就需要使用 1 ms 的定时器时钟。这样在使用

24 MHz主频时，当定时器时钟为 1 ms，即 TIME＝3 时就能得到实际为 0.5 ms 的定时器时钟。1 ms 定时器时钟编写去抖动的延时 10 ms 定时器同样适用。

第三，确定定时器。定时器是单片机中的 RAM 存储器，将其“激活”而得到。在 AT89C2051 中有 80 个 RAM 存储器，它们既能作为计数器使用，又能作为定时器使用，所以选其中任何一个 RAM 都可以。如果选用 R001 和 R002，则应将其进行激活，即：R001＝ON，R002＝ON。当某个内存被激活，就意味着该内存已确定作为定时器使用，否则内存只作为计数器使用。

第四，设定 P1 口值和 P3 口值。图 6—5 的单片机秒计时器有 2 个输入（控制）端，7 个输出（工作）端。根据单片机的工作特性，作为输入端使用的端口应设定成高电位。在图 6—5 中 P3.5 口和 P3.0 口为输入口，应将它们设定为高电位，将 P3.5 口的 8421 码“32”与 P3.0 口的 8421 码“1”两位数相加，即 32＋1＝33，具体语句为“P3＝033”。

P1 口的值是依据个位计数器的 R010 值和十位计数器的 R011 值而不断变化的。在程序的开始应先关闭 P1 口，即“P1＝255”，使两个数码管熄灭。在该计数器中因为使用的是共阳数码管，所以单片机与数码管连接的各个端口，在低电位驱动下才能点亮数码管中的相应字符段。又由于单片机 AT89C2051 的灌电流（下拉电流）可达 20 mA，所以对 LED 数码管可以直接驱动，简化了硬件设备。

接通电源（初始化）后，要使倒计时器显示“99”，即要对个位计时数的内存和十位计时数的内存值进行预设定，即“R010＝009、R010＝009”。在秒倒计时中清 0 的概念与秒计时器中清 0 的概念不同，后者的清 0 是真正意义上的清 0，而前者的清 0 实为置“99”，但“99”是秒倒计时的始数，所以把其称为“清 0”。

（2）数码管的显示过程（第 20 句、第 34 句、第 45 句、第 50 句、第 54 句、第 58 句、第 63 句和第 65 句～第 106 句）

进入主程序后，如倒计时按键 S1（SB1）没有按下，清 0 按键也没有按下，但显示程序却在发挥作用而显示“99”。其秒数字显示工作过程为：先将个位计时器 R010 的“009”值放进特殊寄存器 R000 中，然后将特殊寄存器中的个位十进制数值转换成 BCD 码，并在 P1 口的各个单一端口中得以实现，也就是 P1 口最后输出的是反映个位数值的 BCD 码。同时从 P3.2 口输出低电位，使 VT2 导通，从 VT2 集电极输出＋5 V 电压，为个位数码管提供正极性工作电压。当 P1 口的某些单一端口出现低电位（下拉驱动）作用时，个位数码管的相应字符段形成正向电流，于是个位数码管就有显示。从图 6—5 可以看出，只要使单片机的 P1.7～P1.2 均输出低电位，数码管的 a～d、f、g 字符段的 LED 就有正向电流通过，而 e 段字符没有正向电流通过，于是数码管显示“9”。

当秒个位数码管显示 10 ms 后就关闭 P3.2 口，即 P3.2 由低电位变成高电位，VT2 截止后停止了向秒个位数码管提供正向电源，所以秒个位数熄灭。当秒个位数熄灭后，程序将秒十位计时器 R011 值“009”也放进特殊寄存器 R000 中，然后再将特殊寄存器中的秒十位十进制数值转换成 BCD 码，并在 P1 口的各个单一口中得以实现。与此同时 P3.3 口输出低电位，使 VT1 导通，从 VT1 的集电极输出＋5 V 电压作为十位数码管的工作电压。秒十位数码管的各字符段与单片机相连的端口与个位数码管相同。当单片机 P1.7～P1.2 均输出低电位时，数码管的 a～d、f、g 字符段的 LED 就有正向电流通过，于是十位数码管也显示“9”。

为了使数码管产生连贯的显示效果，采用了对个位数码管和十位数码管进行快速扫描的工作方式，设定每个数码管的显示时间为 10 ms。当个位数码管显示 10 ms 后，通过切断个位数码管阳极电压的方法使个位数熄灭。然后再接通十位数码管的阳极电压，十位数码管开始显示，显示的时间也为 10 ms。这种工作一直进行循环。100 Hz 的扫描显示工作方式，有效地克服字符的闪烁现象，所以看到的是较为稳定的数字字符。

(3) 倒计时键 SB1 的按下动作过程（第 14 句～第 19 句）。

S1（SB1）按键是倒计时器的启动键。当按下 SB1，通过电阻器 R2 的下拉作用使 IC1－a 输入端变为低电位，通过 IC1－a 的反相作用后输出端输出高电位，该高电位送给单片机 P3.5 口，作为 P3.5 口的控制信号。当 CPU 访问到 P3.5 口为高电位时，单片机进入控制信号与干扰信号的判断程序。如 10 ms 后 P3.5 口仍为高电位，则排除了干扰信号的可能性，于是单片机进入计时程序。在单片机进入计时程序之前，先从 P3.7 口输出一个按键提示音，以示按键有效。

(4) 秒倒计时器的倒计时过程（第 20 句～第 38 句）。

当按下倒计时键 SB1，秒倒计时器就开始自动倒计时，其倒计时的反应速度为 1 s。

为了实现每秒倒计时减 1，首先要形成一个 1 s 的时值。但在 C－BASIC 语言中没有1 s 的现成语句，只能通过对某个基准时间进行累计而得到 1 s 时值。在本程序中将显示子程序“CC1”作为基准时间值的。从程序的第 66 句和 76 句可以看出，“CC1”子程序的运行时间值为 20 ms，那基准时间值就是 20 ms。用 1 s÷20 ms＝50，只要对 20 ms 累加 50 次就能得到 1 s 的时间值，其表现在程序的第 22 句“R009＝050”。如累加未有 50 次，则继续进行累计，同时还要进行对清 0 按键 SB2 的访问，以便对计时进行暂停、继续和清 0。

当计时为 1 s 后，就开始对秒个位计时器进行减 1 一次。当秒个位计时器被减到值为“0”时，随后就要询问秒十位计时器值是不是“0”，如果秒十位计时器不是“0”，就对十位数减 1，并将个位数设定为 9，然后继续进行自动秒倒计时。

当秒个位计时器计时值为“0”，十位计时器计时值也为“0”时，说明倒计时已结束。此后对个位计时器值和十位计时器值进行确认性设定，即 R010＝000、R011＝000。当该项工作完成后，除了不断地显示“00”以外，就是等待 SB2 的清 0 动作。

(5) 清 0 键 SB2 按下的动作过程（第 39 句～第 44 句）。

SB2 是清 0 按键，又是暂停和继续作用键。当 SB2 被按下，由于 SB2 对地的短路作用，使 R3、R7 组成的分压电路成立，此时该分压电路的下偏电阻的阻值为 1 kΩ，上偏电阻的阻值为 10 kΩ，则分压点电压值为：

$$U_{分}=下偏电阻值\div(下偏电阻值+上偏电阻值)\times电源电压值$$

即：分压电路的分压值为 0.45 V。

0.45 V 的分压值将 IC1－b 反相器的输入端由原先的高电位拉低成低电位，而反相器的输出端则由原先的低电位变成了高电位（4.8 V），这种电压变化适应了程序设计的需要。在程序设计中，将 P3.0 口设计为：接收到高电位表示 SB2 按键按下有效，否则为无效控制。

当 CPU 访问到 P3.0 口为高电位时，程序就进入按键判断部分。在 CPU 确认后，是干扰信号，CPU 视 P3.0 口的高电位为有效控制。在 CPU 进入下一个运行程序之前，先从 P3.7 口输出按键提示音，以示 SB2 按下有效，然后正式进入暂停、继续和清 0 程序。

(6) 倒计时器的暂停、继续和清 0 过程（第 45 句～第 62 句）。

当CPU确认SB2按下有效后，如第一次按下SB2没有超过1 s，程序就进入暂停状态。以后只要SB2没有再次按下，单片机一直执行暂停程序。该设计体现在第48句～第52句。

如果再次按下SB2按键，首先响一声按键提示音，然后继续运行秒倒计时程序。该设计体现在第54句～第56句。

如果长时间按下SB2超过1 s，程序进入清0过程。此后秒个位计时器R010和秒十位计时器R011清0，实际上是置“99”，语句为：R010＝009、R011＝009。当清0任务完成后还要对SB2的按键动作进行观察，如SB2还没有放开，则继续运行显示程序；如果SB2已经放开，则程序将等待SB1倒计时启动键的按键动作。该设计体现在第45句～第47句和第58句～第63句。

(7) 1 kHz按键提示音（第108句～第115句）。

按键提示音信号是一个占空比50%的方波信号，方波信号的周期为1 ms，正半周与负半周脉宽均为0.5 ms，频率为1 kHz的方波信号。

1 kHz音频方波信号从P3.7口输出，它的形成是这样的：先使P3.7口为高电位，高电位的延续时间为0.5 ms。但因为PROG－100编程器的时钟频率只有4挡，即TIME＝0，时钟频率为50 ms；TIME＝1，时钟频率为5 ms；TIME＝2，时钟频率为10 ms；TIME＝3，时钟频率为1 ms。这就无法产生0.5 ms的定时器，也就无法编写出1 kHz的按键音信号。为此将单片机的基准频率由12 MHz提高一倍，即使用24 MHz晶振，这样程序中的1 ms实际上就是0.5 ms，语句仍然为：P37＝1；LC，1MS。从而产生一个脉宽为0.5 ms的正极性脉冲波；接着P3.7口为低电位，低电位的延续时间也为0.5 ms，这又产生一个负极性的脉冲，脉宽也为0.5 ms，语句为：P37＝0；LC，1MS。此时就完成了一个振荡周期为1 ms，频率为1 kHz的振荡器。为了使脉冲信号形成音律，接着要使1 kHz脉冲信号连续出现100次。循环的方法是利用一个计数器，当做出一个脉冲后就将计数器加一，共进行100次，计数结束后对计数器进行清0，语句为：R016＋001；R016＝100，YP1；LJ，YP；YP1　R016＝000。最后就形成了一个频率为1 kHz持续时间为100 ms的音频信号。

(8) 1 ms、10 ms定时器（第117句～第123句）。

从第117句～第120句为一组1 ms的定时器子程序。在该程序中，定时时钟已设定为TIME＝3，即1 ms（因为使用24 MHz晶振，实际上是0.5 ms），则R001的值应为“1”即语句为：“R001＝001”。

从第121句～第124句为一组10 ms的定时器子程序。在该程序中，定时时钟已设定为TIME＝3，即1 ms（因为使用24 MHz晶振，实际上是0.5 ms），则10 ms时的R002的值应为“20”即“R002＝020”。

(9) 程序结束。在程序的最后必须有一句“END”语句，以告知单片机程序结束，否则编程器将无法进行检验和写入工作，单片机更无法运行。

### 6.3.7 单片机秒倒计时器汇编语言程序清单

下面列出单片机秒倒计时器汇编语言程序清单，供对照学习之用。

```
[0001]          ORG   0000H
[0002]          AJMP MAIN
[0003]          ORG   0030H
[0004] MAIN：   MOV P1，#255
```

```
[0005]          MOV P3, #33
[0006]          MOV 20H, #9
[0007]          MOV 21H, #9
[0008]    A1:   JNB P3.5, A1A
[0009]          AJMP A2
[0010]   A1A:   ACALL 10MS
[0011]          JNB P3.5, A1B
[0012]          AJMP A2
[0013]   A1B:   ACALL YP
[0014]   A1C:   ACALL CC1
[0015]          MOV A, 19H
[0016]          DEC A
[0017]          MOV 19H, A
[0018]          CJNZ 19H, #50, A1D
[0019]          JB P3.0, A2
[0020]          AJMP A1C
[0021]   A1D:   CLR 19H
[0022]          CLR 22H
[0023]          MOV A, 20H
[0024]          DEC A
[0025]          MOV 20H, A
[0026]          CJNZ 20H, #0, A1E
[0027]          AJMP A1C
[0028]   A1E:   CJNZ 21H, #0, A1F
[0029]          MOV A, 21H
[0030]          DEC A
[0031]          MOV 21H, A
[0032]          MOV 20H, #9
[0033]          AJMP A1C
[0034]   A1F:   ACALL CC1
[0035]          CLR 20H
[0036]          CLR 21H
[0037]          ACALL CC1
[0038]          JB P3.0, OA2A
[0039]          AJMP A1F
[0040]    A2:   JB P3.0, A2A
[0041]          AJMP A3
[0042]   A2A:   ACALL 10MS
[0043]          JB P3.0, A2B
```

```
[0044]          AJMP A3
[0045]   A2B：  ACALL YP
[0046]   A2C：  ACALL CC1
[0047]          INC A
[0048]          MOV 22H，A
[0049]          CJNZ 22H，#50，OA2B
[0050]          JB P3.0，A2C
[0051]          CLR 22H
[0052]  A2C1：  ACALL CC1
[0053]          JB P3.0，A2C2
[0054]          AJMP A2C1
[0055]  A2C2：  ACALL YP
[0056]  A2C3：  ACALL CC1
[0057]          JB P3.0，A2C3
[0058]          AJMP A1C
[0059]  OA2A：  ACALL YP
[0060]  OA2B：  CLR 22H
[0061]          ACALL CC1
[0062]          MOV 20H，#9
[0063]          MOV 21H，#9
[0064]          JB P3.0，OA2B
[0065]          AJMP A1
[0066]    A3：  ACALL CC1
[0067]          AJMP A1
[0068]   CC1：  MOV A，20H
[0069]          ACALL BBB
[0070]          MOV P3，#41
[0071]          ACALL 10MS
[0072]          MOV P3，#51
[0073]          MOV A，21H
[0074]          ACALL BBB
[0075]          MOV P3，#37
[0076]          ACALL 10MS
[0077]          MOV P3，#51
[0078]          RET
[0079]   BBB：  CJNZ A，#0，0
[0080]          CJNZ A，#1，1
[0081]          CJNZ A，#2，2
[0082]          CJNZ A，#3，3
```

```
[0083]          CJNZ A，#4，4
[0084]          CJNZ A，#5，5
[0085]          CJNZ A，#6，6
[0086]          CJNZ A，#7，7
[0087]          CJNZ A，#8，8
[0088]          CJNZ A，#9，9
[0089]          RET
[0090]      0：MOV P1，#129
[0091]          RET
[0092]      1：MOV P1，#231
[0093]          RET
[0094]      2：MOV P1，#73
[0095]          RET
[0096]      3：MOV P1，#67
[0097]          RET
[0098]      4：MOV P1，#39
[0099]          RET
[0100]      5：MOV P1，#19
[0101]          RET
[0102]      6：MOV P1，#17
[0103]          RET
[0104]      7：MOV P1，#199
[0105]          RET
[0106]      8：MOV P1，#1
[0107]          RET
[0108]      9：MOV P1，#3
[0109]          RET
[0110]     YP：SETB P3.7
[0111]          ACALL 0.5MS
[0112]          CLR P3.7
[0113]          ACALL 0.5MS
[0114]          INC R1
[0115]          CJNZ R1，#100，YP1
[0116]          AJMP YP
[0117]    YP1：CLR R1
[0118]          RET
[0119] 0.5MS：MOV R6，#10          (如使用 12 MHz 晶振，则 R6 值为 5)
[0120]     D1：MOV R7，#50
[0121]     D2：CJNZ R7，D2
```

```
[0122]         CJNZ R6，D1
[0123]         RET
[0124]  10MS： MOV R6，#100        (如使用12 MHz晶振，则R6值为50)
[0125]     D3： MOV R7，#100
[0126]     D4： CJNZ R7，D4
[0127]         CJNZ R6，D3
[0128]         RET
[0129]         END
```

**6.3.8　单片机控制程序的调试与修改**

单片机控制程序的调试与修改，是一项很重要的工作。编程工作结束后，应认真检查，以便及时发现编程过程中出现的失误，并及时进行纠正。

将以上单片机运行程序逐句输入编程器中，输入完毕后还要使用“检验”语句，对已输入到编程器中的各条程序语句进行检验，以找出编写过程中的遗漏和错误，从而防止编程错误而影响编程器的正常写入工作，以及以后单片机的正常运行。

编程器对单片机的写入时间长短与编程器写入单片机的程序语句的多少有直接关系，语句在50～200句的写入时间通常为5～20 s。写入时要耐心等待，切不能在单片机未写入结束就取下单片机，那样会造成编程器或单片机的损坏。

如发现在写入AT89C2051的过程中出现错误，应及时退出写入操作，检查编程器中的程序，找出错误，然后进行修改，然后再对单片机进行写入操作。

**6.3.9　单片机秒倒计时器电路板的安装**

单片机秒倒计时器的元器件安装在一块面积为120 mm×70 mm的印制电路板上。PCB板的安装方法、步骤、要求可参考第5课题中的相关内容。

**6.3.10　控制电路板的单板调试和整机调试**

控制电路板装配完成后，还要对控制电路板进行单板调试和整机调试。

调试内容和方法参见6.2.10。

## 练习题

1. 叙述单片机计数器的工作原理 。
2. 写出单片机计数器的程序设计构想。
3. 画出单片机计数器程序设计方框图。
4. 编写单片机计数器的单片机运行程序。
5. 叙述单片机计时器的工作原理。
6. 写出单片机计时器的程序设计构想。
7. 画出单片机计时器程序设计方框图。
8. 编写单片机计时器的单片机运行程序。
9. 叙述单片机倒计时器的工作原理。
10. 写出单片机倒计时器的程序设计构想。
11. 画出单片机倒计时器程序设计方框图。
12. 编写单片机倒计时器的单片机运行程序。

# 主要参考文献


1. 余永权编著. ATMEL89 系列单片机应用技术. 北京：航空航天大学出版社，2002.4

2. 张烘润等编著. 单片机原理及应用. 北京：科学出版社，2002.12

3. 钱逸秋主编. 单片机原理与应用. 北京：电子工业出版社，2002.6

4. 薛栋梁编著. MCS—51/151/251 单片机原理与应用. 北京：中国水利水电出版社，2001

5. 王恩荣主编. MCS—51 单片机应用技术实训指导. 北京：化学工业出版社，2001.8

6. 梁洁婷主编. 单片机原理与应用. 北京：高等教育出版社，2002

7. 潘永雄编著. 新编单片机原理与应用. 西安电子科技大学出版社，2003

8. 李全利主编. 单片机原理与应用技术. 北京：高等教育出版社，2001

9. PROG—100 型 89 系列单片机编程器使用说明书. 北京：展荣科贸集团.

10. 王毅编著. 单片机器件及应用. 西安：陕西电子编辑部，1992.12

11. 付植桐主编. 电子技术. 北京：高等教育出版社，2000